"十三五"国家重点图书出版规划项目

BIM 技术及应用丛书

BIM 技术应用典型案例

李云贵　主编

何关培　邱奎宁　副主编

中国建筑工业出版社

图书在版编目（CIP）数据

BIM技术应用典型案例 / 李云贵主编. — 北京：中国建筑工业出版社，2020.3
（BIM 技术及应用丛书）
ISBN 978-7-112-24764-6

Ⅰ.① B… Ⅱ.①李… Ⅲ.①建筑设计—计算机辅助设计—应用软件—案例 Ⅳ.① TU201.4

中国版本图书馆CIP数据核字（2020）第022317号

　　本书是"BIM 技术及应用丛书"中的一本。书中从中建 5800 多个落地的 BIM 项目中精选部分有的代表性的案例，从工程设计、超高层工程、综合办公工程、文旅及市政工程、专业施工等角度进行组织编写，从项目概况、BIM 应用策划、应用点介绍、应用总结等方面介绍 BIM 应用经验。内容全面，具有较强的指导性，可供企业管理人员及 BIM 从业人员参考使用。

责任编辑：王砾瑶　范业庶
责任校对：王　瑞

BIM技术及应用丛书
BIM技术应用典型案例
李云贵　主编
何关培　邱奎宁　副主编
　　＊
中国建筑工业出版社出版、发行（北京海淀三里河路9号）
各地新华书店、建筑书店经销
北京点击世代文化传媒有限公司制版
天津安泰印刷有限公司印刷
　　＊
开本：787×1092毫米　1/16　印张：23½　字数：459千字
2020年5月第一版　2020年5月第一次印刷
定价：86.00 元
ISBN 978-7-112-24764-6
　　　　（35116）

本书编委会

主　编　李云贵

副主编　何关培　邱奎宁

编　委　杨远丰　何　波　赵　欣　王轶群　罗　兰

杨昌中　刘金樱　郭文波　颜　里　徐　静

徐　慧　李锦磊　温忠军　高　昕　赵建国

董怡平　杨　玮　黄立鹏　令狐延　张延欣

李松晏　蒋启诚　方速昌　杜佐龙　孙加齐

黄联盟　杨红岩　赵中宇　赵　璨　付培江

余　浩　赛　菡　杨莅宇　霍永君　张　琴

杨　超　刘蕲宁　刘珂林　向　勇　李祥进

吕凤阳　陈　晨　万仁威　吕小龙　陈林璞

田　华　赵庆祥　陈　根　李　蕾　王自胜

于　科　田国印　冯良荣　曹海清　董耀军

许　鹏　王保林　袁波宏　张　杰　王运杰

王保林　李海滨　郭　景　王　晖　唐莎莎

潘益华　郭志坚　彭许明

丛书前言

　　"加快推进建筑信息模型（BIM）技术在规划、勘察、设计、施工和运营维护全过程的集成应用，实现工程建设项目全生命期数据共享和信息化管理，为项目方案优化和科学决策提供依据，促进建筑业提质增效。"

——摘自《关于促进建筑业持续健康发展的意见》（国办发 [2017]19 号）

　　BIM 技术应用是推进建筑业信息化的重要手段，推广 BIM 技术，提高建筑产业的信息化水平，为产业链信息贯通、工业化建造提供技术保障，是促进绿色建筑发展，推进智慧城市建设，实现建筑产业转型升级的有效途径。

　　随着《2016-2020 年建筑业信息化发展纲要》（建质函 [2016]183 号）、《关于推进建筑信息模型应用的指导意见》（建质函 [2015]159 号）等相关政策的发布，全国已有近 20 个省、直辖市、自治区发布了推进 BIM 应用的指导意见。以市场需求为牵引、企业为主体，通过政策和技术标准引领和示范推动，在建筑领域普及和深化 BIM 技术应用，提高工程项目全生命期各参与方的工作质量和效率，实现建筑业向信息化、工业化、智慧化转型升级，已经成为业内共识。

　　近年来，随着互联网信息技术的高速发展，以 BIM 为主要代表的信息技术与传统建筑业融合，符合绿色、低碳和智慧建造理念，是未来建筑业发展的必然趋势。BIM 技术给建设项目精细化、集约化和信息化管理带来强大的信息和技术支撑，突破了以往传统管理技术手段的瓶颈，从而可能带来项目管理的重大变革。可以说，BIM 既是行业前沿性的技术，更是行业的大趋势，它已成为建筑业企业转型升级的重要战略途径，成为建筑业实现持续健康发展的有力抓手。

　　随着 BIM 技术的推广普及，对 BIM 技术的研究和应用必然将向纵深发展。在目前这个时点，及时对我国近几年 BIM 技术应用情况进行调查研究、梳理总结，对 BIM 技术相关关键问题进行解剖分析，结合绿色建筑、建筑工业化等建设行业相关课题对今后 BIM 深度应用进行系统阐述，显得尤为必要。

2015 年 8 月 1 日，中国建筑工业出版社组织业内知名教授、专家就 BIM 技术现状、发展及 BIM 相关出版物进行了专门研讨，并成立了 BIM 专家委员会，囊括了清华大学、同济大学等著名高校教授，以及中国建筑股份有限公司、中国建筑科学研究院、上海建工集团、中国建筑设计研究院、上海现代建筑设计（集团）有限公司、北京市建筑设计研究院等知名专家，既有 BIM 理论研究者，还有 BIM 技术实践推广者，更有国家及行业相关政策和技术标准的起草人。

秉持求真务实、砥砺前行的态度，站在 BIM 发展的制高点，我们精心组织策划了《BIM 技术及应用丛书》，本丛书将从 BIM 技术政策、BIM 软硬件产品、BIM 软件开发工具及方法、BIM 技术现状与发展、绿色建筑 BIM 应用、建筑工业化 BIM 应用、智慧工地、智慧建造等多个角度进行全面系统研究、阐述 BIM 技术应用的相关重大课题，将 BIM 技术的应用价值向更深、更高的方向发展。由于上述议题对建设行业发展的重要性，本丛书于 2016 年成功入选"十三五"国家重点图书出版规划项目。认真总结 BIM 相关应用成果，并为 BIM 技术今后的应用发展孜孜探索，是我们的追求，更是我们的使命！

随着 BIM 技术的进步及应用的深入，"十三五"期间一系列重大科研项目也将取得丰硕成果，我们怀着极大的热忱期盼业内专家带着对问题的思考、应用心得、专题研究等加入到本丛书的编写，壮大我们的队伍，丰富丛书的内容，为建筑业技术进步和转型升级贡献智慧和力量。

前 言

　　建筑信息模型（Building Information Modeling，简称 BIM）技术作为建筑业前沿信息化技术手段，在建筑业中的作用日渐突出，BIM 理念在建筑业逐步深入人心，BIM 的重要性和意义在行业已得到共识，已成为建筑业数字化发展的重要基础。一方面，BIM 技术正在深刻影响着建筑业行为模式和管理方式，加速工程建设行业向工业化、标准化和集约化方向发展；另一方面，BIM 在提高生产效率、节能环保和提升品质等方面发挥着重要作用，推动工程建造向更加精益、可持续的方向发展，成为"信息技术改造与提升传统建筑业"的重要组成部分，必将长期促进建筑业全产业链的技术升级和管理模式变革。

　　住房城乡建设部《2010-2015 年建筑业信息化发展纲要》《2016-2020 年建筑业信息化发展纲要》和《关于推进 BIM 技术在建筑领域应用的指导意见》等重要技术政策文件，都将 BIM 技术作为重点和关键技术进行推广。中国建筑集团有限公司（简称"中建"）顺应时代潮流，准确把脉建筑产业现代化特征之一的信息化脉搏，从 2011 年开始持续立项对 BIM 集成应用和产业化进行系统、深入研究，从 2013 年开始，率先在行业内开展了 BIM 示范工程建设，通过 70 多项示范工程，带动了 5800 多个项目的 BIM 落地实施，已有 27000 多名工程技术和管理人员不同程度掌握了 BIM 技术，应用成果在我国历年行业 BIM 大赛中获得近半数的高等级奖项，天津周大福、北京中国尊、吉隆坡标志塔等项目获得国际大赛奖项，中建 BIM 应用走在了行业的前列。

　　鉴于普及 BIM 技术应用过程的复杂性和实际困难，中建采取了从引导应用、规范应用到提高应用的"三步走"技术路线和"不能等，也不能急"的稳步推进策略，先行先试、积累经验，逐步推进 BIM 技术的落地实施、产生效益和全面推广。从初期的零散应用到后来的系统性应用，中建结合投资、设计、施工和运维"四位一体"企业特点，对工程项目 BIM 应用的关键技术、组织模式、业务流程、标准规范、应用方法等进行了系统研究，通过研发关键技术、建立标准体系、建设组织机构、培养专业人才等措施，建立了适合我国国情和企业特点的 BIM 软件集成方案，以及基于 BIM 的设计与施工项目组织新模式及应用流程，形成了完善的企业 BIM 应用顶层设计架构、技术体系和实施方案，全面推动了企业 BIM 技术应用。

本书选择部分中建 BIM 应用案例，与行业分享应用经验。从工程设计、超高层工程、综合办公工程、文旅及市政工程、专业施工等角度，组织编写了多个案例，从项目概况、BIM 应用策划、应用点介绍、应用总结等方面介绍 BIM 应用经验。

需要注意的是，BIM 应用有其项目背景和技术背景，不同的项目需求，不同的技术支持和投入，也会有不同的应用效果。在每个案例的 BIM 应用策划部分，尽力表达清楚项目 BIM 应用背景和思路。在 BIM 应用总结部分，既总结成功应用经验，也总结应用教训，希望同行能少走弯路，提升 BIM 技术应用效果。

在本书编写过程中，智慧建造技术逐渐被行业认知和接受。本书主编是国家"十三五"重点研发计划项目"绿色施工与智慧建造关键技术"（编号：2016YFC0702100）的负责人，书籍的编写得到项目的支持。书中部分案例 BIM 应用内容已具有智慧建造技术应用的雏形，也希望通过本书让读者初步领会，通过智慧建造技术，实现工程项目的设计、施工和企业管理智能化的过程，以及信息技术与建造技术的深度融合与集成方法。

BIM 技术研究和应用的逐渐深入，BIM 技术本身也在发展和变化之中，书中有些观点和描述可能存在偏差或片面性，有些描述和结论也仅仅是针对当时的应用环境，并不一定能完全代表未来的发展。特别是限于作者能力、经验和水平，本书内容可能还存在不能令人满意之处，也不一定完全正确，期待同行批评指正，以期改进和提高。

目 录

第1章 中建BIM应用

1.1 概述

建筑信息模型（Building Information Modeling，简称BIM）是工程项目物理和功能特性的数字化表达，是工程项目有关信息的共享知识资源。BIM的作用是使工程项目信息在规划、设计、施工和运营维护全过程充分共享、无损传递，使工程技术和管理人员能够对各种建筑信息做出高效、正确的理解和应对，为多方参与的协同工作提供坚实基础，并为建设项目从概念到拆除全生命期中各参与方的决策提供可靠依据。

BIM的提出和发展，对建筑业的科技进步产生了重大影响。BIM正在成为继CAD之后推动建设行业技术进步和管理创新的一项新技术，将是进一步提升企业核心竞争力的重要手段。对于投资，有助于业主提升对整个项目的掌控能力和科学管理水平、提高效率、缩短工期、降低投资风险；对于设计，支撑绿色建筑设计、强化设计协调、减少因"错、缺、漏、碰"导致的设计变更，促进设计效率和设计质量的提升；对于施工，支撑工业化建造和绿色施工、优化施工方案，促进工程项目实现精细化管理、提高工程质量、降低成本和安全风险；对于运维，有助于提高资产管理和应急管理水平。

在基础研究方面，我国BIM关键技术研究持续深入。BIM技术发展得到了我国政府和行业协会的高度重视。我国的BIM研究与应用起步于"九五"期间，在相关科研项目中涉及了一些"基于模型的分析与计算""基于模型的信息传递和交换""IFC标准研究""STEP标准研究"等BIM基础技术和理论研究内容。国家在随后的"十五""十一五""十二五""十三五"科技支撑计划中，一直给予立项支持，持续开展系统、深入研究。

在行业技术政策方面，我国行业BIM技术政策不断推进。住房城乡建设部发布的最早一项BIM技术政策是《2011-2015年建筑业信息化发展纲要》（建质函[2011]67号），其中将BIM技术作为重点推广技术之一。2015年6月住房城乡建设部发布了《关于推进建筑信息模型应用的指导意见》（建质函[2015]159号），作为专项技术政策，明确提出了行业推动BIM应用的基本原则，即"企业主导，需求牵引；行业服务，创新驱动；政策引导，示范推动"。2016年8月住房城乡建设部发布了《2016-2020年建筑业信息化发展纲要》（建质函[2016]183号），进一步提出了的BIM应用发展的目标："全面提高建筑业信息化水平，着力增强BIM、大数据、智能化、移动通讯、云计算、物联网等信息技术集成应用能力……形成一批具有较强信息技术创新能力和信息化达到国际先进水平的建筑企业及具有关键自主知识产权的建筑信息技术企业"。

在国家 BIM 标准方面，国家 BIM 标准正在编制完善。2012 年住房城乡建设部发布了 5 本 BIM 国标编制计划，2013 年又增加了一本 BIM 国标编制计划，这 6 本 BIM 国标形成了我国 BIM 标准的基本体系，分为三个层级：第一层级为统一标准，《建筑信息模型应用统一标准》；第二层级为基础标准，包括《建筑信息模型存储标准》和《建筑信息模型编码标准》两本；第三层级为执行标准，包括《建筑信息模型设计交付标准》《建筑信息模型制造工业设计应用标准》和《建筑信息模型施工应用标准》三本。到目前为止，已陆续发布了 4 本标准，分别是《建筑信息模型应用统一标准》（GB/T 51212-2016）、《建筑信息模型施工应用标准》（GB/T 51235-2017）、《建筑信息模型分类和编码标准》（GB/T 51269-2017）、《建筑信息模型设计交付标准》（GB/T 51301-2018），其余两本已编制完成，近期将陆续发布。

在工程应用方面，我国的 BIM 技术的工程应用在探索中前进。"十一五"以来，BIM 理念在建筑业逐步深入人心，BIM 的重要性和意义在行业已得到共识，被作为支撑行业产业升级的核心技术重点发展。通过不断研发、试点示范应用和推广，我国 BIM 发展至今，应用环境已初步成熟，BIM 普及应用条件已经具备。但是，我国 BIM 应用发展不均衡，总体水平还有待提高，特别是还未掌握核心基础软件技术。

鉴于 BIM 技术应用过程的复杂性，"十二五"期间，中建顺应时代潮流，积极投身到 BIM 技术应用之中，全面开展 BIM 技术研究与应用。"十二五"期间，中国建筑紧跟时代发展潮流，准确把脉建筑产业现代化特征之一的信息化脉搏，积极主动开展 BIM 技术应用工作，从初期的分散式探讨研究应用到后来的系统性应用，特别是自发布《关于推进中建 BIM 技术加速发展的若干意见》以来，中建 BIM 技术应用在系统内得以全面展开，具有中建特色的 BIM 应用模式逐渐形成。

1.2 制定企业 BIM 应用技术政策

自 2002 年，中建所属的个别项目和个别企业开始尝试应用 BIM 技术解决实际工程问题，而全面推动企业 BIM 技术应用是 2012 年。这一年，中建发布《关于推进中建 BIM 技术加速发展的若干意见》（中建股科字 [2012]677 号，以下简称"若干意见"）是中建第一份全面推动 BIM 应用的企业技术政策，包含着中建全面推动和普及 BIM 应用的顶层设计和路线图。

鉴于普及 BIM 技术应用过程的复杂性和实际困难，中建采取了从引导应用、规范应用到提高应用的"三步走"技术路线和"不能等、也不能急"的稳步推进策略，建立了统筹规划、整合资源、积极推进、普及提高的推动企业 BIM 应用基本原则：

（1）统筹规划：中建 BIM 技术发展推进工作要在顶层设计、统筹规划基础上有序开展。

（2）整合资源：充分利用中建全产业链"四位一体"优势，整合全集团 BIM 资源，优化资源配置，协调 BIM 技术发展，提高效率。

（3）积极推进：领导挂帅，统一认识，上下互动，积极推进 BIM 快速发展与应用。

（4）普及提高：将研发与推广应用相结合，技术应用与管理创新相结合，将工作重点放在不断普及提高 BIM 应用水平上，切实做到支撑企业发展。

"若干意见"为企业设立了近期和远期目标。

（1）近期目标：从 2013 年到 2015 年，推动 BIM 技术在投资、设计、施工、运维等方面的研究和应用，建设一批具有代表性的 BIM 应用示范工程，培养一定数量能够熟练应用 BIM 技术服务生产的应用人才。

（2）中长期目标：从 2016 年到 2020 年，将 BIM 技术全面融入企业的日常生产和管理工作中，促进各项业务水平和综合管理水平的全面提升，基本实现投资、设计、施工、运维全产业链的 BIM 应用和基于 BIM 的集成化项目管理。

"若干意见"安排了组织机构建设、标准体系建设、人才队伍建设、基础平台建设、集成能力建设、示范工程建设、支持团队建设等 7 项重点任务。

为落实全面推动 BIM 应用的整体计划，"若干意见"也从组织机构、人才队伍、财务资金、考核制度等方面给出保障措施：

（1）实施"一把手工程"，由各级企业主管领导牵头，设置相应机构，与 BIM 委员会配合，形成分工明确、上下互动的机制，协调和督促本企业的 BIM 发展与应用。

（2）建立高端人才培养和引进机制，营造适于 BIM 人才成长环境，制定相应的优惠政策，加大 BIM 技术高端人才引进，特别是知名院校和研究机构毕业生、行业知名专家的引进。

（3）公司内部要加大 BIM 技术标准及应用研究科研投入，外部要争取国家科研经费支持，完善扶持激励政策，鼓励和引导各企业 BIM 技术应用发展。

（4）设定相关考核指标，将 BIM 技术、标准软件及应用成果作为绩效考核指标，促进相关工作开展。

"十三五"期间，为进一步推进 BIM 技术在中国建筑的应用，结合企业 BIM 应用状况，制定了《关于推进中国建筑"十三五"BIM 技术应用的指导意见》（中建股科字[2016]946 号，以下简称"指导意见"），全面提升 BIM 技术应用水平，从建筑全生命期和全产业链着眼，着力增强 BIM 技术集成应用能力，让 BIM 技术在中建转型升级、提质增效中发挥更大作用。

"指导意见"继续坚持"十二五"统筹规划，在整合资源、积极推进、普及提高原则基础上，坚持"全面普及，应用升级，融合发展，品质效益，争创一流"原则：

（1）全面普及：统筹实施"四个全面"普及，一是各类企业全面普及，包含设计企业、施工企业、专业公司、运维企业等相关企业；二是项目全员普及，在企业技术人员和管理人员中力争做到高层能懂、中层能用、基层能做；三是各类业务全面普及，包含勘察设计、房屋建筑、基础设施、海外业务、房地产五大业务板块；四是全过程普及，包含工程项目规划、策划、设计、施工、运维、更新、拆除全生命期。

（2）应用升级：力争做到五个升级：从技术应用到管理应用提升；从单项应用到集成应用升级；从软件模块级应用到系统平台级应用升级；从试点示范探索应用到普及与提高应用升级；从掌握技能应用到提质增效应用升级。

（3）融合发展：适应时代需求，坚持 BIM 与互联网、物联网、大数据、云计算、移动互通、3D 打印等技术融合发展，促进建筑业绿色化、工业化、智能化协调发展。

（4）品质效益：应用 BIM 技术促进实现中建品质保障，价值创造，努力达到提升品质，保证质量，确保安全的目标；努力实现提高效率，节约成本，增加效益的目的。

（5）争创一流：坚持与国际接轨，掌控应用进程，把握发展方向，扎实推进，务求实效，再创佳绩，争创央企先进，行业一流的 BIM 技术应用企业。

"指导意见"设定："到 2020 年末，全面实现 BIM 技术在规划、策划、设计、施工、运维、更新与拆除全产业链的普及应用；在设计和施工企业实现 BIM 与企业管理系统的一体化集成应用；促进各项业务水平和综合管理水平的全面提升"的发展目标。

"指导意见"安排了全面普及应用 BIM 技术、全面融合发展 BIM 技术、构建企业 BIM 技术标准体系、强化 BIM 技术人才团队培养、发挥 BIM 示范工程引领作用、建立基于 BIM 的协同工作机制、搭建 BIM 技术集成应用平台、开展 BIM 数据资源积累与利用研究、突出 BIM 技术提质增效作用等 9 项重点任务。

为落实全面推动 BIM 应用的整体计划，"指导意见"也从战略保障、资源保障、人才保障、技术保障、机制保障等方面给出保障措施：

（1）战略保障：正确认识 BIM 对企业发展的作用与价值，将 BIM、大数据、智能化、移动通讯、云计算等信息技术集成应用作为实施企业转型升级战略目标的重要举措，将其作为实现创新发展的重要驱动力。

（2）资源保障：加强统一领导和资源保障力度，根据企业 BIM 发展的实际需求，切实保证人力、物力和财力的有效投入，保证 BIM 应用与发展稳步推进。

（3）人才保障：将 BIM 人才发展规划纳入企业人才发展规划，从企业发展的战略高度，注重培养既熟悉业务又精通 BIM 等信息技术的复合型人才，营造适合 BIM 人才成长的环境，培养和造就一支满足企业 BIM 发展需要的人才队伍。

（4）技术保障：根据业务类型、业务规模等的不同需要，开展分类指导和技术支持，有组织、有计划地开展专题培训、研讨交流、国际合作等活动，全面提高 BIM 人才队伍的素质。

（5）机制保障：强化 BIM 技术对企业提质增效的重要作用。建立企业领导负责企业 BIM 应用推广工作，项目经理负责项目 BIM 应用工作，项目总工负责组织实施工作的机制。保障 BIM 实施效果和效率。合理评价、评估 BIM 增效方法与认定机制。加大对 BIM 技术人员创效激励力度，激发 BIM 技术人员积极性。

1.3 建立组织架构培养 BIM 应用人才

为凝聚企业力量，根据中建《若干意见》要求，在中建专家委下组建 BIM 技术委员会，作为中建 BIM 推广应用的指导、咨询和服务机构，负责统筹推进 BIM 技术研究、应用与优化资源配置，促进中建 BIM 技术加速发展。与此同时，中建也引领行业 BIM 组织建设。

1. 发起成立中国 BIM 发展联盟

为满足国家 BIM 技术标准体系建立需求，致力于中国 BIM 技术、标准和软件研发，为中国 BIM 技术应用提供支撑服务交流平台。由中国建筑科学研究院与中国建筑集团有限公司等多家单位发起成立了"中国 BIM 发展联盟"，创新开展具有中国特色 P-BIM 技术应用标准研究。

2. 组建 BIM 产业创新战略联盟

由中国建筑科学研究院和中国建筑集团有限公司为发起单位，以中国 BIM 发展联盟为基础，组建国家级"建筑信息模型（BIM）产业技术创新战略联盟"，为我国 BIM 技术与标准筹集资金，促进 BIM 软件开发企业技术交流，为中国 BIM 技术应用提供支撑平台，为全面推动我国 BIM 技术发展和应用提供技术服务。

3. 参与组建中国 BIM 标委会

由中国 BIM 发展联盟发起，在中国工程建设标准化协会下，组建 BIM 标准化专业委员会，下设七个 BIM 技术组，中建为施工组主任单位。

BIM 技术人才是制约 BIM 技术应用的关键因素，只有让工程技术人员掌握 BIM 技术并将其应用到工程建设中，才能转化为生产力和企业的核心竞争力。为此，中建在不同层面开展了众多 BIM 人才队伍建设工作。通过培训班、专题讲座、培养实战经验等多种手段培养人才。据 2018 年年底的调研数据，中建已有 27142 名技术和管理人员能在实际项目中应用 BIM。

1.4 建立 BIM 应用标准体系

为规范企业 BIM 应用，中建建立了具有企业特色的 BIM 应用标准体系。为学习国外先进经验,与国际标准接轨,中建组织力量重点翻译了26本境外标准(包括 ISO 标准,以及美国、新加坡、韩国、英国等国家标准),形成了总计534页、约40万字的 BIM 标准资料。在此基础上编写了《建筑工程设计 BIM 应用指南》(第一版、第二版)和《建筑工程施工 BIM 应用指南》(第一版、第二版)企业标准,以及《建筑信息模型施工应用标准》国家标准。

1.《建筑工程设计 BIM 应用指南》(第一版、第二版)

《建筑工程设计 BIM 应用指南》(以下简称《设计 BIM 指南》)通过中国建筑工业出版社于2014年10月推出第一版,于2017年2月推出第二版,如图1-1所示。

图1-1　中建《设计 BIM 指南》第一版、第二版

《设计 BIM 指南》从三个层面(企业、项目、专业)详细描述了设计全过程(方案设计、初步设计、施工图设计)BIM 应用的业务流程、建模内容、建模方法、模型应用、专业协调、成果交付等具体指导和实践经验,并给出了软件应用方案。

《设计 BIM 指南》更突出中建的企业特点,一方面,充分考虑企业 BIM 应用基础,特别是中建设计企业 BIM 软件基础、企业 CAD 标准,指南涉及的 BIM 软件及建议的 BIM 软件应用方案,均为中建各子企业正在应用的 BIM 软件,或是在行业应用中的主流 BIM 软件;另一方面,也充分考虑中建在行业的技术领先和新技术的引领作用,在指南中创造性地作出一些符合国情的规定,例如,对模型细度和模型内容的规定,没有照搬美国的 LOD 系列规定,而是考虑到我国行业技术政策的具体规定,参照中华人民共和国住房和城乡建设部发布的《建筑工程设计文件编制深度规定》文件的规定，将设计阶段的模型细度分为三级，分别为：方案设计模型、初步设计模型和施工图设计模型，模型细度和内容按照《建筑工程设计文件编制深度规定》的规定给出。同时，将施工阶段 BIM 模型细度也划分为三个等级，分别为：深化设计模型、施工过程模型和竣工交付模型。

第一版《设计 BIM 指南》按照设计专业分工组织，以建筑设计、绿色建筑设计、结构设计作为重点，考虑到给排水、暖通和电气三个专业所应用的 BIM 软件及工作流程相近，将这三个专业合并表达。考虑到协同在设计 BIM 应用中的重要性，在第一版指南中将协同作为独立的一章内容，但考虑到在 CAD 技术应用中的协同基础有限，重点阐述了软件应用技术层面的协同，尚未深入到管理层面的协同。第一版《设计 BIM 指南》的目录结构如图 1-2 所示。

第 1 章　企业 BIM 应用环境
第 2 章　项目 BIM 应用计划
第 3 章　建筑专业设计 BIM 应用
第 4 章　绿色建筑设计 BIM 应用
第 5 章　结构专业设计 BIM 应用
第 6 章　机电设计 BIM 应用
第 7 章　多专业 BIM 协同应用
附录 A　BIM 计划模板
附录 B　典型 BIM 应用
附录 C　BIM 应用流程图符号
参考文献

图 1-2　中建《设计 BIM 指南》第一版目录结构

第二版《设计 BIM 指南》从总体结构上与第一版保持一致。第二版指南从企业、项目、专业三个层面详细描述了项目全过程、全专业和各方参与 BIM 应用的业务流程、建模内容、建模方法、模型应用、专业协调、成果交付等具体指导和实践经验，并给出了经过工程项目实践的应用方案。

考虑到各专业和不同类型企业应用水平不同，第二版《设计 BIM 指南》在第一版基础上有所扩展、有所深化。首先，第二版指南增加了“总图设计 BIM 应用”“装饰设计 BIM 应用”“幕墙设计 BIM 应用”“建筑经济 BIM 应用”等内容。其次，原“机电设计 BIM 应用”细分为“给排水设计 BIM 应用”“暖通空调设计 BIM 应用”“电气设计 BIM 应用”三章。为了响应住房城乡建设部《关于进一步推进工程总承包发展的若干意见》(建市 [2016]93 号)的精神，增加“设计牵头工程总承包 BIM 应用”一章。此外，其他章节内容也都有所丰富和更新。第二版《设计 BIM 指南》的目录结构如图 1-3 所示。

第 1 章　基本概念与发展概况
第 2 章　企业 BIM 应用环境
第 3 章　BIM 应用策划
第 4 章　基于 BIM 的协同设计
第 5 章　总图设计 BIM 应用
第 6 章　建筑与装饰设计 BIM 应用
第 7 章　结构设计 BIM 应用
第 8 章　给排水设计 BIM 应用
第 9 章　暖通空调设计 BIM 应用
第 10 章　电气设计 BIM 应用
第 11 章　绿色建筑设计 BIM 应用
第 12 章　幕墙设计 BIM 应用
第 13 章　建筑经济 BIM 应用
第 14 章　设计牵头工程总承包 BIM 应用
附录 A　BIM 计划模板
附录 B　典型 BIM 应用
附录 C　BIM 应用流程图符号
参考文献

图 1-3　中建《设计 BIM 指南》第二版目录结构

第二版《设计 BIM 指南》以协同设计为核心，将其他各个专业 BIM 应用串联起来，如图 1-4 所示。

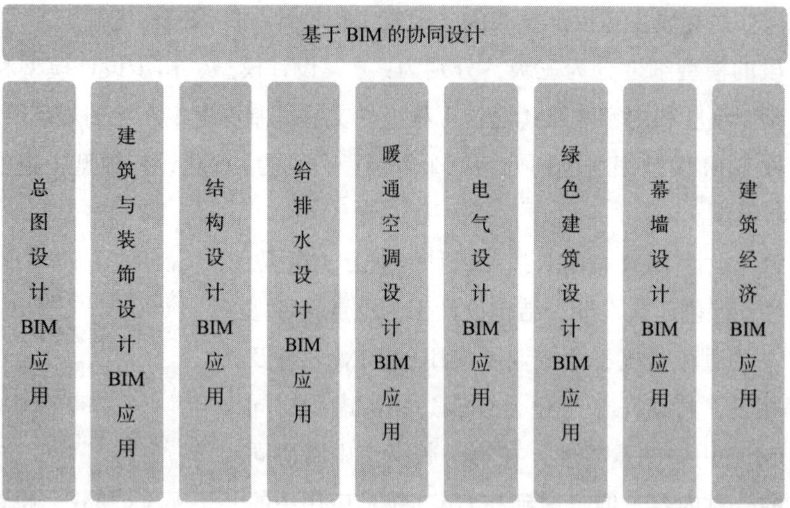

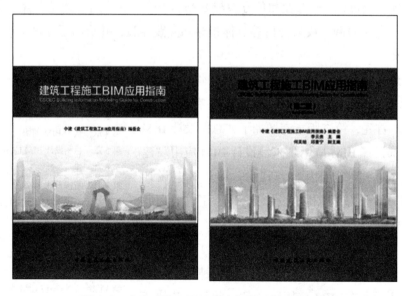

图 1-4　中建《设计 BIM 指南》第二版以基于 BIM 的协同设计为核心的编写框架

2.《建筑工程施工 BIM 应用指南》（第一版、第二版）

《建筑工程施工 BIM 应用指南》（以下简称《施工 BIM 指南》）通过中国建筑工业出版社于 2014 年 10 月推出第一版，于 2016 年 12 月推出第二版，如图 1-5 所示。

图 1-5　中建《施工 BIM 指南》第一版、第二版

第一版《施工 BIM 指南》在内容组织上，从工程实用角度出发，按照施工专业分工和施工过程管理两个维度展开。除企业和项目层面的共性 BIM 应用内容外，主要内容包括：施工总承包、机电专业施工、钢结构专业施工和土建专业施工 BIM 应用，以及进度计划管理、造价管理、质量安全管理和竣工交付 BIM 应用等内容，便于不同职

责技术和管理人员参阅。第一版《施工 BIM 指南》的目录结构如图 1-6 所示。

第1章　企业 BIM 应用环境
第2章　项目 BIM 应用计划
第3章　施工总承包 BIM 应用
第4章　机电施工 BIM 应用
第5章　钢结构施工 BIM 应用
第6章　土建施工 BIM 应用
第7章　造价管理 BIM 应用
第8章　进度管理 BIM 应用
第9章　质量安全管理 BIM 应用
第10章　竣工验收阶段 BIM 应用
附录 A　BIM 计划模板
附录 B　典型 BIM 应用
附录 C　BIM 应用流程图符号
参考文献

图 1-6　中建《施工 BIM 指南》第一版目录结构

第二版《施工 BIM 指南》从总体结构上与第一版保持一致，从企业、项目、专业三个层面详细描述了项目全过程、全专业和各方参与 BIM 应用的业务流程、建模内容、建模方法、模型应用、专业协调、成果交付等具体指导和实践经验，并给出了经过工程项目实践的应用方案。

考虑到当前各专业和不同类型工程应用水平不同，第二版指南在第一版基础上有所扩展、有所深化。首先，第二版增加了“幕墙施工 BIM 应用”“装饰施工 BIM 应用”“桥梁工程 BIM 应用”“地铁工程 BIM 应用”“隧道工程 BIM 应用”“管廊施工 BIM 应用”和“BIM 平台应用实践”等内容。其次，土建施工 BIM 应用细分为“场地平整 BIM 应用”“基坑工程 BIM 应用”“模板与脚手架工程 BIM 应用”“钢筋工程 BIM 应用”“混凝土工程 BIM 应用”“砌体工程 BIM 应用”“土建工序工艺模拟 BIM 应用”，结合行业工业化发展需求，增加“混凝土预制装配施工 BIM 应用”一章。此外，其他章节内容也都有所丰富和更新。第二版《施工 BIM 指南》的目录结构如图 1-7 所示。

第1章　企业 BIM 应用环境
第2章　项目 BIM 应用策划
第3章　土建施工 BIM 应用
第4章　机电施工 BIM 应用
第5章　钢结构施工 BIM 应用
第6章　混凝土预制装配施工 BIM 应用
第7章　幕墙施工 BIM 应用
第8章　装饰施工 BIM 应用
第9章　施工总承包 BIM 应用
第10章　造价管理 BIM 应用
第11章　进度管理 BIM 应用
第12章　质量和安全管理 BIM 应用
第13章　竣工验收 BIM 应用
第14章　其他工程 BIM 应用
第15章　BIM 协同平台应用实践
附录 A　BIM 计划模板
附录 B　典型 BIM 应用
附录 C　BIM 应用流程图符号
参考文献

图 1-7　中建《施工 BIM 指南》第二版目录结构

中建是国家标准《建筑信息模型施工应用标准》的主编单位，第二版《施工 BIM 指南》的很多作者都参与了国标的编写，在编写第二版指南的过程中，国标也完成了审查，进入报批阶段。因此，第二版指南与国标的编制思路和原则基本一致，在某些方面可以理解为是国标的具体深化和解读。

3.《建筑信息模型施工应用标准》（GB/T 51235-2017）

中国具有全球最大的工程建设规模以及自成体系的建筑法律法规和标准规范体系，因此必须探索和实践与我国工程建设行业相适应的 BIM 普及应用和发展提高的道路、理论和制度，研究编制相关 BIM 标准，引导行业 BIM 应用、提升 BIM 应用效果、规范 BIM 应用行为，借此促进我国建筑工程技术的更新换代和管理水平的提升。

在此背景下，《建筑信息模型施工应用标准》（以下简称"标准"）列入国家标准编制计划（《关于印发〈2013 年工程建设标准规范制订、修订计划〉的通知》建标 [2013]6号）。标准由中建和中国建筑科学研究院主编，中国 BIM 发展联盟、清华大学、上海市建筑科学研究院（集团）有限公司等 17 家单位参与了编制。

标准形成了可扩展的技术框架。《标准》共分 12 章，包括：总则、术语、基本规定、施工模型、深化设计、施工模拟、预制加工、进度管理、预算与成本管理、质量与安全管理、施工监理、竣工验收。标准的技术条文从应用内容（包括：BIM 应用点、BIM 应用典型流程）、模型元素（包括：模型内容和模型细度）、交付成果和软件要求等几方面给出规定，形成了较为稳定的技术框架，并为未来可能的扩展留下了空间，例如：幕墙、装饰装修的深化设计和预制加工 BIM 应用没有纳入当前版本，未来可以在对应章增加一节进行扩展。

术语定义更加准确、精炼。"术语"一章给出了建筑信息模型、建筑信息模型元素、模型细度、施工建筑信息模型等术语定义。其中，"建筑信息模型"定义涵盖了"模型"和"模型应用"两层含义，高度概括。"模型细度"的定义相较于"模型粒度""模型颗粒度""模型精度""模型精细度"等纷杂的定义更具概括性，且易于理解和使用。同时，标准给出了模型细度等级代号规定，既与国际通行方法接轨，又体现和结合了国情，保证了标准的落地应用。

本标准是我国第一部建筑工程施工领域的 BIM 应用标准，填补了我国 BIM 技术应用标准的空白，与国家推进 BIM 应用政策（《关于推进建筑信息模型应用的指导意见》（建质函 [2015]159 号）和《2016-2020 年建筑业信息化发展纲要》（建质函 [2016]183 号）等）相呼应。

1.5 树立典型推动 BIM 全面应用

为进一步推进 BIM 技术应用，中建率先在行业内开展了 BIM 示范工程建设工作。在 2013 年中建总公司科技推广示范工程计划中，增加了"BIM 类示范工程"，并首期批准了 25 项应用示范工程，2014 年批准 7 项，2015 年批准 15 项，2016 年批准 13 项，2017 年批准 14 项。总计开展了 74 项 BIM 示范工程。项目涉及众多工程类型，既有超高层建筑，又有公建项目、EPC 项目、地下交通项目和安装项目等。中建组织编写的《中建 BIM 示范工程实施指引》，对推动中建 BIM 示范工程实施起到良好作用。结合示范工程中间检查及验收开展的系统交流、检查、验收会，也为大家提供了很好的交流平台，真正起到了示范作用，促进了中建 BIM 技术应用开展。

在 BIM 示范工程的带动下，中建 BIM 应用快速发展，各子企业纷纷开展工程项目的 BIM 应用实践，到 2018 年底统计，已有 27142 名工程技术和管理人员不同程度掌握了 BIM 技术，仅八个工程局就已有 5872 个项目在不同程度上应用了 BIM 技术。中建不仅 BIM 技术的应用项目在数量上可观，而且 BIM 技术应用水平也处于行业领先地位。在全国 BIM 大赛中，中建取得了良好成绩。近五年（2013、2014、2015、2016、2017）中建总计获得各类 BIM 大赛一、二等奖项 277 项，在全行业获奖成果中，近半数的一、二等奖出自中建。

1.6　支撑行业 BIM 发展

中建在积极推动企业 BIM 技术研究与应用的同时，也在大力助推行业 BIM 技术应用和发展，积极参与行业标准和研究报告的研究、编写工作，将企业研究成果和工程经验凝练融入国家标准和行业技术政策中，有效带动了行业 BIM 普及应用。主要工作包括：协助住房城乡建设部编写《关于推进建筑信息模型应用的指导意见》《2016-2020 建筑业信息化发展纲要》，以及与住房城乡建设部信息中心、广联达等单位联合编写《中国建筑施工行业信息化发展报告》和调研报告等。

1. 编写《关于推进建筑信息模型应用的指导意见》

为贯彻《关于印发 2011-2015 年建筑业信息化发展纲要的通知》（建质 [2011]67 号）和《住房城乡建设部关于推进建筑业发展和改革的若干意见》（建市 [2014]92 号）的有关工作部署，中建辅助住房城乡建设部编写《关于推进建筑信息模型应用的指导意见》（以下简称《意见》）。

《意见》针对我国 BIM 推广应用存在的政策法规和标准不完善、发展不平衡、本土应用软件不成熟、技术人才不足等问题，给出相应建议和措施，推进 BIM 在我国建筑领域的应用。

《意见》给出"企业主导，需求牵引""行业服务，创新驱动""政策引导，示范推动"的推动 BIM 应用发展基本原则，以及至 2020 年末，企业和行业发展目标。

对于各类、各级企业，《意见》给出相应的工作重点，例如工程总承包企业应在"设计控制"中，"使设计优化、设计深化、设计变更等业务基于统一的 BIM 模型，并实施动态控制。"为企业推动 BIM 应用给出具体的实施目标。

2016 年底，中建辅助中国建筑业协会工程建设质量管理分会组织了"指导意见课题组"在业内开展了"工程建设领域 BIM 应用调研 -2016"工作，从 2016 年 7 月开始到 11 月结束，对工程设计企业和施工企业的 BIM 应用情况进行了调研。调研采取问卷（样本）调查和实地召开调研会的方法进行，共收回设计企业 BIM 应用调研问卷 285 份（设计企业调查问卷由质量司收集提供），施工企业 BIM 应用调研问卷 500 份。此外，为了深入了解，又选取了三个代表地区进行了深度调研，上海作为"北上广深"经济发达地区代表，浙江作为民企较多地区代表，重庆作为其他广大地区代表。通过问卷的收集与分析，以及深度座谈，得能够全面反映目前各地各类企业 BIM 技术研究与应用进展及存在问题的第一手信息，为住房城乡建设部有关领导科学决策提供参考依据。

2. 编写《建筑业信息化发展纲要 2016-2020》及解读资料

中建组织专家协助住房城乡建设部编制了《2016-2020 建筑业信息化发展纲要》（以下简称《纲要》）。《纲要》是"十三五"期间，中国建筑业信息发展提纲挈领的重要文件。《纲要》贯彻了十八大以来党中央国务院推进信息化发展相关精神，落实了十八届五中全会"创新、协调、绿色、开放、共享"发展理念以及《国家信息化发展战略纲要》、国家大数据战略、"互联网 +"行动等相关要求，充分发挥信息化在建筑业发展中的支撑和引领作用，推动建筑业信息化再上新台阶。

《纲要》提出，在"十三五"期间，要全面提高建筑业信息化水平，显著增强集成应用 BIM、大数据、智能化、移动通讯、云计算、物联网等信息技术的能力，在建筑业数字化、网络化、智能化上取得突破性进展，初步建成一体化行业监管和服务平台，数据资源利用水平和信息服务能力取得明显进展，形成一批在信息化上具有较强创新能力、达到国际先进水平的建筑企业以及具有关键自主知识产权的建筑业信息技术企业。

3. 编写《中国建筑施工行业信息化发展报告》（2013、2014、2015、2016、2017、2018）

《中国建筑施工行业信息化发展报告》作为我国第一本公开出版发行的、针对建筑施工行业信息化发展报告，是全面反映我国施工行业信息化发展状况的最重要报告之一。从 2013 年开始编制第一本，到 2018 年已连续发布六年。

2013 年报告是第一部深度论述我国建筑施工行业信息化发展的综合性报告，详述了我国建筑施工行业信息化的发展现状和成效，分析了未来发展趋势和具体状态，通过 30 余个案例，总结了发展经验，以及后来者可遵循的发展规律。

2014 年报告以"BIM 应用与发展"为主题，分为基础篇、应用篇、实施篇和案例篇四个部分，追踪了我国建筑业 BIM 技术发展的最新资讯，深度分析和剖析了现状，展望了未来发展趋势。

2015 年报告以"BIM 深度应用与发展"为主题，在 2014 年报告的基础上，深度追踪和分析 BIM 应用从单一软件应用转向多软件集成应用、从桌面应用转向云端和移动应用、从单项应用转向综合应用，以及 BIM 与物联网、云计算、GIS 等技术的综合应用的发展进程，为行业深度应用 BIM 技术树立风向标。

2016 年报告以"互联网应用与发展"为主题，归纳总结了我国建筑施工行业和企业两个层面的互联网应用，为建筑施工行业政府监管部门和企业在互联网时代的信息化建设提供指导，促进整个建筑产业转型升级和创新发展。

2017 年报告以"智慧工地"为主题，聚焦施工现场信息化应用，描述施工工地这一行业最基层单位的信息化进程，呈现我国建筑施工行业信息化现状，深度论述了建筑施工行业智慧工地应用现状和未来发展方向，为我国建筑施工行业的信息化建设提供基础性理论和实践指导。

　　2018 年报告以"大数据应用与发展"为主题，全面、客观、系统地分析了我国建筑施工行业大数据应用现状和发展趋势，归纳总结了施工行业大数据的典型应用，收集和整理了最佳实践案例，为建筑施工行业应用"大数据技术"，提供了系统的方法和指导。

第2章 工程设计 BIM 应用案例

当前，在基于 BIM 的工程设计领域，"BIM 正向设计"和"设计牵头的 BIM 总承包应用"，是业界讨论的热点。本章介绍了几个经典案例：五矿华南金融大厦项目是一个 BIM 正向设计的深度应用项目，项目本身比较复杂，BIM 技术的应用与项目设计的理念相得益彰，是一个具有标杆意义的应用案例；ICON•云端项目是设计牵头的 EPC 总承包项目，其 BIM 应用也带有鲜明的 EPC 特点，施工单位提前介入，在设计阶段更多考虑施工因素，BIM 应用的延续性与连贯性更强，能在设计前期为项目带来更多效益；商洛万达广场工程是万达集团"BIM 总发包"项目，投资与工期均有严格限定，设计单位采用 BIM 正向设计的方式，直接在 Revit 平台进行协同设计及出图，同时实现基于 BIM 模型的一键算量，体现了标准构件库、统一数据库的优势，这个项目既是万达"BIM 总发包"模式的成功案例，也为大量同类商业综合体项目提供了行之有效的 BIM 应用技术路线与管理方法。

2.1 五矿华南金融大厦项目

2.1.1 项目概况

五矿华南金融大厦项目位于深圳南山后海中心区，总用地面积 4197.4m²，总建筑面积 59233m²，由香港华艺设计顾问（深圳）有限公司（简称"华艺设计"）设计。华艺设计着力于将五矿金融总部大厦设计为高效的办公建筑，使其最大化利用基地优势。为使单体从毗邻建筑群中脱颖而出，塔楼南北侧立面遵循一条圆弧线缓和倾斜的形式，并将两立面一直延伸至高于主体屋顶，在塔楼东北和西南两角分别形成富有表现力的尖顶，形成一个优雅、永恒而吉祥的形式，表达从自然中自由地汲取力量的寓意。风帆的形式与塔楼中下部穿插的平行四边形体取得平衡，厚重而优美，项目效果图如图2-1 所示。

本项目总体由五层地下室、五层裙房，以及通过空中连廊与裙房相连的二十六层塔楼组成。业态划分方面，地下室主要功能为停车以及商业，裙房作为展示以及商业，塔楼则主要为办公空间。

整个工程地下室采用钢筋混凝土梁柱结构；裙房以钢筋混凝土框架为主体，大跨度钢结构覆盖中庭上空；塔楼则是带交叉支撑的巨型框架 - 筒体混合结构。

建筑方面，为了赋予建筑生命，不拘泥于直角和平面对于空间的约束，五矿金融

图 2-1　五矿金融华南大厦效果图

华南大厦的功能分区相当灵活多变，这对平面业态以及消防空间的排布形成了挑战；弧形的幕墙体系不仅对墙身节点的准确性提出了更高的要求，同时也因此使得塔楼没有标准层的概念，为建筑设计增加了难度。

结构方面，风帆的体量造型，使建筑包含了曲面、钢结构等难点元素。同时，塔楼南北两侧建筑下方有高大空间，因此结构角部形成大跨度及巨柱。为了保证屋面异形钢结构造型，结构构件的空间定位和荷载的施加也异常复杂。

设备方面，因为建筑对于室内环境的要求较高，故设备选型不同于常规的办公建筑；同时，整个项目内部功能划分种类繁多，设备系统与管线布置均有一定的挑战性。

2.1.2　BIM 应用策划

本项目开始时间为 2014 年，当时的国内设计市场对 BIM 技术已然有所应用，华艺设计作为 BIM 技术的先行者，在基于 BIM 技术完成建筑设计的基础上，尝试从业主的角度，以建筑全生命周期为范围，将 BIM 技术的应用拓展及推进到更深的层次，使其能够与包括虚拟现实及景观、精装修等更多的专业对接，从前期到后期打通各个不同专业合作的壁垒，同时为运营作出充足的准备。

本项目的甲方是一家在高新技术应用方面有着独特见地的企业，参与项目建设的多家企业也是各自领域内的顶尖公司，这都为华艺设计将 BIM 技术体系铺开应用至更广的层面带来了良好的基础。

本项目将 BIM 技术应用于设计全过程，并通过 BIM 技术与其他专项设计公司对接，华艺作为带头公司，制定了项目整体 BIM 应用目标：

（1）结合实际项目情况，以保证设计进度为前提，项目主体区域及部分复杂节点采用 BIM 设计并达到出图深度和要求。

（2）在项目出图后，采用 BIM 技术出具变更，并辅以三维模型截图及智能移动设备与现场对接，辅助现场施工。

（3）由于实际项目中时间成本较高，在出图后将没有应用 BIM 的部分进行全 BIM 建模，验证和对比两种设计理念的区别，并探索此部分应用 BIM 进行设计的可行性。

（4）从一个更高的 BIM 应用维度出发，使得华艺 BIM 团队在不断完善及巩固固有优势的前提下，对 BIM 应用方式进行更深层次的探讨和尝试。

（5）以 BIM 模型为基础，从方案阶段延续到施工图阶段、精装修阶段，同时平行应用于景观、幕墙、擦窗机等方向。

项目采用华艺公司制定的企业标准《华艺设计顾问有限公司 BIM 设计执行标准》（HY-BZ201109），其中包含的主要内容有：

1. 说明表格标准化

华艺公司内部按照项目类型制作了 Revit 标题栏族，并且以模板形式放置在公司网络服务器上，项目按照具体类型调用《设计说明书》《材料做法表》等统一格式的说明表格，如图 2-2 所示。加载该类型项目模板后，专属于本项目的数据已设置为卷标，并与相关数据关联，诸如项目名称、面积等数据信息可以自动获得，并随着项目修改而进行自动修改。

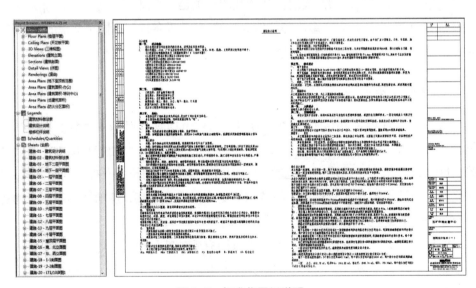

图 2-2　标准化图纸说明

2. 图框标准化

在公司内部服务器上的项目模板中，包括专用图框，服务于项目出图。项目信息和图纸信息也将以参数形式添加至图框族中（如图 2-3 所示），避免了以往传统设计中在各专业、各设计人在图框标准化所花费的额外时间，提升了设计效率。

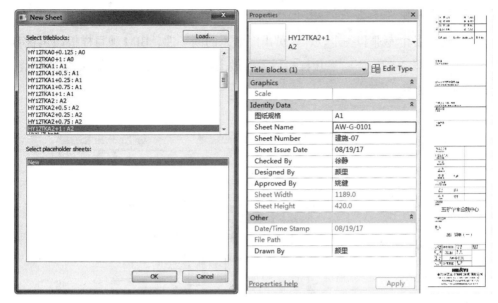

图 2-3　标准化图框族及参数

3. 族库标准化

经过诸多项目的积累，华艺公司 BIM 工程中心对用到的族与类型均进行了归类整理，逐渐形成了企业级标准族库（如图 2-4 所示），并将常用的族文件置于启动样板文件之中，便于项目中的提取。与此同时，各个专业进行具体设计时，也需遵循《华艺 BIM 设计执行标准》选取对应族类型，达到公司层面的族命名、使用方面的规范化和一统化。

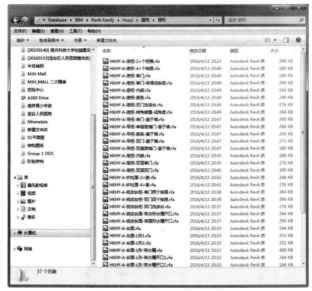

图 2-4　统一族库

4. 注释标准化

为了达到各个专业和各个设计人员出图效果的同一性，BIM 项目样板还包含有标注与注释（如图 2-5 所示），套用样板后无需做出多余的协调工作便能保证注释标注的样式统一和标准化。

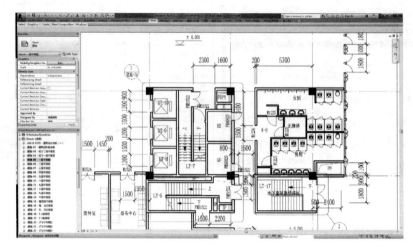

图 2-5　统一标注样式

5. 视图标准化

为了便于设计过程中各个构件、专业、系统等的区分，以及出图时对于线型、填充等的特殊要求，项目样板中也植入了已经配置好的视图样板（如图 2-6 所示），供设计师做不同设计工作及出图时直接调用。此方法既提高了设计的效率，也保证了出图的质量。

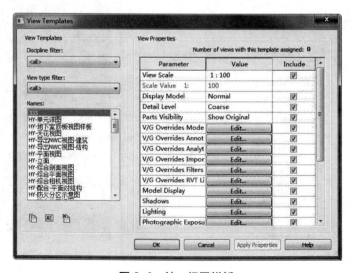

图 2-6　统一视图样板

6.图例标准化

不同的专业在图纸中都有不同的图例显示，而不同的设计人员也因不同的设计习惯从而使用不同的图例。为了达到设计标准化，项目样板同样也将三维模型中各种构件的平面图例统一表达并内置（如图 2-7 所示），从而达到各专业内部和专业之间图例的统一。

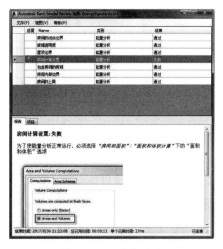

图 2-7　标准化图例

7.标准化核查

项目需要统一的事项，诸如字体、标注大小等，如果由设计人员及设总一一核查将花费大量时间，项目采用 Revit 插件 Autodesk Revit Model Review 进行此类自动核查（如图 2-8 所示），使 Revit 出图更加精准，同时也将设计人员从繁杂的体力劳动中解放出来，使其回归设计本职工作。

图 2-8　标准化核查

8. 流程标准化

随着 BIM 技术在工程项目中的普及应用，华艺设计逐渐形成了一套完整的 BIM 设计、咨询应用流程，如图 2-9 所示。

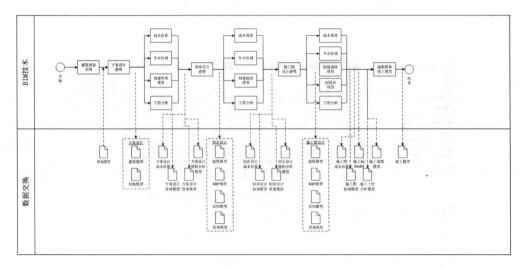

图 2-9　BIM 技术应用总流程图

因为各个项目有各个项目共同性，也有其特殊性，故在参照公司已经编制完善的《华艺 BIM 设计执行标准》时，项目组专门为五矿华南金融中心编制了一套《五矿金融中心 BIM 项目标准》（如图 2-10 所示），以此为依据进行深入设计的推进、协作与出图。

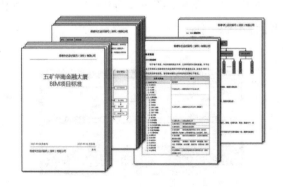

图 2-10　项目级 BIM 标准

《五矿金融中心 BIM 项目标准》针对项目特点，以及业主对模型的使用需求等因素，建立本项目的模型精度原则、模型拆分原则、模型颜色规则等，为后期模型的传递以及使用做好准备。与此同时，在与项目各参与方进行沟通之时，完善的标准也能使得数据的传递更为准确、便捷、快速。

1. 模型细度原则

美国建筑师协会（American Institute of Architects，简称 AIA）2008 年发布的 E202 号文件中，以 LOD（Level of Development）来描述 BIM 模型在整个生命周期的不同阶段中不同构件应该达到的完成度。华艺设计根据行业自身的需求借鉴了此分级制度，并制定符合国情的企业级 LOD 标准，如表 2-1 所示。

华艺的项目级 LOD 标准 表 2-1

序号	模型精度等级	内容
1	LOD100	等同于概念设计，此阶段的模型通常为表现建筑整体类型分析的建筑体量，分析包括体积、建筑朝向、每平方米造价等
2	LOD200	等同于方案设计或初步设计，此阶段的模型包含普遍性系统，包括大致的数量、大小、形状、位置以及方向。LOD 200 模型通常用于系统分析以及一般性表现
3	LOD300	模型单元等同于传统施工图和深化施工图层次。此模型可用于成本估算以及施工协调，包括碰撞检查、施工进度计划以及可视化。LOD 300 模型应当包括在 BIM 交付规范里规定的构件属性和参数等信息
4	LOD400	此阶段的模型可用于模型单元（水暖电系统构件）的加工和安装
5	LOD500	最终阶段的模型表现项目竣工的情形。模型将作为中心数据库整合到建筑运营和维护系统中去。LOD 500 模型将包含业主 BIM 规定的完整构件参数和属性

在方案阶段，通过模型进行体量推敲，模型包括了基于体量的面积、朝向等因素；对于总图及场地，均以模型体量属性进行还原及推敲，故而深度达到 LOD100 同等标准。

初设阶段正式开始基于体量模型所生成的平面及立面创建土建整体 BIM 模型，包括建筑专业的墙、门、面层等以及结构专业的梁、柱及剪力墙，深度普遍达到 LOD200 标准，部分关键区域达到 LOD300 标准；同时根据外立面体量推敲初步建立幕墙体系，设备专业进行初步系统及平面图绘制，深度达到 LOD100 同等标准。

对于施工图阶段，土建模型进行深化及完善，所有构件达到 LOD300 标准，部分关键、复杂部位为保证模型的可传承性，建模至 LOD400 同等标准；设备专业细化初设模型，并考虑管线综合排布以达到 LOD300 标准，机房等重点部位按照 LOD400 标准考虑设备的安装空间等因素。涉及施工图变更的部分，模型深度同样达到 LOD300 标准，必要时按照 LOD400 进行考虑。

关于室内配合阶段及景观设计阶段，模型达到 LOD300 同等级别，同时对于有特殊效果要求及三维形式复杂的部位可相应深化模型，为室内设计及景观设计提供大样底图。

BIM 模型目前依然以平面图纸的形式进行报建。

2. 模型要求细则

基于以上确定的适用于本项目模型细度原则，华艺在项目初始阶段与业主及其他专项设计公司提前制定了项目级的 BIM 构件应用要求细则（如表 2-2 所示），以规范

BIM 模型在各个专业及各个单位之间的传递。现详述如下：

设计阶段 BIM 应用要求 表 2-2

阶段	BIM 应用	几何信息	专业信息						其他
			建筑	结构	强电	弱电	给排水	暖通	
方案设计阶段	外形体推敲	●	●	●					
	功能空间分析系统	●	●						
初步设计阶段	设计协同	●	●	●	●	●	●	●	幕墙
	设计校核建议	●	●	●	●	●	●	●	
	碰撞检查	●	●	●	●	●	●	●	
	功能空间分析系统	●	●						
	机电管线规划	●	●		●	●	●		●
	地面交通模拟	●							场地
	消防人流疏散模拟	●	●	●					
	建筑内部人行模拟	●	●	●					
	通风空调性能分析	●	●					●	
	承载能力分析	●		●					
	虚拟漫游	●	●	●					幕墙
	配合专业顾问	●	●	●	●	●	●	●	幕墙电梯景观照明等
	主控材料、建筑设备信息		●	●	●	●	●	●	
	进行设备材料统计和概算分析	●	●	●	●	●	●	●	
	功能及空间。结构体系、机电系统和成本控制的优化建议	●	●	●	●	●	●	●	
	支持可视化展现交流	●	●	●	●	●	●	●	幕墙
施工图设计阶段	全专业设计协同	●	●	●	●	●	●	●	●
	管线综合	●	●	●	●	●	●	●	●
	设计校核建议	●	●	●	●	●	●	●	●
	建筑、结构、设备平面布置及楼层高度检查及协调	●	●	●	●	●	●	●	●
	幕墙深化成果与其他专业成果的碰撞检查	●	●	●					幕墙
	擦窗机施工碰撞检查	●	●	●					擦窗机
	地下排水布置与其他设计布置之间的协调	●	●				●		
	楼梯布置与其他设计布置及净高要求之间的协调	●	●						
	市政工程布置与其他设计布置及净高要求之间的协调	●	●	●	●	●	●	●	市政

阶段	BIM 应用	几何信息	专业信息						
			建筑	结构	强电	弱电	给排水	暖通	其他
施工图设计阶段	园林景观工程布置与其他设计布置及净高之间的协调	●	●						市政
	竖井/管道间布置与净高要求之间的协调	●	●	●	●	●	●	●	
	防火分区与其他设计布置之间的协调	●	●						消防
	电梯井布置与其他设计布置及净高要求之间的协调	●	●						电梯
	各单项机电系统主要设备管道与其他设计布置及净高要求之间的协调	●	●		●	●	●	●	
	公共设施布置与空间划分的协调	●	●	●	●	●	●	●	
	房间门户与其他设计布置及净高要求之间的协调	●	●	●	●	●	●	●	
	检修口位置碰撞检查	●	●	●	●	●	●	●	
	各专业顾问 BIM 实施	●	●	●	●	●	●	●	●

3. 模型拆分规则

为了使设计进度及工作效率得到更好的保证，也为了使 BIM 技术成为设计的助推器而不是拦截者，在项目开始之前，先对项目整体情况按照建筑面积及华艺 BIM 工程中心的设计习惯进行评估，确保单体模型大小不超过 200Mb。五矿金融中心项目首先按照专业将模型拆分为建筑、结构、机电三个部分，然后对各专业模型再进行逐步细分。但是考虑到机电专业中给排水、电气以及暖通三个专业的沟通性以及管线综合的便利性，机电三专业将在同一个模型中进行设计。

（1）建筑专业模型分为：场地、地下室、裙房、塔楼；

（2）结构专业模型分为：地下室、裙房以及塔楼；

（3）设备专业模型分为：地下室、裙房以及塔楼；

（4）其他专业模型分为：幕墙、景观、室内设计。

4. 模型颜色规则

因为本项目建筑模型为了使建筑师更容易观察到设计效果，模型显示模式采用真实模式（与材料一致），颜色应用方案主要针对结构专业的不同构件类型（如表 2-3 所示），以及设备专业的不同系统进行分类（如表 2-4 所示）。

（1）结构（按构件类型）：结构框架梁、结构次梁、结构连梁、结构桁架、结构钢筋混凝土柱、结构钢柱、剪力墙（挡土墙）、结构混凝土楼板、压型钢板楼板、楼梯踏步等。同时为使结构工程师能更直观注意到建筑师的设计意图以更好地配合设计，将部分建筑构件，如砌块墙、建筑面层等也纳入结构颜色分类中。

土建颜色分类规则　　　　　　　　表 2-3

Name	Visibility	Projection/Surface		
		Lines	Patterns	Transparency
HKHY_S_COL_CONC	☑			
HKHY_S_COL_STEEL	☑			
HKHY_S_BEAM_JOIST	☑			
HKHY_A_STAIRS	☑			
HKHY_S_BEAM_LL	☑			
HKHY_S_WALL_RETAINING W...	☑			
HKHY_A_WALL	☑			
HKHY_S_FOUNDATION_PILE	☑			
HKHY_S_FOUNDATION_ISOL...	☑			
HKHY_S_FOUNDATION_STRIP	☑			
HKHY_S_FOUNDATION_RAFT	☑			
HKHY_A_SLAB_SURFACE LAYER	☑			
HKHY_S_SLAB_CONC	☑			
HKHY_S_SLAB_PC	☑			
HKHY_S_SLAB_STEEL+CONC	☑			
HKHY_S_SLAB_STEEL	☑			
HKHY_S_BRACE_XB_STEEL	☑			
HKHY_S_BRACE_VB_STEEL	☑			
HKHY_S_BRACE_HB_STEEL	☑			
HKHY_S_BEAM_GIRDER	☑			
HKHY_S_WALL_CONC	☑			
HKHY_S_WALL_BRICK	☑			

（2）给排水：废水、高空水炮、回用雨水、冷凝水、气体灭火、热水给水、热水回水、生活回水、水泵回水、水幕、水喷雾、通气、污水、消火栓、饮用水给水、饮用水回水、泳池给水、泳池回水、雨淋、雨水、中水、自动喷水等。

（3）暖通：补风、补水、除尘、回风、加压、冷冻供水、冷冻回水、冷媒、冷凝水、冷却供水、冷却回水、排风、排烟、燃气、热水供水、热水回水、送风、新风、蒸汽等。

（4）电气：强电普通、强电消防、弱电普通、弱电消防。

设备颜色分类规则　　　　　　　　表 2-4

Name	Visibility	Projection/Surface		
		Lines	Patterns	Transparency
FP-EQPM (1)	☑			
E-EQUIPMENT (1)	☑			
E-UNDRGRND_CONDUIT	☑			
E-EMERG_POWER	☑			
Busduct Fire	☑			
E-CABLETRAY-10KV	☑			
E-CABLETRAY-380V Normal	☑			
E-CABLETRAY-380V Fire	☑			
E-CABLETRAY-IT	☑			
E-10KV (2)	☑			
E-CABLETRAY-FA	☑			
E-CABLETRAY-SA/BA	☑			
E-CABLETRAY-OT	☑			
M-SA	☑			
M-RA	☑			
M-EA	☑			
M-OA	☑			
M-HWS	☑			
M-HWR	☑			
M-CHWR	☑			
M-CHWS	☑			
M-CWS	☑			
M-CWR	☑			
M-CNDS	☑			
M-EQPM	☑			
M-SENSOR	☑			
M-RLL	☑			
M-RSL	☑			
M-DAMPERS	☑			
M-EMERGENCY_POWER	☑			

2.1.3　建筑设计 BIM 应用

1. 方案阶段

（1）地形提取

在方案阶段运用 Civil 3D 的 Adds-in Plex.Earth3 从 Google Earth 获取粗略地形和周边环境用于方案阶段的概念设计和体量推敲，如图 2-11 所示。

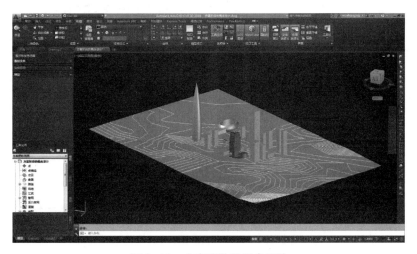

图 2-11　方案阶段的概念设计

（2）挖填方概算

在初设前期将当地政府部门提供的地形测绘图直接导入到 Revit 中，形成更加精确的地形，如图 2-12 所示。在方案基础上对地下室部分的挖填方量进行概算。

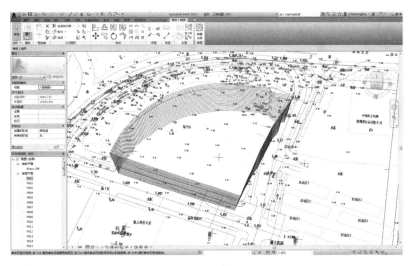

图 2-12　挖填方概算

（3）坐标导入

利用 Revit 软件提供的坐标功能，将地形测绘图中的坐标资料准确快速地导入到方案图中，作为总图及其他专业的设计依据，如图 2-13 所示。

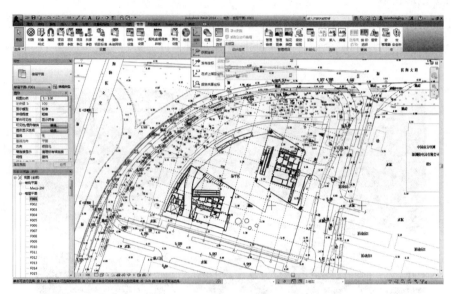

图 2-13　坐标导入

（4）体量推敲

利用 Revit 参数化建模能力，在方案阶段对不规则体量进行反复推敲，并生成随体量修改而自动修改的建筑平面轮廓，如图 2-14 所示。后期，将该体量应用到能量分析中，节省方案阶段反复调整造成的时间和资源浪费。

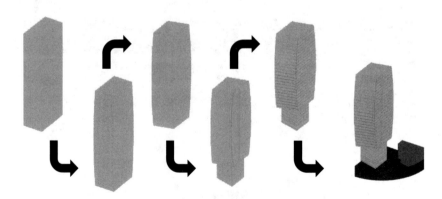

图 2-14　体量推敲过程及各层平面生成

（5）初步能量分析

项目在进行体量推敲的同时，将不同的推敲结果直接在 Revit 中转化为能量分析模型，并发送至 Autodesk 公司云端的 Green Building Studio 进行初步能量分析（如图 2-15 所示），帮助项目在方案比选时进行能耗比较，从方案伊始便能保证能量的合理性。

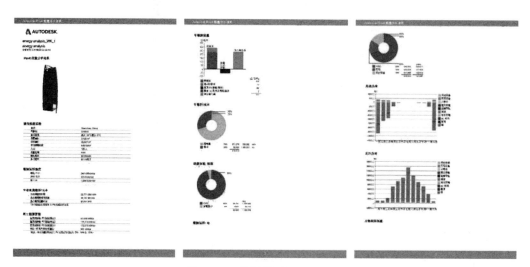

图 2-15　体量模型云分析成果

2. 初步设计及施工图阶段

（1）工程量统计

借助 Revit 软件统计功能，将大部分在传统设计中费时费力、容易出错的部分交由程序来处理，例如：建筑各种构件类型数据的统计和再利用；建筑楼地面、墙面等做法表的直接生成；建筑门窗表的一键生成；建筑房间面积统计与防火分区面积统计等，如图 2-16 和图 2-17 所示。这些数据可以随着设计的深化、修改而自动更新，因此能节省设计师的大量时间，使设计师能够更多地关注设计本身。

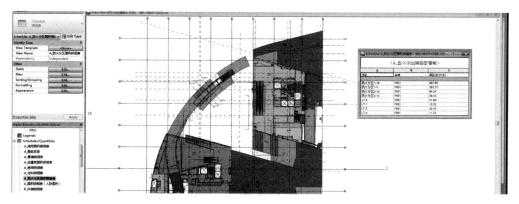

图 2-16　防火分区面积明细表及面积平面展示

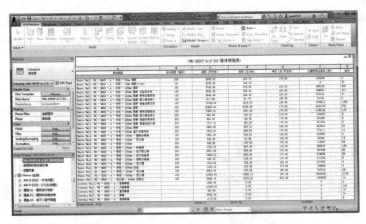

图 2-17　Revit 软件内成本核算展示

（2）施工图出图

项目利用三维模型稍加处理，通过添加视口、标注等功能，可以做到传统二维图纸的还原。同时也可利用三维的优越性，在复杂部位配以三维的轴测视图，以更准确地指导施工，如图 2-18 所示。

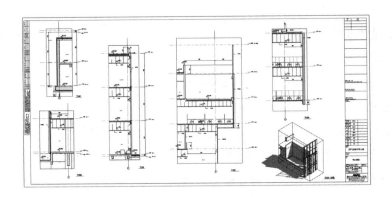

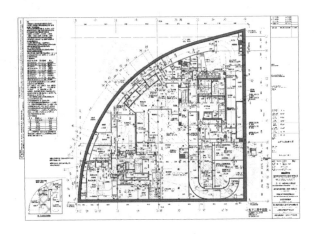

图 2-18　Revit 直接出图展示

（3）建筑设计成果的无纸化审查审核

项目将 Revit 模型中的图纸导出 DWF 格式文件，以 Design Review 软件打开，在平面图中提取三维模型中的信息，实现平面的云线、文字标注和统计，方便审查人员更清晰地了解设计意图和内容，如图 2-19 所示。此外，基于 Design Review 对审查问题的详细分类，通过上传至 Vault 服务器中的审查文件，项目能清晰地了解设计人员对审查结果的反馈情况。

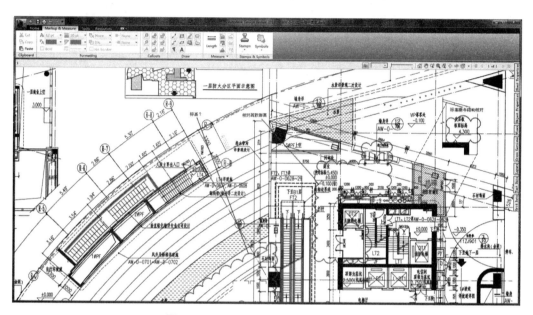

图 2-19　Design Review 电子审查展示

（4）Microsoft Project 对项目管理的应用

为了更好地安排项目的进度以及掌控进展随时调控，也为了控制及评估项目内每一位成员的效率及工时情况，项目引进了 Microsoft Project 软件对项目在公司内部整体的运行情况进行了安排和记录，如图 2-20 所示。以往设计总说明对大体量的项目管理往往不能做到面面俱到，而此软件可以规划并记录每个项目成员每一部分的工作量及效率，同时也帮助项目管理人员以及业主更直观地了解到项目的进展是否合理以及符合预期，也让设计总说明对项目的把控更加精细和完善。

另外，在大数据时代来临的今天，项目组也希望借助对 Microsoft Project 的应用，完善企业级的项目标准工时规则，以更有效率地对项目、对员工进行评估。

3. 节能及绿建

项目利用 Revit 输出特定格式模型，进行绿建分析，做到一模多用。对开窗大小、开启扇方向和角度、材料的选择、玻璃透射系数等进行深入的分析和研究，也可为业主提供更加直观和理性的技术支持。

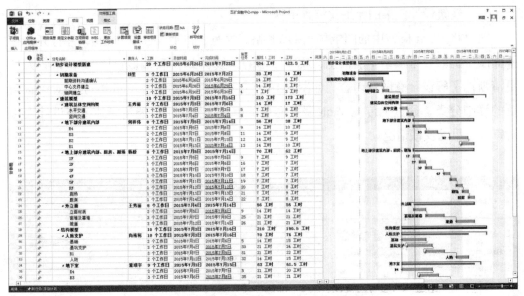

图 2-20 初设阶段 Microsoft Project 项目管控展示

（1）风环境模拟

对于风环境模拟，本项目采用了 Phoenics 进行分析，如图 2-21 所示。首先将 Revit 最终体量推敲模型导成 STL 文件，再将此文件导入至 Phoenics VR Editor 中，按照深圳当地气候条件创造风环境，计算得到五矿金融中心周边风压及风速的环境模拟。

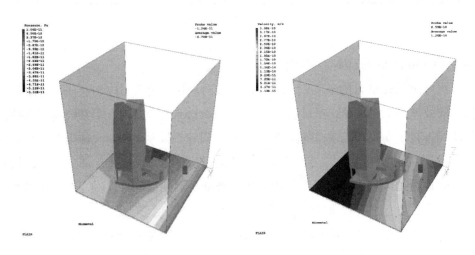

图 2-21 风环境模拟（夏季风压 / 风速）

（2）各平面上的光环境与热辐射分析

对于光环境和热环境的分析，考虑到更加精良的软件兼容性，项目采用 Autodesk Ecotect 进行分析，如图 2-22 所示。

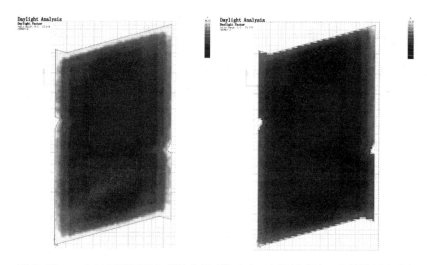

图 2-22 二十五层平面采光系数分析对比（左：高投射玻璃、右低投射玻璃）

根据图 2-22 左边的计算结果，可以很清晰地发现当采用高透射玻璃时，建筑周边的空间处于高照度状态，对于办公建筑的使用将必定带来不适感，且不利于节能，而这也是玻璃幕墙体系的建筑所必须考虑的因素。而根据右图的结果，采用低透射玻璃可以使得室内的光环境更加均衡，更加适应办公的使用功能。

对于处于夏热冬暖地区的深圳来说，结合本地的气象数据导入至 Ecotect 中，通过BIM 模型进行直观的入射辐射分析，也可为暖通空调专业更精细的负荷计算提供理论依据，如图 2-23 所示。

图 2-23 二十五层入射辐射分析

2.1.4　结构设计 BIM 应用

　　传统设计模式中,结构图纸与计算模型没有互通性,需要工程师校核图模的一致性。而基于 Revit 的结构设计中(如图 2-24 所示),物理模型、计算模型、视图和图纸都是同一个建筑信息模型的组成部分,其互相具有联动性,这将大大节约为了达到图模一致所耗费的时间,使得设计师得以将更多的时间投入到设计中,最大化地完善设计本身。

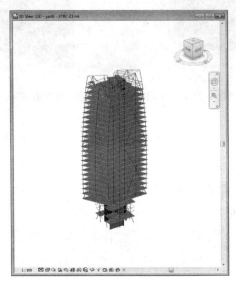

图 2-24　Revit 结构计算模型

1. 结构分析计算

　　项目同时采用了盈建科以及 Etabs 两款软件进行结构计算分析。所有的结构构件及荷载均在 Revit 中输入,待 Revit 模型(图纸模型、物理模型、计算模型)完成后,通过标准计算数据接口分别导入至 Etabs 和盈建科进行结构分析初次计算,并以交互的方式将需要修改的部位进行修改且导回 Revit 中,做到计算模型与物理模型的一致性,如图 2-25 所示。经过测试,盈建科与 Revit 的交互处理切实可用,计算结构与已成熟的 Etabs 相差无几。

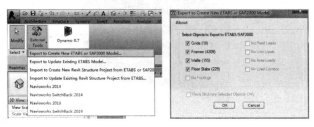

图 2-25　Revit 模型数据与计算文件的交互(1)

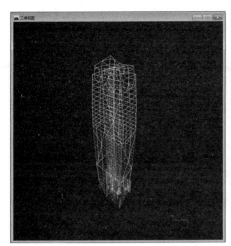
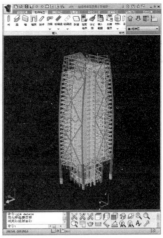

图 2-25　Revit 模型数据与计算文件的交互（2）

2. 基坑支护和人防设计

项目将 BIM 技术应用到基坑支护以及人防的设计中，通过对设计时间和视图模板的参数设定，定义出不同的时间段，使基坑支护以及地下室的不同阶段融合在同一个模型的不同时间节点中，避免了建模的反复性，也更贴合实际工程的应用，同时也对基坑支护的拆除工作起到一定的指导性作用，如图 2-26 所示。同理，在人防方面的应用也包括了平时和战时两个阶段，通过对不同构件赋予平时、战时及通用等不同的属性，全专业均可在同一个模型中自由切换平时和战时，并将不同的设计应用至不同的时间节点以出图，对人防的设计更直观，也避免了传统设计中因对时间的理解不同可能出现的混淆和各方的交流中产生的错误。

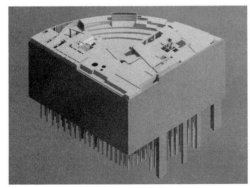
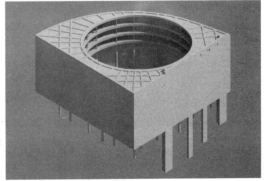

图 2-26　基坑支护阶段与地下室阶段对比

3. 平法标注处理

项目尝试对混凝土构件的属性进行修改，并且制定了华艺设计自有的平法标注族，可以直接从混凝土构件中按照平法标注的原理提取配筋信息，最终实现了结构 BIM 的平法表达,如图 2-27 所示。

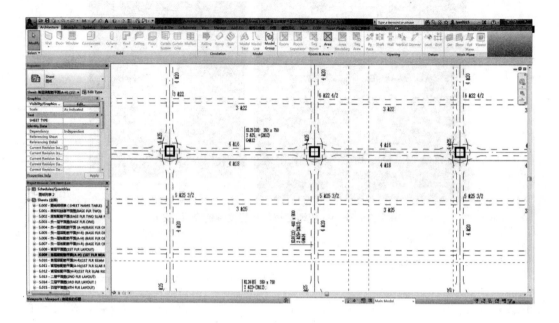

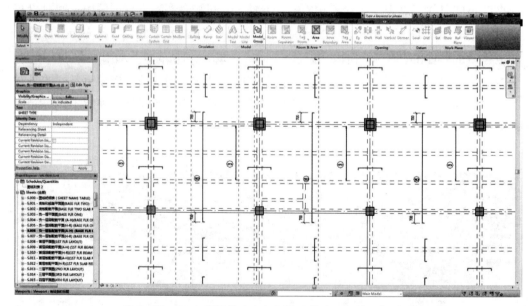

图 2-27 Revit 梁配筋(上)与板配筋(下)的局部展示

4. 空间构件在平立面的定位

为了配合项目立面的帆船造型,整体结构中最为重要的竖向构件表达为各向异性的空间形式,层与层之间的衔接与整体效果的结合尤其重要。在本项目中,在建筑体量的基础上创建了空间异形结构柱,同时将此柱同时应用在全专业的模型中,最大限度地还原了建筑设计意图的同时,还保证了尺寸定位的准确性,减少了构件在项目中的不断传导推敲带来的定位损失，也为结构外的其他专业提供了准确的结构定位，如图 2-28 和图 2-29 所示。

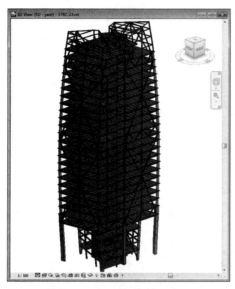

图 2-28 巨型钢柱效果展示

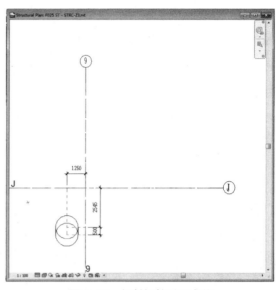

图 2-29 倾斜钢柱平面定位

5. 复杂的钢结构节点三维表示

项目通过在 Revit 中创建三维的参数化族，真实地表现出了复杂钢结构节点的空间关系，设计人员可以以此检查自身设计的质量，而施工人员和业主也可以更直观地了解到节点的空间形式和组装方法，如图 2-30 所示。对于建筑师，当钢结构构件直接参与到建筑美学的构思时，由结构工程师直接设计并建模的钢结构构件，可以给建筑师带来最为直观的理解，对于异形建筑显得尤为重要。

图 2-30 钢结构节点三维展示

2.1.5 机电设计 BIM 应用

1. 三维可视化

在以往的设计过程中，机电设计往往各自为政，配合度较低，导致施工现场有大量的错漏碰缺需要现场出具解决方案。基于 BIM 技术，项目将各专业绑定在一起互相协同工作，针对专业间的冲突提出解决方案，为施工单位节约了大量时间，也避免了材料浪费带来的经济损失。

图 2-31 为五矿金融华南大厦的屋面设备效果展示。本次设计不仅仅解决了屋面复杂设备的管线综合排布问题，同时建筑师也参与其中，根据屋面设备的排布推敲出了屋面造型的最佳体量，立面效果也得到了保障。

图 2-31　屋顶局部设备及管线展示（Fuzor）

2. 管线综合

采用 BIM 进行设计，项目的设备工程师不再只是对着建筑平面图和结构梁板图来布置设备管线，而是直接在空间中搭建设备模型，这让设备工程师更深入地参与到了建筑内部与空间的对话，也对设备工程师提出了更高的要求。虽然看似设备工程师的工作量因为 BIM 而增大了不少，但是随之而来的，是项目设计质量有了质的飞跃，施工变更数量也大幅减少，如图 2-32 和图 2-34 所示。

3. 净高分色图

三维管线综合之后，项目通过对每一层的三维模型视图深度的调整，可以非常直观地整理出不同区域可以做到的最大净高，以及个别区域中净高不足的位置，如图 2-35

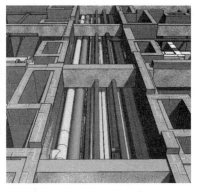

图 2-32　走道管线综合前（左）与管道综合后（右）对比

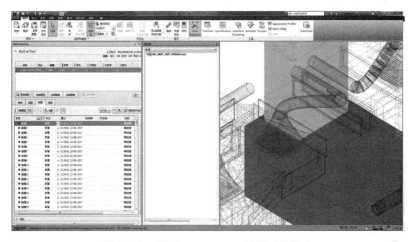

图 2-33　利用 Navisworks 进行碰撞检查

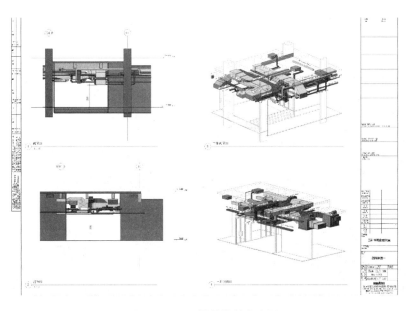

图 2-34　三维管线综合出图

所示。在这样一个化繁为简的过程中，项目把复杂的管线综合以最简单的方式呈现在业主面前，也可以使得业主在开工前更简单地深入了解项目，并且为精装修的配合以及施工方对净高检查带来了极大的便利。

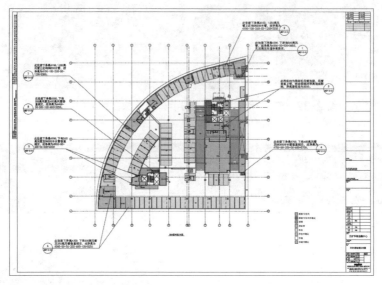

图 2-35　五矿金融华南大厦地下室净高分色图

4. 设备机房漫游

项目采用 BIM 设计模式，将三维可视化直接利用在机房的设计中，使得机房的管线设计和综合排布一次到位，大大提升了机房的设计质量。同时与设备厂家的直接对接，每一台设备都以标准的定位和尺寸放置在机房中，所有的参数也都可供随时查阅，无论是设计师还是业主，都对机房排布有了更进一步的理解，如图 2-36 所示。

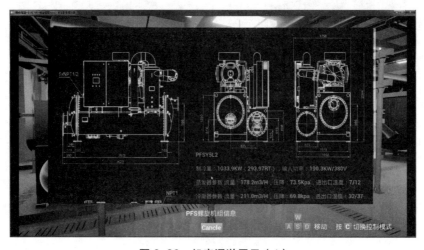

图 2-36　机房漫游展示（1）

图 2-36　机房漫游展示（2）

5. 材料统计与成本前置

传统的设计中，材料统计往往需要由设计人员手动统计并制作成设备表。这样的方法相当于给设计人员增加了额外的工作量，且在设计经历了反复修改的情况下，很难保证设备表与平面图形成一一对应的关系，从而业主及施工单位无法得到非常精准真实的统计资料。

本项目将设备参数录入到设备族中，并且利用设计模板中预设的明细表模板，轻松获得与模型对应的设备明细表（如图 2-37 所示），并将此明细表应用到了工程概算的工作中，在设计阶段快速得到成本的预估算，与业主探讨设备的选型，有效控制项目成本。

图 2-37　消防喷头明细表展示

2.1.6　景观及室内设计 BIM 应用

因为 Revit 软件偏重工程表达，其自带的渲染功能难以表现出景观设计中应该体现的动态和生气。项目将 BIM 模型直接导出 dae 文件，再将 dae 文件导入 Lumion，将工程的准确性和景观的美学特征融合在一起，实现了美学与现实的完美融合，如图 2-38 和图 2-39 所示。

图 2-38　下沉广场景观展示（Lumion）

图 2-39　整体景观展示（Lumion）

2.1.7　擦窗机设计 BIM 应用

本项目幕墙维护区域复杂，要求配备擦窗机维护系统。安装在核心筒上的屋面轨道式擦窗机，需要避开冷却塔及屋面复杂的设备，同时因为大楼南北立面的弧形曲面造型，如何定义擦窗机仰俯大臂的臂长，使平台的工作范围涵盖整个幕墙系统，这些挑战均通过 BIM 得到解决。

通过建立擦窗机轨道与吊臂的 BIM 模型，与幕墙及结构模型进行协同（如图 2-40 所示），保证吊臂轨道与结构构件结合的准确性及擦窗机荷载的准确性，同时最大程度上减小仰俯大臂对立面的影响，如图 2-41 所示。对于南北两侧的弧形曲面幕墙，直接通过 BIM 对球锁销的插入位置进行三维定位并出图（如图 2-42 所示），极大地提高了工作效率。

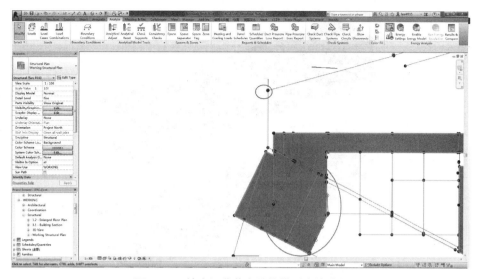

图 2-40　擦窗机荷载在结构模型中的施加

图 2-41　擦窗机位置模拟

图 2-42　弧面幕墙球锁销定位模拟

2.1.8　幕墙设计 BIM 应用

在五矿华南金融大厦的幕墙系统设计中，项目通过融合放样的方式完成幕墙横挺和竖挺的细节制作，再通过嵌套族的幕墙单元，使模型精致与准确。因为项目南北立面的弧形幕墙单元每一层都有细微的差别，此时通过三维直接定位也使得幕墙的安装和构件生产的准确性得到了保障，如图 2-43 所示。

基于精确建模的幕墙单元导出的剖面视图，直接加工成幕墙的施工图，将大样的准确性和整体效果联系在了一起，而不同形式的特殊大样应该应用在哪些特殊的部位也一目了然，如图 2-44 所示。

图 2-43 幕墙的闭合（下图）及开启（上图）

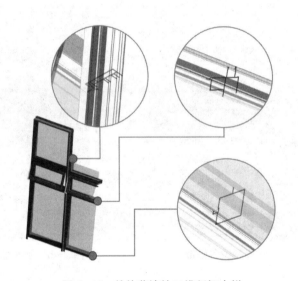

图 2-44 单片幕墙的三维剖切大样

此外，通过对幕墙开启和闭合两种方式的参数控制，将两种幕墙形式的标准层导入到绿建分析软件，则可以清晰地看到幕墙开启和闭合对于室内温度、风压等舒适度因素造成的影响，实现了同一个模型多种用法，从而节约了时间提高了效率，也带来了额外的收获，如图 2-45 所示。

由以上分析对比图可见，幕墙侧翼的开启、闭合，对于日光辐射的改善效果显著。

2.1.9 规划类软件及无人机应用

在方案初期阶段，不同于传统设计模式从市政等处获取场地勘测结果，项目直接

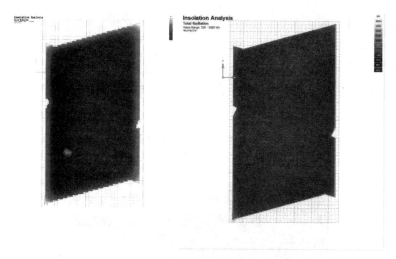

图 2-45　基于幕墙开启（左图）与关闭（右图）的辐射分析（Ecotect）

运用 Civil 3D 从 Google Earth 上获取了地形数据以及周边建筑的数据，在方案阶段便可推敲概念体量，快速表现设计理念并考虑环境协调。在估算土方开挖填挖量和场地前期平整工程量等工作上，应用 Civil 3D 软件也可提供不少便利，如图 2-46 所示。

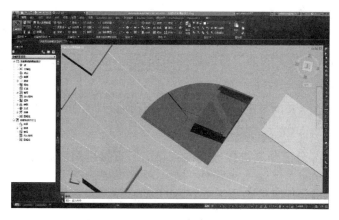

图 2-46　Civil 3D 中体量与环境

　　而在方案后期阶段，项目采用了 InfraWorks 进行场地规划、快速方案对比以及市政管线预排布，并将最终模型传递给 GIS 进行下一阶段的深化设计。

2.1.10　VR 技术应用

　　项目应用虚拟现实（Virtual Reality，VR）技术，使得业主对未来自己的建筑有了感官上的真实体验，从而迅速对建筑设计进行评判，避免了建筑一旦建成无法修改而业主并不满意的尴尬局面。得益于五矿金融中心全专业信息模型的搭建，项目使业主通过华艺开发的标准化 VR 使用平台，对建筑进行了虚拟现实的漫游，并体验了诸如大堂、中庭等关键区域的整体尺度感，大大提高了客户体验。

华艺 VR 系统工作流如下：

（1）首先使用华艺 VR 系统 Revit 导出插件将项目导出为中间文件。

（2）然后将中间文件拷贝至华艺 VR 的 Unity 样板项目目录下。

（3）使用华艺 VR 的 Unity 样板项目中的构建插件，将中间文件构建成 VR 模型。

（4）最后利用样板项目中预制的 VR 交互系统进行互动，如图 2-47 所示。

图 2-47　华艺 VR 系统界面展示

华艺 VR 系统工作流优点：

（1）导出数据为元数据，相对比 Revit 原始导出方式，此种方式可以单独调整物体的不同材质组成部分（例如门窗的边框和玻璃），更为灵活，并可方便以后导出至 Unreal 等其他引擎。

（2）由 Revit 至 VR 的导出流程简单易学，任何设计人员可单独完成，并快速利用 Revit 模型生成对应的 VR 项目。

（3）VR 交互部分已预制进样板文件，导出后直接可用，方便快捷，不需要进行二次开发。

（4）Revit 信息会被同步导出至 VR 项目，用户可以直接在 VR 中查看相关信息，如图 2-48 和图 2-49 所示。

图 2-48　五矿金融中心局部 VR 展示（1）

图 2-48　五矿金融中心局部 VR 展示（2）

图 2-49　华艺 VR 系统控制界面展示

2.1.11　BIM 应用总结

作为一个新兴的设计理念，BIM 并不是为了提高设计速度，而是更注重于提升设计质量，做精细化设计而产生的。如果假定设计速度是 V，设计精度为 P，那么 V 和 P 的乘积会是一个常数，也就是说，过于追求设计速度的极致，也必将迎来设计质量的底线。

因为项目组在事先预估到，采用 BIM 技术完成的周期必定会大于常规设计所需要的时间，所以采取了一些措施，尽量避免设计周期的不必要延长。例如，在事先通过其他多个 BIM 设计项目的积累，形成了一套相对比较完善的设计流程和模板，在五矿华南金融大厦项目中，直接采用了办公项目的设计模板，诸如建筑门窗表、建筑楼地面做法、防火分区面积统计、建筑面积统计等功能在设计完成的同时，可以一键生成，不仅节省了时间，也可以起到设计监督的作用。但尽管如此，在设计过程中仍然会遇到各种各样的主观与客观因素的制约，本项目的实际设计总工时按照经验相比于常规设计依然超出了 28%，但已经能够逐渐比以往的 BIM 设计项目相对传统方法更加高效了。

除此之外，虽然采用 BIM 设计可以在设计完成的同时便看到许多诸如效果图等的成果，尤其是方案阶段，但 BIM 设计理念因为其自身更多的关注设计质量，且不同于传统设计在修改上花费大量时间，采用 BIM 设计在前期需要进行大量的工作，虽然业主在后期可以很便捷地得到更多的分析结果以及渲染效果图甚至是漫游成果，但业主也不得不接受设计深度跟不上预期，且无法快速看到设计效果等制约。究其原因，BIM 设计理念的产生是为精细化服务做准备，设计工作毕竟还是需要人的参与，也都是建筑师与工程师们智慧的结晶，所有好的设计都是需要设计师通过消耗时间成本而累积起来的。

虽然 BIM 可以给设计带来诸多好处，它所产生的额外成本也是目前设计单位不得不考虑的因素。五矿金融中心应用 BIM 进行设计可以为设计师省下不少的工作量，同时也能在设计中解决许多传统设计模式可能会带来的瓶颈。虽然 BIM 设计模式会带来一些额外的工作量，但它的产出无论是设计方还是业主，甚至延续到施工方都可以从中受益，那么对这样的空间异形建筑，BIM 设计是值得推广的；另一方面，也会存在许多空间比较规整（包括土建层面和设备层面上的规整），设计上难度并不会非常大的项目，那么为了保证项目的工期，节约时间成本，没有必要为了 BIM 而 BIM。如果传统设计模式可以解决问题，同时设计推进速度也可以得到更好的保证，在目前依然是以图纸为交付材料的大环境下，BIM 的应用就显得不是那么必要了。

由于本项目 BIM 理念不仅应用于传统的建筑设计领域，而是扩散到了景观、精装修以及幕墙、擦窗机等其他专项设计，故设计院作为龙头，为了做好前期准备工作使得 BIM 能够更有效地铺开对接到其他专项中，需要比传统设计了解更多的内容，此时需要的时间周期也会比一般 BIM 设计项目要更长。在与其他专项设计的对接中，BIM 的应用不仅仅使得互相提条件变得更加直观，加大了各个专项互相动态地了解对方进度的同时，还相对于传统模式压缩了很多不必要的时间及成本浪费，这也符合 BIM 理念中先复杂后简单的准则。例如，室内设计是对建筑设计层面上的地面、墙面等进行分割，同时又需要表达出建筑师给建筑定下的整体基调，那么究竟是建筑师还是室内设计师来进行建筑完成面的搭建就出现了一个矛盾点。建筑面层本身是一个连续的，由不同做法构成的面的堆砌，这是在建筑设计中应当完成的；而最终表面的材料选择、分缝处理又需要经过室内设计师的推敲。项目给出的解决方案是，室内设计对完成面最上层的饰面进行单独建模，而建筑师则在室内设计完成建模后，在最终成果性的土建模型中将饰面这个厚度扣除。这种方法虽然在几何上满足了各司其职的需求，但会带来建筑设计过程中直接生成的楼地面、墙面做法表的不精确，往往提交最终模型前，由模型生成的图纸已经与施工进行了交底，图纸中的楼地面做法表等生成的数据依然是正确的。像这样的情况，需要在设计开始阶段花相当的时间与专项设计公司互相了解，在设计开始前就找到解决方案，否则势必带来时间上的浪费和工作量的反复。

在协同设计方面，项目采用在服务器上建立中心模型，且中心模型分专业设置的方式。同一专业的设计师在同一个中心模型上进行工作，通过工作集来控制构件的权限。轻微的、修改方案比较明显的问题出现时，可直接在模型中修改；但是出现涉及跨多个专业、修改方案不明确需要探讨的问题时，依然需要通过会议来进行沟通。需要指出的是，本次五矿金融中心的设备三个专业，考虑到管线综合时的效率，并没有将三个专业分设不同的中心模型，而仅仅是根据垂直分区来划分中心模型，避免模型过于庞大造成的卡顿。同时，这种工作模式使得设备工程师们在工作时有一个自然而然的协作概念，不再像传统设计那样设计初期基本只顾及本专业的管线排布，而是站在项目的层面上充分考虑空间的合理性。最后在进行管线综合的时候，因为同时涉及的专业可能会有很多，项目通过在同一模型中放置权限请求、批准请求的方式来推进，相比以往设备三个专业各自有中心模型的模式显著地提高了工作效率。但这种工作模式对项目组成员的协调意识要求比较高，权限的设置也须很严格，对 BIM 的协同工作理念不甚熟悉的项目组并不推荐采用。

2.2　ICON·云端项目

2.2.1　项目概况

ICON·云端项目位于四川省成都市高新区大源商务区及会展商务区核心位置，项目占地约 49 亩，总建筑面积约 21.06 万 m^2，建筑最高点 192m，地上 46 层，地下 3 层（局部 4 层），总投资 26 亿元，是集商业、办公、酒店、音乐厅、住宅于一体的多功能综合建筑，如图 2-50 所示。项目于 2012 年 11 月 20 日开工，2016 年底竣工建成。

项目地面建筑为异型建筑，特别是天府音乐厅全部为三维空间曲面，传统的二维设计无法准确表达设计意图并指导现场实施，因此通过 BIM 技术辅助项目高效有序推进显得尤为重要。同时根据项目定位要求，办公区所有管网需在钢梁下 250mm 空间内全部解决（完成排布并安装），传统二维管网综合设计无法确保实现既定的工程目标。特别是对于局部工艺复杂的部位，施工工序与施工方式都与常规项目大不相同，需要对施工工序进行精确地模拟，对施工人员进行更加形象、直接的交底，提高工作效率、避免返工。另外项目办公区主楼（192m 高）采用大量的钢结构形式，钢结构用钢量约为 1.7 万 t，且异型构件多，加工及安装精度要求高，二维设计成果无法满足项目需求。

本项目采用设计-采购-施工总承包模式，即 EPC 模式。根据合同要求，项目从设计、

图 2-50　ICON·云端项目效果图

施工直至竣工验收及整体移交，总工期约为 1320 个日历天，且天府音乐厅及多功能小剧场要求 2015 年 6 月完工并试运行，2015 年 10 月开始正式演出，对于整个工程项目总承包方而言工期压力巨大。

　　基于以上特点，项目组探索以设计为核心，BIM 技术在设计、施工、竣工验收等全过程应用，充分发挥 BIM 技术的优势，使 BIM 技术及项目价值最大化。

2.2.2　BIM 应用策划

　　根据项目的特点，本项目除常规设计 (Revit、Rhino、AutoCAD 等)、施工 (ERP、Navisworks 等)、工程管理（P3、Project、Vault 等）等软件的应用，还需要专业化分析软件（FAROSCENE、GeoMagic Studio、GeoMagic Qualify 等）的应用。

　　组建项目团队时，优选具有相关 BIM 能力的技术人员，并进行必要的培训工作。首先，项目根据 BIM 技术人员对不同软件的熟练程度和积累的工程经验分配工作，保证工作的高效开展。其次，在岗位的设置中，还指定了既懂技术又懂管理的专职协调人员，负责整个团队内、外的协调工作，将团队人员的优势进行充分发挥，形成由 BIM 核心人员引导、带动其他技术人员共同承担工作的工作模式，如图 2-51所示。

　　各参建单位主要职能说明：成都高新投资集团有限公司作为项目业主，负责明确

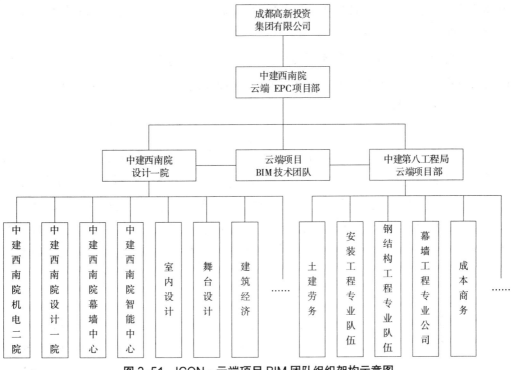

图 2-51 ICON·云端项目 BIM 团队组织架构示意图

项目建设标准，并参与重大技术方案的审核与决策；中建西南院云端 EPC 项目部为中建西南院总承包事业部组建的项目管理团队，负责牵头统筹云端项目的设计、采购及现场实施，并负责与项目业主、监理以及造价咨询单位对接；中建西南院设计一院作为设计牵头单位，负责组织设计团队完成云端项目的所有设计工作；中建第八工程局云端项目部作为中建第八工程局有限公司西南分公司组建的施工总承包团队，负责组织专业分包和劳务单位完成云端项目所有工程的实施；云端项目 BIM 技术团队由中建西南院 BIM 研究中心以及中建第八工程局有限公司西南分公司信息部联合组成，负责建立云端项目 BIM 数据平台，并根据云端 EPC 项目部的要求提供 BIM 技术支持。

2.2.3 三维协同

ICON·云端作为以设计牵头的 EPC 总承包项目，设计、施工阶段各参与方之间的组织协调是项目得以顺利实施的关键。面对繁复庞杂的组织、人员、信息管理工作，项目组通过 BIM 技术实现三维协同，以创新的方式保障各分包专业之间的配合和设计信息的有效传递。

与传统的设计单位与施工单位间协同方式不同，三维协同立足于 EPC 总承包的宏观角度，旨在提升整体组织管理效力，提高信息传递效率，同时前置施工过程中可能出现的潜在问题,并在设计过程中提前解决。因此,三维协同能够降低总体成本、优化施工工期、提升施工质量。

本项目组通过设计协同和施工协同两方面实现三维协同。在设计阶段,通过设计协同实现各专业间的有效配合;在设计施工的过渡阶段,采用施工协同来保障设计信息的准确性和有效性。

1. 设计协同

传统的设计工作由于受设计周期、国家标准设计深度要求、专业能力等因素的影响,缺乏良好的协调配合,不可避免地存在很多局部的、隐性的、难以预见的问题,不能完全满足施工要求,错漏碰缺较多,现场常常发生变更、停工等现象。通过 BIM 技术的可视化、参数化、智能化特性,在设计阶段采用 BIM 协同模式,可以很好地解决上述问题。在本项目中,设计协同主要通过碰撞检查、管综与净高控制、管综出图及预留预埋处理三种措施实施。

(1)碰撞检查

消除变更与返工的主要方法就是利用 BIM 技术模拟建造过程,并进行碰撞检查。碰撞检查是指在未开始建造前,提前查找和报告在工程项目中不同部分之间的冲突。碰撞分硬碰撞和软碰撞(间隙碰撞)两种,硬碰撞指实体与实体之间的交叉碰撞,软碰撞指实体间虽然没有直接碰撞,但间距或空间无法满足相关规范及施工要求。例如,空间中两根管道并排架设时,因为要考虑到安装、保温等要求,两者之间必须有一定的间距,如果这个间距不够,即使两者未直接碰撞,但其设计也是不合理的,实际施工难以实现。现有 BIM 软件进行的碰撞检查主要解决硬碰撞。

本项目碰撞问题出现最多的是安装工程中各专业设备管线之间的碰撞、管线与建筑结构部分的碰撞,以及建筑结构本身的碰撞。通过碰撞检查各专业的综合模型并自动查找出模型中的碰撞点,汇总为碰撞检查报告。该项工作分为以下 5 个阶段:第一阶段,各专业提交模型;第二阶段,模型审核并修改;第三阶段,系统后台自动碰撞检查并输出结果;第四阶段,专家人工核对并查找相关图纸;第五阶段,撰写并提供碰撞检查报告,然后将碰撞检查报告反馈给设计方,进行施工图的调整与修正,如图 2-52 所示。

图 2-52　碰撞检查示意

软碰撞的发现和解决需要有设计、施工经验的工程师，也许还需要施工计划的配合调整。

（2）管综与净高控制

管综与净高控制是目前业主最关注，也是 BIM 技术应用最成熟、最有价值的方面。

在施工图设计阶段，BIM 团队通过与土建设计团队、装饰装修设计团队、机电设计团队共同配合，对项目各区域净高进行严格核查与控制，对净高不满足要求的位置进行专项讨论、商定修改方案，最终完成了设计阶段的管综与净高控制。

在施工阶段，BIM 团队与各专业设计负责人一起，进行技术交底。其中 BIM 团队重点交底模型使用方法、复杂区域分析、重点关注的部位等。在施工过程中委派 BIM 工程师驻现场，与现场施工人员进行配合，及时修改、调整模型并把修改的部分及时反馈给设计人员，从而保证了施工模型和设计图纸的一致性。同时，施工过程中通过三维模型直观展示建筑物情况，协助施工单位确定具体施工方案，并在施工组织方案编写或组织专家论证过程中利用三维模型进行讨论和确定最终方案。

项目云端塔 6-29F 中，楼层高度 3.9m，梁底高度为 3.05m，而业主方要求管底高度为 2.8m。因此可容许走管的高度仅为 250mm（其中含通风风管、重力雨水、虹吸雨水、桥架等特殊构件）。项目 BIM 团队与机电各专业设计师全力协作，充分利用梁间空间高度（不再梁下进行管线交叉），尽量保证通道处主管不交叉，如图 2-53 所示。经过与施工单位共同拟定管网布置方案，并就实际可操作性进行充分讨论，历经多次方案调整和配合，最终敲定了设备各专业最终走管方案及布置方式，顺利完成任务，如图 2-54 所示。这也充分体现了 EPC 模式在设计阶段设计与施工良好的互动，将更多的后续问题提前暴露，各方共同商议、讨论，最终在实际施工前解决问题的优势。

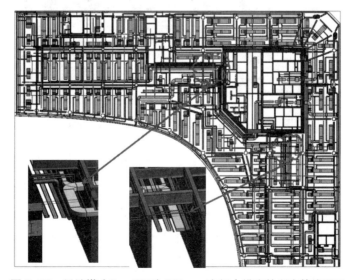

图 2-53　云端塔（6 ~ 29F）250mm 空间内排完的所有管线图示

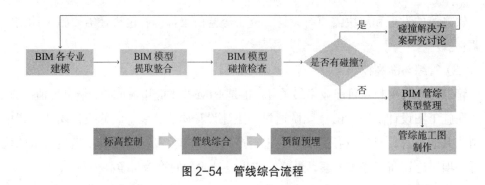

图 2-54　管线综合流程

　　另外，本项目在建立完整的土建、机电模型的基础上，还建立了天花板模型，充分考虑到设计中管网布置可能会影响到后期装饰装修工程，包括风口位置、灯具点位布置等。

　　（3）管综出图及预留预埋处理

　　经过 BIM 与设计团队的协同配合，共完成管线综合参考图纸 128 份，涵盖机电所有专业，主要是针对各专业出管综平面图及复杂节点剖面图、预留预埋图，并进行标注，供施工单位参考并进行施工深化，为最新的图纸升版和现场施工提供了依据，如图 2-55 所示。

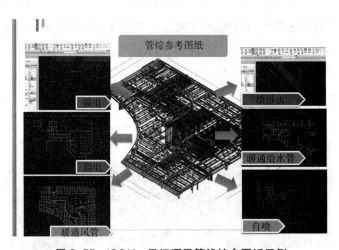

图 2-55　ICON·云端项目管线综合图纸示例

　　在本项目中，通过管道综合及碰撞检查调整后得到了较为完整的预留预埋图，在土建施工前解决这些问题，不仅减少了返工、节约了工程成本，也为后期安装工程的进度提供了有力保障。通过结构专业的核查，其成果由结构专业反映在最新的施工图纸中。经 BIM 充分核查校正后，新增洞口 172 个，调整 40 个，减少 2 个，共计 214 个。通过设计、施工等各阶段的交底，减少了相应的开洞费用，也节省了工期，使项目施工整体衔接流畅。

2. 施工协同

在设计施工过渡阶段，高效的组织协作和信息传递将极大降低错漏碰缺风险，避免很多局部的、隐性的、难以预见的问题的出现。同时，对于复杂结构或施工工艺，基于平面图纸的技术交底方式存在一定的弊端，而 BIM 技术的可视化特性可以简单化解此类问题。因此，本项目组通过施工指导和现场模型应用两种方式来保障现场施工的顺利进行。

（1）施工指导

项目从开始至竣工验收，为现场施工提供三维大样 90 余次，复核现场提出的问题 30 余次，参加总包方设计例会 3 次，提供现场服务 11 次，所有成果皆是设计人员、施工单位共同拟订方案，根据虚拟建造结果优化设计，经项目人员会审并出具相关指导文件报业主审批。专业工长向 BIM 团队（设计院与施工单位共同组建的项目 BIM 团队）提供施工计划，并通过施工 BIM 模型对劳务班组进行项目的可视化交底。在施工过程中，通过出具大量的施工大样图等有效措施，对推动整个项目的进程起到了积极的作用，在施工前解决了大量的难题，对加快日后安装施工进度、控制施工质量、节约施工成本有着重要的意义。

（2）现场模型应用

项目组将经过审批的 BIM 模型导入移动端设备，现场讲解各专业安装路由、管线大小与其他系统协调原则。同时，帮助施工现场管理人员在移动设备上随时随地查看三维、二维施工图纸，协助现场作业指导。例如，在钢结构及机电管线主体施工阶段，如需要检查某个楼层或区域的钢梁布置、钢梁编号、堆场位置及机电管线，保存检查部位的视角，在施工现场检查的视角，根据视角点选定操作者的站立位置，启实时动态漫游模式，iPad 上显示画面与现场场景完全一致，实现屏幕显示与现场的无缝对接。若有出现现场施工与深化设计模型不一致的地方，现场拍照，查找原因，提出相应整改通知等，如图 2-56 所示。

图 2-56　现场产品检验及施工指导图

通过本项目的顺利实施可知，三维协同的组织协作方式更加契合由设计牵头的 EPC 总承包模式。设计协同解决了各分包专业间的协调配合，而施工协同为设计、施工单位之间的信息沟通提供了更为直接高效的途径。因此，项目组创新性地通过三维协同从整体上提升了组织管理效力、信息传递效率，极大地降低了施工过程中的返工停工风险，为现场施工的顺利实施保驾护航。

本项目的成功经验，使得基于 BIM 技术的三维协同方法在企业更多的 EPC 总承包模式项目中得到推广和发展，逐渐形成一套契合于 EPC 总承包模式的组织管理和信息管理方式，为建筑工程设计施工领域的发展探索出一条新的道路，后期具有极大的经济利益和深远的社会效益。

2.2.4 音乐厅设计和施工 BIM 综合应用

ICON·云端项目音乐厅设计中更呈现了绿色生态的人性化设计，整个设计崇尚自然简约的美感而又彰显时尚个性。为完整还原设计理念所倡导的要求，从结构设计到声学设计（指导装饰装修设计），从土建施工到后期软装设计，对于项目设计、施工乃至工程管理提出了极高的技术要求。因此，项目音乐厅的三维设计、座位视点视线分析、声学设计、逆向工程分析（验证土建施工质量）等相关专项皆基于 BIM 技术完成。

项目组对音乐厅 BIM 模型建立，力求一模多用、通用，对特殊部位的精细模型进行了用重建。项目音乐厅 BIM 应用主要包括以下几个方面：

1. 性能化分析和设计

音乐厅第一、二阶段设计工作主要为确定初步的座椅排布方式、舞台高度等，随后展开概念性方案声学材料确定，对模型的创建皆为概念性方案的表达（方案阶段模型细度），使用常用软件 Sketch Up 解决项目概念性方案的表达，如图 2-57 所示。

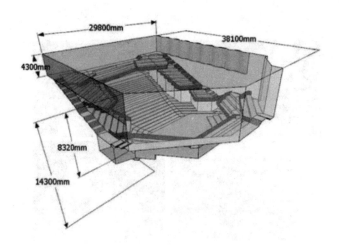

图 2-57　概念性方案模型

音乐厅的性能化分析主要基于方案设计模型进行专项分析，使用到的数据是主要建筑几何信息，非几何信息（主要为装饰装修的吸声材料种类、材料面积、吸声系数等），从而得出混响时间及声场均匀度、音乐明晰度等相关重要参数，通过对设计方案及材料的不断优化得到最佳声场效果，如图 2-58 ~ 图 2-60 所示。由于概念设计阶段涉及大量对装饰装修、设备选型、施工工艺相关技术要求，因此该项工作也需要占据大量的时间进行，对于投入的资源因项目差异而有较大的不同。

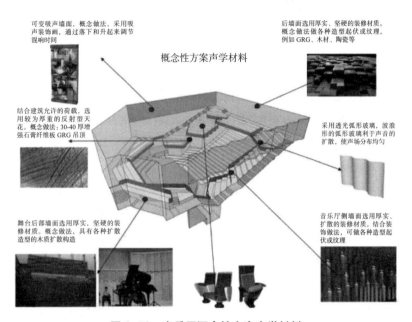

图 2-58　音乐厅概念性方案声学材料

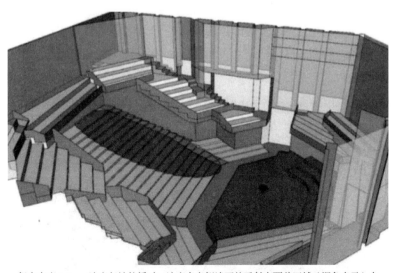

舞台高度 1.1m，池座起坡较缓时，池座来自侧墙面的反射声覆盖区域（深色表示）大

图 2-59　音乐厅舞台高度和观众席起坡调整

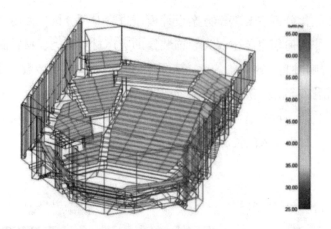

音乐厅观众席 500Hz 语言清晰度指标 D50

清晰度用直达声及其后 50ms 内的声能与全部声能比值的百分数

计算机模拟显示，音乐厅演出使用时，观众席区域在 35%～40%，平均值为 38%，说明观众席音质清晰度高、明亮、亲切

图 2-60　音乐厅清晰度用直达声及其后 50ms 内声能与全部声能比值百分数

2. 音乐厅基于 BIM 的逆向工程分析（施工＋装饰）

云端项目音乐厅部分空间跨度大、结构异形多、施工难度高。其结构主体工程的成型质量直接影响后期舞台设备安装的精准度、声学装修效果以及通风座椅的采购安装。为验证主体工程的质量是否满足设计要求，项目引入了三维激光扫描技术，通过相位点云构建现场实体模型与 BIM 三维信息模型（施工图阶段模型细度）逆向比对匹配，并结合扫描结果提出相关建议。

模型分为 Revit 设计模型与三维扫描点云模型。首先，项目确保设计模型（仅保留结构主体）完整准确，点云模型相对复杂，需确保所有测站点云拼接完整，由于点云数据量相当庞大，对点云处理设备要求也比较高，如图 2-61 所示。项目在点云模型与 BIM 设计模型做对比分析时，进行分区分块进行，使分析数据量减少，同时使数据处理更为快速精确。

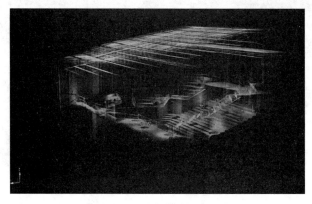

图 2-61　三维扫描点云数据图

为了实现音乐厅扫描点云数据的 360° 无死角，项目将音乐厅内的测站进行了分层、分区域划分，这一举措有效地保证音乐厅内点云数据的完整性。单站扫描速度很快，一般 2 ~ 5min 即可完成。300m² 左右的场景空间，只需半个小时即可完成所有数据的采集工作（包括设站以及参考球布置），如图 2-62 和图 2-63 所示。

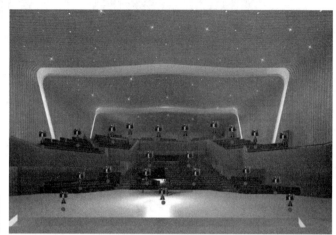

图 2-62　舞台正面测站布置方案

图 2-63　舞台背面测站布置位置

　　设置公共点（标靶或者参考球），参考球底部带磁铁，可以放置地面或者吸附于铁质物体上，两站之间使用 3 个参考球会得到非常准确的拼接精度，参考球的摆放要能够良好识别，参考球之间应有高度差。

　　根据经验值，在 1/5 分辨率 3X 质量条件下，参考球与扫描仪中心的距离应该在 17 ~ 20m，这样条件下扫描仪可以全自动识别并进行拼接，并且拼接点精度概率统计 95% 可以在 2mm，如图 2-64 ~ 图 2-66 所示。

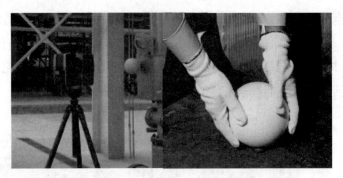

图 2-64　设置公共点（标靶或者参考球）

图 2-65　音乐厅内测站单点点云数据

图 2-66　音乐厅实测站点分布一览

　　音乐厅内整个空间实测站点总共为 31 站。每一个测站获得点云数量至少为 2.5 亿个点，数据量相当庞大。项目将测绘数据经过 SCENE 软件进行处理后，保存为流畅可用的点云模型，如图 2-67 所示。为了使分析数据更为精确，项目将音乐厅进行了分块分区域匹配分析，将 BIM 设计模型与实测点云模型用以相位最佳拟合法进行数据匹配进而逆向分析，如图 2-68 所示。

图 2-67　点云模型与 BIM 设计模型匹配示意

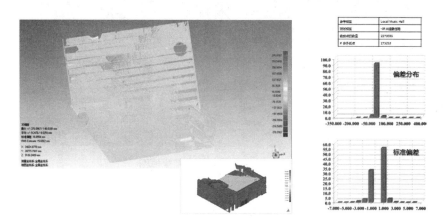

图 2-68　音乐厅 -3F 土建静压箱分析结果图

3. 音乐厅视点视线分析（设计 + 运营）

观演类建筑尤为关键的一点是观众座位的视线分析，项目借助 BIM 设计思维，模拟剧场内不同位置、不同区域的座椅面对舞台的视线效果，辅助后期运营单位科学客观的运营票价方案指导及制定。

在云端音乐厅的视线分析中，项目用 Autodesk3dsmax 建模，针对音乐厅各个座位视点，通过使用 Vray 渲染全景图，导入 pano2VR 软件生成 360° 全景进行视线分析。根据项目经验，3dsMax 建模的话，在保证效果的前提下，应减少面数。模型也可以取自 Revit，从 Revit 模型导出为 Fbx 或 3ds 格式，但 Revit 模型不要太多、太杂，一是避免 Revit 卡顿，二是太多模型后，3dsMax 对模型的后续处理工作较多，处理时间较长。

云端音乐厅中视点的选择，一是考虑覆盖所有典型位置，二是考虑人在座位上的实际视线高度。音乐厅共选取了 22 个点（作为分析示范，后续配合售票系统时，可模拟音乐厅每个座位）。本项目使用 Vray 进行场景布光，材质调整。

云端音乐厅的视线分析采用的是一种直观加 360° 全景的方式进行展示，依托于现在渲染技术的高度成熟，是一种后渲染，非实时渲染，如图 2-69 所示。

图 2-69　视点视线分析三维模拟图

音乐厅视点视线分析应用工具如表 2-5 所示。

软件方案 表 2-5

专项应用点	涉及软件	功能描述
音乐厅基于 BIM 性能化分析	Ecotect 计算软件、CARA 波动计算软件、RAYNOISE3.1、马歇尔代声学隔声吸声计算软件（Marshall Day acoustic）、EASE 4.3	音乐厅声学参数计算、模拟、各类仿真、分析等
音乐厅基于 BIM 的逆向工程分析	FARO SCENE	三维扫描数据处理
	Geomagic Studio 2013	逆向对比分析
音乐厅作为视点视线分析	3dsMax 2012（非必选）、DevaLVRPalyerA	模型处理、视点渲染、全景模拟

硬件方案

专项应用点	设备名称	基本配置
音乐厅基于 BIM 性能化分析	常规工作站配置	参照常规工作站配置即可
音乐厅基于 BIM 的逆向工程分析	Dell T7600 Precision 台式工作站	双 Intel 至强处理器 E5-2687w(8核,3.10GHz)、32G DDR3 RDIMM、1600MHz,ECC、256GB SSD+2TB 机械硬盘、NVIDIA Quadro 6000
音乐厅作为视点视线分析	常规工作站配置	参照常规工作站配置即可

本项目基于 BIM 技术的音乐厅专项性能分析、逆向工程分析、视点及视线分析等

应用，说明 BIM 应用不仅是选用一套软件，更是建筑信息传输和共享的过程。BIM 技术在这一贯穿建筑全生命周期的过程中，在工程项目不同阶段，不同节点都能发挥重要作用。对于不同利益相关方通过 BIM 中插入、提取、更新和修改信息，以支持和反映其各自职责的协同作业。所以，BIM 应用设计环节越多、范围越广，其价值就能更充分地体现。

2.2.5　幕墙设计和施工 BIM 综合应用

项目幕墙方案建模过程中使用 Revit 完成模型创建。使用 Revit 的目的是为了更好地整合模型，使幕墙专业模型更好地与土建、设备专业模型适配。项目使用系统自带系统族对玻璃幕墙节点进行创建，针对钢框架梁、边梁、钢筋桁架楼板、槽型埋件、幕墙龙骨等则需要定制族，模型精度等级为加工图级别精度。根据项目经验，幕墙专业模型创建，建议使用参数化设计族，若相关人员或企业具备全参数化设计能力建议使用参数化设计，针对 Revit 全参数化幕墙设计，可通过欧特克软件的 Dynamo 插件实现系列的参数化设计，参数调节更为方便，方案比较及调整更为快捷。

1.应用工具

幕墙方案比选在应用时需安装基本的设计软件 Rhino，Autodesk Revit（若为 2017 版本以后 Revit 安装完成以后直接包含 Dynamo 插件），计算机使用中等偏上配置的台式工作站即可，针对 BIM 技术掌握稍弱的企业，建议使用 Rhino 完成目前方案及设计后在导入 Revit 进行后再进行材质匹配，针对 Revit 参数化设计掌握成熟单位，建议幕墙模型设计时将土建结构点位相关信息导入后参照即可，待方案初步敲定后再行参照土建或者机电设备甚至装饰装修细节深化及细化幕墙节点。

2.应用流程

本工程采用工字钢梁 + 钢筋桁架楼层板，结构受力复杂，传统平板埋件和后置化学锚栓的方式均无法满足设计的需要。项目部集合专家的意见，拟定出三种基本可行性的设计方案，采用 BIM 技术进行模拟，整合设计、施工工艺、成本比对、风险分析等方面进行综合比较。

（1）槽型预埋件方案

利用 Revit 软件，对钢框架梁、边梁、钢筋桁架楼板、槽型预埋件、幕墙龙骨等构件的形状、尺寸、标高、位置等进行精准建模，为后期施工模拟做准备。

利用 Revit 自带的系统族，画出玻璃幕墙节点图。在结构中画出钢框架梁及边梁，通过定位轴线，确定构件平面位置；调节构件竖向偏移，确定构件标高；通过调节族参数，确定构件的尺寸，如图 2-70 所示。

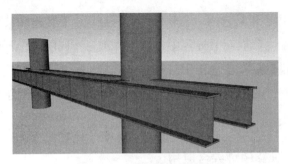

图 2-70　钢框架梁及边梁

载入桁架楼板族，对族参数进行调节；新建槽型预埋件族，赋予可调节族参数，如图 2-71 所示。

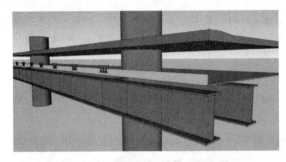

图 2-71　桁架楼板及槽型预埋件

利用嵌套族的原理，分别做出 L 形钢板与钢制转接件，将 L 形钢板嵌套在钢制转接件族中，组成幕墙转接构件族，如图 2-72 所示。

图 2-72　幕墙转接构件

载入龙骨族，调节族参数，使幕墙竖向主龙骨与钢制转接件以螺栓连接。

（2）后置加劲肋埋件方案

在 Revit 中对幕墙使用嵌板分隔，依据幕墙分隔尺寸，对加肋板进行定位，如图 2-73 所示。

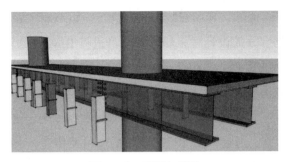

图 2-73　后置加劲肋

载入螺栓及龙骨梁族，调节族参数，使幕墙竖向主龙骨与钢制转接件以螺栓连接，如图 2-74 所示。

图 2-74　龙骨连接

（3）通长角钢预埋方案

载入角钢族，调节参数。载入转接件，连接主龙骨，如图 2-75 所示。

图 2-75　预埋通长角钢

2.2.6　钢结构设计和施工 BIM 综合应用

ICON·云端项目采用了大量的钢结构，钢结构总工程量约 1.5 万 t。钢结构的设计、施工复杂广泛，具体涉及音乐厅、云端塔子项全部钢结构的施工图设计、预留预埋、深化设计、工厂加工、运输、现场安装、配合进行铸钢节点实验等环节。因此，为准确完成本项目钢结构部分的设计施工任务，项目组将 BIM 的定义从狭义的 BIM 模型扩展到广义的 BIM 数据管理，采用基于 Microsoft Access 自主开发的 BIM 协同管理数据库，有机整合钢结构 BIM 设计及深化模型、材料采购清单、构件加工及运输情况、施工现场构件管理等各个环节。在该 BIM 协同管理数据库中，定义了项目各参与方的权限、提资内容及时间，通过数据库进行资料的交付及传递，大幅提升了信息传递的便捷性、时效性、准确性。

钢结构 BIM 综合应用思路及应用流程（图 2-76）。设计阶段的主要运用点为三维设计、深化设计及碰撞检查，设计师将交付的成果如深化图纸、节点大样等传递至钢结构分包商，协助其完成构件加工图、构件生产加工。同时，从钢结构模型中导出构件清单整合至数据库中，利于总包方完成材料统计、采购清单等任务。此外，在构件生产过程中，从数据库中提取构件信息生成二维码标签印制在构件上，便于构件全生命周期追踪。

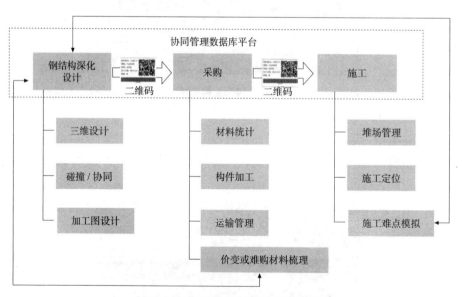

图 2-76　钢结构 BIM 综合应用思路

在构件出厂运输、堆放、安装过程中，均可通过扫描二维码将构件与数据库进行链接，并根据项目情况实时更新数据库，便于总包方进行管理，且在施工阶段协助施工方进行堆场管理、施工定位，如图 2-77 所示。同时，总包方可整合钢结构模型与其他各专业模型，根据施工进度计划，进行四维仿真，实时追踪、控制施工进度。

1. 设计阶段钢结构 BIM 应用

在设计阶段，设计人员在 Tekla 软件中进行钢结构三维设计、深化设计，之后将

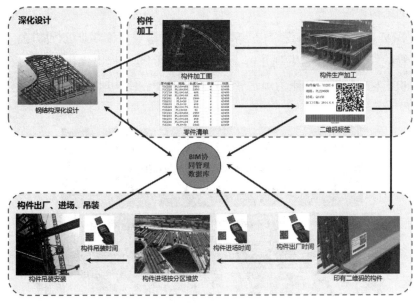

图 2-77 钢结构 BIM 综合应用流程

其导入至 Navisworks 中，与建筑、机电、幕墙等专业模型进行整合，完成设计协同、碰撞检查、管线综合等工作，从而优化设计。该阶段交付的 BIM 信息即钢结构 BIM 模型、钢结构深化图纸、构件节点大样图、构件清单等。

（1）钢结构深化设计

本工程钢结构复杂、节点多、吊重大，深化设计任务重，Y 字形钢的受力分析，安装定位，焊接是深化设计难点，利用 BIM 技术对复杂节点进行深化设计，确保了钢结构设计的合理性。

通过三维建模，对钢结构进行二次深化设计，利用软件直接生成钢构件的零部件图及组装图纸、平面定位及立面安装等图纸，以指导钢结构制作及现场安装，如图 2-78 所示。同时，在设计阶段确定并导出了构件编号、规格、材质、属性、楼层、坐标等信息，将其同步至 BIM 协同管理数据库。

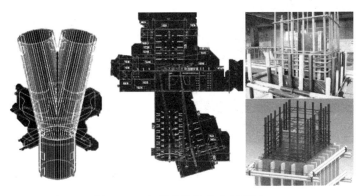

图 2-78 钢结构深化节点示意图

（2）钢结构碰撞检查

通过 BIM 模型整合，将钢结构与建筑、机电、幕墙等各专业进行协同，完成了预留预埋、管线综合的工作，发现并解决了多种碰撞问题，提出优化方案，反馈至设计结果中（如图 2-79 所示），如重力雨水管穿过剪力墙里钢结构时未从中心线通过的问题。

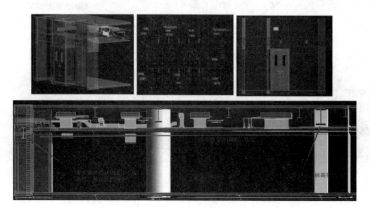

图 2-79　钢结构与机电碰撞检测

2. 采购阶段钢结构 BIM 应用

（1）材料统计及构件加工

在采购阶段，钢结构分包商从 BIM 数据库提取深化图纸、节点大样、材料清单等信息、构件加工图，用于构件加工。材料清单中包括构件的编号、位置、规格、材质、数量、尺寸、重量等信息，方便总包单位进行材料管理。

同时，根据施工组织设计，获取材料堆场信息，录入至 BIM 数据库中。将数据库中的相关构件信息导出制作成构件二维码，印制在各构件上，与 BIM 协同管理数据库进行对接，便于构件的追踪以及现场堆放管理，如图 2-80 所示。

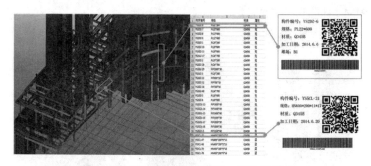

图 2-80　BIM 数据库与模型、二维码集成

BIM 数据库中的构件信息与 BIM 模型、二维码的信息均一一对应。通过 BIM 模型生成的 BIM 数据库中包含构件全生命周期信息，扫描由数据库生成的二维码可追溯

构件在数据库、模型中的定位和相关信息。

（2）构件运输及入场管理

结合现场施工进度计划，安排构件运输时间。构件出厂、进场时，工作人员扫描二维码，将出厂时间、进场时间录入 BIM 协同管理数据库中。数据库中记录构件计划出厂时间、实际出厂时间、计划进场时间、实际进场时间等信息，绿色表示实际进度超前的，红色表示实际进度滞后的，黄色表示按计划执行的，如图 2-81 所示。通过数据库，总包方及施工单位可实时查看构件状态，了解计划进度与实际进度的偏差，便于运输管理与验收，并做出相应预警。

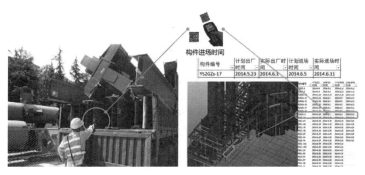

图 2-81　构件运输管理

此外，二维码扫描结果可反映构件在施工现场的堆放位置，根据扫描结果，在数据库中查看现场平面布置图，依分区堆放构件，保持施工现场整齐、有序，且在施工安装过程中，可快速定位构件堆放位置，加快施工进度，如图 2-82 所示。

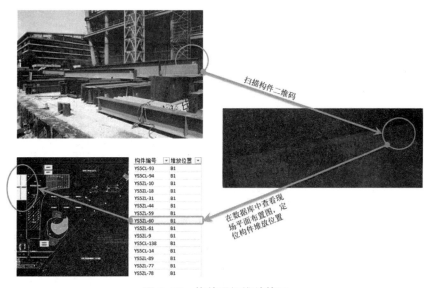

图 2-82　构件现场堆放管理

3. 施工阶段钢结构 BIM 应用

施工阶段，通过二维码扫描，识别构件，与数据库中 BIM 模型进行对照，引入绝对坐标，辅助全站仪进行钢结构定位。同时，将已安装完成构件的实际安装时间录入至数据库中，便于总包方进行进度控制，如图 2-83 所示。

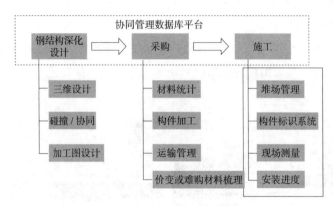

图 2-83　钢结构 BIM 应用思路

（1）控制现场施工进度

在钢构施工过程中，构件进场数量和构件安装数量对比很重要，项目现场每天的钢结构数量庞大，需要投入大量的人力进行构件的摆放和运输。传统工作中，管理人员通常在结构布置图上用彩笔涂抹，标识出已进场、已安装的构件，可是这依然存在手工统计烦琐、效率低下的情况。

从 Tekla 模型导出钢构数据表（如图 2-84 所示），在图纸列表中选择已进场的构件号，定义为进场状态；对已安装的构件，定义为已安装状态。此时模型里共有三种颜色，分别表示为已进场、已安装和未进场的构件。

12	4066	YS2DZ-6	5332	2556.4	2556.4	35.14	35.14	YS2DZ-6	2，外框柱
13	4045	YS2DZ-7	5332	2606.1	2606.1	35.93	35.93	YS2DZ-7	2，外框柱
14	4005	YS2DZ-8	5332	2571.8	2571.8	35.95	35.95	YS2DZ-8	2，外框柱
15	4026	YS2DZ-9	5332	2571.8	2571.8	35.95	35.95	YS2DZ-9	2，外框柱
16	6307	YS2GZ-1	11120	2062.5	2062.5	30.35	30.35	YS2GZ-1	2，外框柱
17	5515	YS2GZ-2	11120	2072.1	2072.1	30.46	30.46	YS2GZ-2	2，外框柱
18	6261	YS2GZ-3	11120	1987.7	1987.7	29.26	29.26	YS2GZ-3	2，外框柱
19	5454	YS2GZ-5	11124	6031.2	6031.2	87.28	87.28	YS2GZ-5	2，外框柱
20	5485	YS2GZ-8	11124	6305	6305	90.6	90.6	YS2GZ-8	2，外框柱
21	5500	YS2GZ-10	11124	4531.4	4531.4	64.24	64.24	YS2GZ-10	2，外框柱
22	5470	YS2GZ-11	11124	4542.6	4542.6	64.39	64.39	YS2GZ-11	2，外框柱
23	762	YS2GZ-17	11124	7956.6	7956.6	101.67	101.67	YS2GZ-17	2，外框柱
24	718	YS2GZ-20	11124	7744.9	7744.9	99.2	99.2	YS2GZ-20	2，外框柱
25	5416	YS2GZ-29	11124	10196.1	10196.1	69.85	69.85	YS2GZ-29	2，外框柱
26	5435	YS2GZ-31	11124	4459.2	4459.2	46.44	46.44	YS2GZ-31	2，外框柱
27	5607	YS2GZ-32	11124	4544.3	4544.3	51.49	51.49	YS2GZ-32	2，外框柱
28	5588	YS2GZ-34	11124	4798.6	4798.6	52.29	52.29	YS2GZ-34	2，外框柱
29	91440	YS2GZ-40	11124	6802.4	6802.4	86.86	86.86	YS2GZ-40	2，外框柱
30	47583	YS2GZs-5	5724	6805.7	6805.7	38.53	38.53	YS2GZs-5	2，外框柱
31	5207	YS2GZs-1	5724	9456.4	9456.4	49.43	49.43	YS2GZs-1	2，外框柱
32	5314	YS2GZs-1	5724	9984.2	9984.2	57.76	57.76	YS2GZs-1	2，外框柱
33	5261	YS2GZs-1	5724	9103.7	9103.7	46.02	46.02	YS2GZs-1	2，外框柱
34	47601	YS2GZs-1	5724	5586.3	5586.3	44.45	44.45	YS2GZs-1	2，外框柱
35	47451	YS2GZs-1	5724	5496.5	5496.5	40.53	40.53	YS2GZs-1	2，外框柱

图 2-84　Tekla 导出钢构数据

导出包含进场、安装状态的清单，透视汇总出三种状态的构件的总数量和总重量，再进一步分析可得到已进场构件和已安装构件占所有构件的百分比，形象地展现出施工进度，客观理性地显示工程建设的真实情况，与进度计划比较，便于项目管理人员控制（进度的计划值和实际值的比较是定量的数据比较，只是为合理地安排操作面提供一个数据参考，为了项目按计划完成钢结构安装工作提供有力依据）。

　　项目利用 BIM 模型数据和构件标识，结合工程进度，合理安排、管理材料运输、进场、安装进度，如图 2-85 所示。

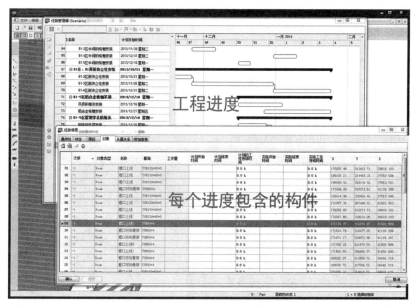

图 2-85　工程进度示意

（2）钢结构测量定位

　　项目利用三维扫描技术，对钢结构进行测量定位，结合 BIM 模型纠正偏差，保证测量精度及施工质量，如图 2-86 和图 2-87 所示。

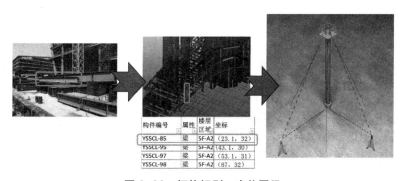

图 2-86　钢构识别、定位图示

图 2-87　钢结构测量定位

对于重难点施工工艺，项目使用 BIM 模型予以详细深化模拟展示，为现场施工有序开展起到了引导、指导作用，提高施工管理人员管理作业的效率，确保工程质量和进度，如图 2-88 和图 2-89 所示。

图 2-88　钢结构滑移安装工艺模拟

图 2-89　钢结构滑移安装现场图片

2.2.7　BIM 应用总结

BIM 技术的应用能够促使项目各参与方通力配合，摆脱自身局限，从全局出发获得最大的效益。"ICON·云端"项目的 EPC 总承包模式与 BIM 协同的理念不谋而合，使项目组得以在设计、采购、施工、运营各环节对 BIM 进行了广泛且深入的应用，产生了巨大的经济和社会效益，对行业发展起到一定的推动。

ICON·云端项目从 2013 年开始 BIM 应用，项目推进顺利，2016 年竣工验收交付。在此过程中，项目经历了不少挑战与困难，同时也积累了大量的 BIM 运用经验和心得，主要包括：

（1）从设计阶段入手，建立了综合全面的数据共享模型，经过施工阶段的多点应用和验证，通过全程的统计记录，可以看出 BIM 技术在节省工期、减少返工、控制成本等方面是卓有成效的，是一个能为项目提升价值的有力工具。

（2）引用 BIM 技术为项目带来的价值大小很大程度上取决于所选择的项目和介入的时间，包括项目的类型、复杂程度、合同模式等。我们认为功能复杂、对施工工艺要求高的大型项目使用 BIM 技术的性价比更高。而在全生命项目周期的管理模式（如 EPC 总承包）下越早引入 BIM 就越能获取高附加值。

（3）对于任何一个 BIM 应用项目，前期策划工作至关重要，它直接决定了项目应用 BIM 的整体管控过程及要点。BIM 应用及管理的支撑是数据，管控的基础就是工程基础数据的管理，及时、准确地获取相关工程数据就是项目管理的核心竞争力。因此对于工程项目而言，充分的前期策划更直接影响了项目推进过程中对潜在风险的控制能力。

（4）EPC 总承包工程利用 BIM 技术，可在设计阶段进行虚拟建造和建造方案预研，从而实现设计优化。本项目在管网综合设计、复杂机房设计、重难点施工组织、异型建筑设计及验证等方面，均取得了一定的成果和经济效益，也凸显出 BIM 技术在 EPC 总承包工程全生命周期运用的优势。

但在 BIM 应用的过程中，我们也遇到一些困难和阻碍，需要通过行业的不断发展进行完善：

（1）受到国家政策、行业标准、参建单位能力等方面影响，工程的 BIM 化率不高，无法全面反映项目信息，存在信息缺失。同时，在项目成果输入、输出、审批时，仍需要转换成二维文件，自动成图效率低下，需要耗费大量的人力、物力进行转换，直接影响设计人员的积极性。该问题需要政府职能部门的大力支持，逐步改进 BIM 成果交付要求及审批流程，激励 BIM 技术在工程中的运用。

（2）目前整个 BIM 行业存在一个共性问题，BIM 软件平台的开放程度与数据接口、数据传递尚缺少行业统一标准，数据丢失或无法兼容的现象比比皆是。该问题需要行业以及软件供应商共同确定统一的数据交换标准，打通信息交换的通道。

（3）BIM 技术的应用不应局限于对某个特定应用点的运用，还应作为管理工具，贯穿项目管理始末，故需要建立企业级或项目级的 BIM 协同管理平台。目前现有的商业 BIM 平台软件很难完全满足企业或项目全过程管理的需要，需要企业联合软件公司联合开发，根据企业或项目的实际需要深度定制，建立数据平台和管理平台，为项目参与方提供数据接口，并制定合理的管理和查阅权限。

项目团队根据项目特征和以往的 BIM 应用经验，形成 BIM 应用点推荐表，如表 2-6 所示。

BIM 应用点推荐表 表 2-6

序号	应用点	推荐指数	推荐理由	适用条件
1	预留预埋	★★★	提供洞口精准定位，减少施工中的遗漏，同时便于快速查找和统计预留预埋洞口	普遍适用，特别适用于大中型项目
2	碰撞检查	★★★	能在施工前预先解决图纸及空间问题，节省不必要的变更和返工	适用于大中型项目
3	管综与标高控制	★★★	合理规划管道的空间布局，减少碰撞，精准定位，优化标高，利于施工操作	适用于管线复杂，且对标高要求严格的项目。同时需要施工单位，精装修设计单位的提前介入
4	施工指导	★★	可视化交底，利用移动设备，便于指导现场施工及质量管理	普遍适用
5	现场产品检验	★★	模型上传至网络云平台，让项目相关方随时查看最新的模型，并根据现场情况实时批注反馈，保证项目信息的有效传递	普遍适用，需要配置云平台及手机、ipad 等终端设备
6	4D 施工进度模拟	★	用于对外宣传和展示时，能起到较好的作用。但如不能与材料计划，实际进度更新结合使用，则实际使用价值不高	适用于对宣传需求高或需要定期直观展示工程进度的项目。建议配合材料计划，实际进度更新完成进度控制
7	施工工艺模拟	★★	以最高效、最易接受的方式传递信息，预演施工过程，使管理者、施工者、设计者等参建方对施工工艺的理解一致，有效指导施工	一般适用于施工难度高或未使用过的技术难题或空间复杂难于用二维表达的工序
8	钢结构工程	★★★	目前钢结构方面的软件能与 BIM 软件无缝对接，因此非常适合应用于钢结构的全过程管理，包括设计、生产制造、运输、堆放、安装、维护等	适用于所有钢结构工程，需要建立钢结构管理平台，同时结合二维码或 RFID 构件管理系统，可以发挥更大价值
9	技术方案比选	★★★	利用 BIM 模型，在可视化，参数化环境下，从技术，经济，施工难易等方面，对多个设计 / 施工方案进行比较，得出最优的技术方案	普遍适用，特别适用于 EPC 项目

序号	应用点	推荐指数	推荐理由	适用条件
10	性能分析（声学）	★★	利用准确的 BIM 模型，结合专业软件，能够在短时间内获得精确的声学分析结果，反馈到设计师手中进行设计的调整，保证每个座位的声学效果	适用于有特殊功能要求的建筑，对人员的专业水平要求高
11	逆向工程	★★	通过三维扫描技术，将现场实际施工情况生成点云模型，与设计模型进行对比，快速全面得出现场与设计的偏差，对施工质量进行验证	适用于异型复杂、用常规仪器设备难以高效检测的项目
12	座位视点视线分析	★	借助 BIM 软件参数化特性，及时进行布置的调整，求解到最佳座位布置方案保证每个座位的观看效果	适用于观演类建筑

2.3　商洛万达广场工程

2.3.1　项目概况

商洛万达广场坐落于陕西省商洛市，由中国建筑上海设计研究院设计、中国建筑第八工程局施工。项目总投资超 10 亿元，占地面积 5.16 万 m²，总建筑面积 11.69 万 m²，地上 4 层，地下 1 层，是一座商业综合体建筑，业态包括室内步行街、零售、超市、餐饮、健身、娱乐、儿童、影城等，如图 2-90 和图 2-91 所示。工程于 2018 年 3 月 29 日开工，2019 年 6 月 22 日开业。

图 2-90　商洛万达广场鸟瞰效果图

图 2-91　商洛万达广场人视效果图

　　商洛万达广场作为典型的大型商业综合体建筑,其建筑体量庞大、内部业态种类繁多、机电管线错综复杂,尤其是室内步行街及地下车库部分,各类机电系统(空调、通风、给水、排水、消防、电力、弱电等)的干线均由此通过,对专业间协同的要求很高,管线综合设计和施工难度较高。

　　同时,商洛万达广场工程按照万达集团"BIM 总发包"模式实施,如图 2-92 所示。设计部分,设计院不仅要完成土建设计(建筑、结构、给排水、暖通、电气),还要完成所有专项设计(弱电智能化、外立面、景观、内装、导向标识、夜景照明、幕墙等),并且需要同时移交包含上述全部 12 个专业的 BIM 模型。施工部分,工程所有施工内容整体发包给施工总包,工程协调任务重,合同形式为总价包干,合同价即为结算价,合约风险大,施工总包也有部分设计责任。项目从开始施工图设计到开业只有短短 23 个月的工期,整个项目工期紧、难度大、要求高。

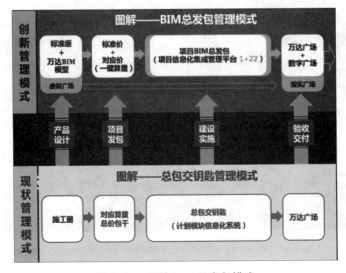

图 2-92　万达 BIM 总发包模式

2.3.2 BIM 应用策划

在传统的 CAD 二维设计模式下，特别是对于大型复杂项目，由于设计方法和工具的局限，各个专业之间很难实现协同设计，从而造成大量的"错、漏、碰、缺"，进而产生不必要的变更和返工，对工程的进度、成本、质量造成不利影响。

当前，也广泛存在先 CAD 画图后 BIM "翻模"的"双轨制"模式。这种模式始终存在图模不一致、设计与施工脱节、BIM 模型精确性和协同性的不足等问题，造成虽然握有 BIM 模型却无法很好实现设计成本一体化、设计施工一体化的局面。

针对上述建筑业长期存在的痛点、难点，中国建筑上海设计研究院的设计团队创新地采用 BIM 全专业正向协同设计的模式，即完全摒弃传统的 CAD 二维设计，各专业直接依托 Revit 平台和计算机网络进行三维协同设计，实现从三维模型到二维图纸的实时输出，进而使得 BIM 精确算量和 BIM 施工深化成为可能。

项目依据万达 6D 管理要求进行设计、建模，设计院在设计阶段就将成本信息、计划信息、质监信息集成到全专业 BIM 模型，项目各方通过项目信息化集成管理平台，以 BIM 模型为中心，对项目进行全专业、全过程的管控，如图 2-93 所示。

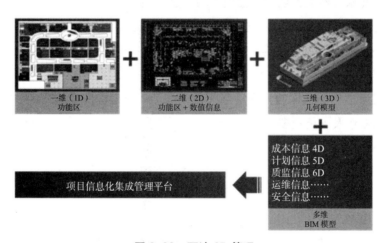

图 2-93　万达 6D 管理

2.3.3　基于中心模型的 BIM 全专业正向协同设计

项目通过建立共享服务器和中心模型，设计人员在各自的本地模型（中心模型的本地副本）上进行设计和建模，再将设计成果同步到中心模型，同时通过工作集控制项目成员的权限，从而实现了 BIM 全专业正向协同设计，如图 2-94 所示。

1. 应用工具

（1）服务器和中心模型

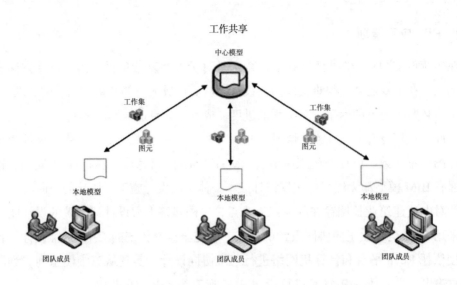

图 2-94　中心文件协同原理

首先，在本地（也可以是远程的）计算机网络中，建立起一个可以满足整个设计团队同时访问的计算机服务器。随后，将参与设计的各台计算机映射到服务器所在的网络地址。在此服务器上，创建工程项目的中心模型。

项目中心模型的意义在于，它将项目所有的图元（不同专业、不同成员的模型）集中储存于一个所有项目成员均可访问的模型文件中，从而实现不同专业、不同成员之间的模型信息交互。

对于商洛万达广场这样的大型复杂项目，由于其模型构件数量达到数十万个，同时参与设计的专业及人员众多，由此对计算机硬件和网络环境也提出了更高的要求。

为了确保协同设计的顺畅运行，项目专门配备了一套可满足 50 人同时作业的 BIM 协同管理平台（服务器），并且经过实测后搭建了全新的网络环境，从而保证了数据传输的迅速。

（2）本地模型

本地模型是中心模型在本地计算机上的副本。项目成员在本地模型上进行工作，阶段性工作完成后，再将本地模型与中心模型同步，而不是直接在中心模型上进行工作，从而实现了模型的多人同步设计、校审。

（3）工作集

工作集是指项目中某一部分图元的集合。工作集有着非常灵活的划分方式，可以按专业划分，也可以按系统、位置或属性划分。设计人可以将自己的设计内容归总到自己的工作集下，这样就防止了他人对自己工作的随意修改。

在项目层面上，根据工作职责的不同，将工作集划分为设计工作集、标准工作集、项目工作集，如图 2-95 所示。设计工作集由各专业设计人负责，包括各自的设计内容、模型视图、视图样板等;标准工作集由专业负责人负责,包括各专业的族库、工程参数、校对、标准等;项目工作集由项目经理负责,包括项目信息、总图、轴网、其他方族库等。

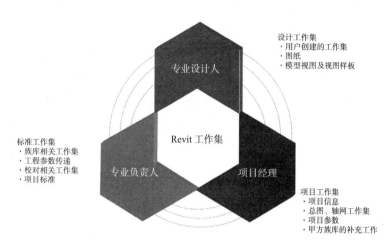

图 2-95　工作集权限分配

2. 重点应用

(1)协同设计

在 BIM 协同设计模式下,所有专业的模型都集合于一个中心模型之上,使得各专业的设计成果能够实时地在各专业之间传递,以便设计人员根据最新的情况对本专业的设计进行调整、修改。中心模型的唯一性保证了专业间的"交圈",同时,BIM 模型自带数据和属性的特点,也最大限度地保证了设计信息的不丢失,如图 2-96 所示。

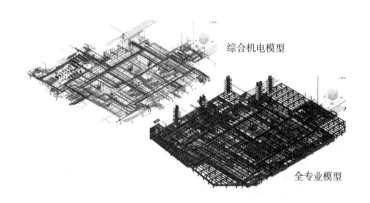

图 2-96　全专业 BIM 模型

(2)三维体量提资

本项目创新地采用三维体量的方式进行专业间提资。机电专业在模型中根据自身需要和已有的土建条件采用三维体量(包含数据信息,如长宽比限制)的方式向建筑、结构专业提资；土建专业根据模型中所显示的三维体量大小和位置，按实际情况进行调整和落实；机电专业通过中心模型实时复核成果。相比于 CAD 中以文字表达为主的提资方式，三维体量的提资方式更为直观、易于理解，提高了信息传递效率和准确性。

（3）机电管综前置

在常规项目中，机电管综通常被作为一项后置的工作，甚至是缺失的工作，这是造成设计、施工脱节的主要原因之一。借助三维正向协同设计模式，项目将机电管综作为一项前置的工作，在设计初期，各专业就将机电主干管和干线落位，对机电路由进行结构性的优化时，也根据已有的土建条件按施工方提出的安装标准进行空间排布，并结合净高要求充分考虑施工及安装情况，先水平管综、再纵向管综。管线综合工作单独成为一项独立的工作贯穿整个设计过程中，设计、管综同步进行，提前避免了施工现场的大量调改，充分体现了设计施工一体化的先进理念，如图 2-97 和图 2-98 所示。

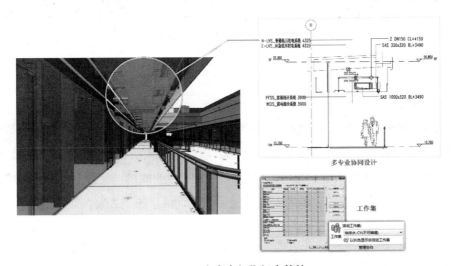

图 2-97　室内步行街机电管综

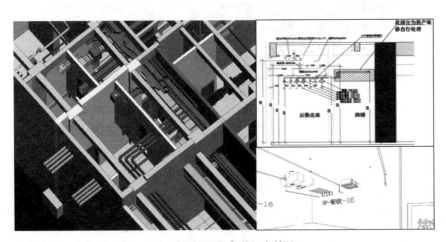

图 2-98　后勤走道机电管综

（4）设备基础布置

在 BIM 全专业正向协同设计模式下，各专业之间的工作界面变得更为清晰、合理。例如，以往设备基础是由结构专业完成的，然而结构专业并不了解机电设备的具体情况，这就容易造成错误的产生。现在，设备基础由机电专业根据设备的类型、大小自行绘制，结构专业只需对其进行审核，从根本上杜绝了错误的发生。

（5）土建开洞预留

在以往的设计中，土建开洞预留也是一项既烦琐又极易出错的工作，机电专业以提资的方式向土建专业提出开洞需求，然而常常由于表达不到位或设计修改，造成土建开洞的错误。现在，土建和机电专业的设计成果基本成熟和稳定后，土建专业可直接利用直观的三维机电模型进行智能开洞，如遇洞口不合理处，可反馈给机电专业进行调整，这种方式极大提升了设计效率和质量。

（6）钢筋平法出图及钢筋算量

本项目结构专业通过"探索者"开发的插件，将结构计算模型直接导入到 Revit 模型中，自动生成梁、板、柱等结构模型，并自动在构件的配筋属性项中赋予配筋信息。设计人员只需对钢筋信息进行微调和优化即可。

由于在结构专业的二维表达习惯中，配筋是通过平法方式，即以标注的方式在图纸上表达的，过程较为费时费力，且容易出现标注错误。在 BIM 正向设计模式下，通过软件对配筋属性项的自动提取，自动完成钢筋的平法标注。作为属性项的配筋信息，不需经过处理，直接就可以被算量软件提取，从而实现钢筋的自动算量，如图 2-99 和图 2-100 所示。

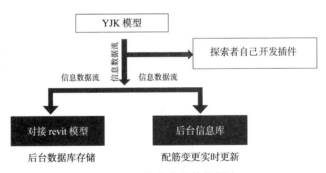

图 2-99　结构专业的数据流

3. 效果效益

BIM 全专业正向协同设计在项目的成功实践，为解决长期困扰建筑行业的难点、痛点问题提供了一套切实可行的解决方案。从传统 CAD 二维设计到 BIM 三维设计的转变，提升了设计精度、深度，减少了图纸的"错、漏、碰、缺"。全专业协同的工作方式，则从根本上改变了传统 CAD 二维设计中各专业各自为战的局面，避免了设计"不

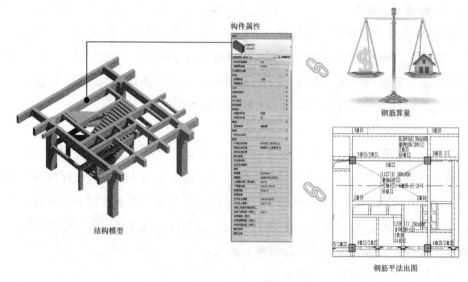

图 2-100　钢筋平法出图及钢筋算量

"交圈"的情况。

　　BIM 全专业正向协同设计与"设计＋翻模"模式相比（如表 2-7 所示），更大程度发挥了 BIM 的数据化和协同化优势，将局部的、个别专业的、不完整的 BIM，升级为全项目的、全专业的、全流程的 BIM。

传统翻模与正向设计对比　　　　　　　　　　　　　　　　　　　　表 2-7

类别	传统翻模	正向设计
1. 重心	商业、地库、管综、净高分析	全面
2. 目的	重点部分校核	设计
3. 流程	后置	同步
4. 优化	除错	全面优化
5. 精度	不完全一致	同步
6. 修改	反应某版本	同步
7. 人员	非设计人员	设计人员
8. 专业	土建	土建＋室内＋景观＋幕墙＋……
9. 外延	无	成本＋进度＋质量＋运维
10. 成果	一次性使用	进化应用

2.3.4　基于视图样板的 BIM 正向出图

　　项目通过创建通用的视图样板和标准化的族，建立了一套从三维模型到二维图纸的统一表达标准。借助设计团队自行研发的"BIM 自动出图"软件，实现 Revit 环境下的快速自动化出图，如图 2-101 和图 2-102 所示。

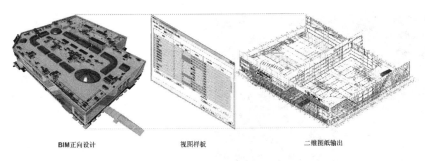

图 2-101 基于视图样板的 BIM 正向出图

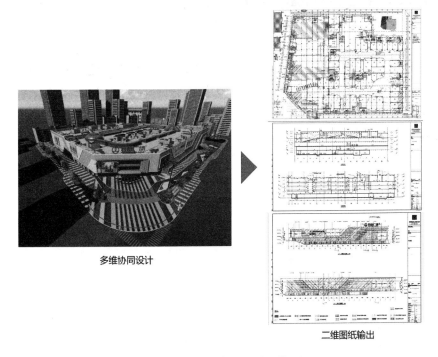

图 2-102 从三维模型到二维图纸

1. 视图样板

Revit 中的视图样板是一系列的视图属性，用于控制视图的比例、规程、详细程度和可见性等。项目通过创建一套通用的视图样板，将 Revit 三维模型中各类构件、设备、管线在二维图纸（平面图、立面图、剖面图等）中的表达规范化，达到标准出图的目的。创建的视图样板不仅可以应用在本项目的出图，还可以加载到其他项目的模型中，一套样板重复使用，大大提高了出图效率。

2. 标准族

项目通过对 Revit 族的标准化，规定了每一种族在不同视图中的二维表达，保证三维图纸输出到二维视图时的表达规范性和一致性。和视图样板类似，标准族也可以在不同项目中重复利用，从而提高出图效率，如图 2-103 所示。

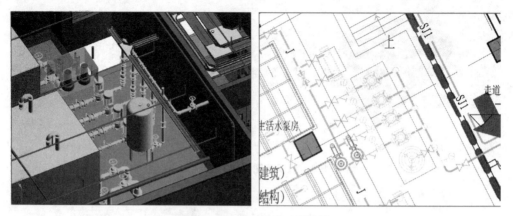

图 2-103　标准族的二维表达

在当前常见的人工出图模式下，设计人员需要根据每张图纸对应的平面视图大小和比例套相应尺寸的图框，每个图框都需要填写大量的图纸信息，图纸输出时每次都需要设置纸张的大小、方向和命名。上述出图方式存在重复、烦琐、容易出错、效率低的问题，这也制约了 BIM 出图在建筑设计行业内的普及，如图 2-104 所示。

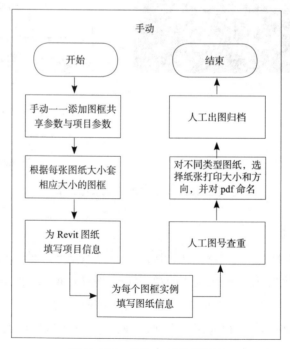

图 2-104　传统人工出图流程

为了打通从三维模型到二维图纸的出图环节，项目设计团队自行研发了一款"基于 BIM 的自动化出图软件"，简称"BIM 自动出图"，如图 2-105 所示。该软件能够自动添加图框参数，自动创建图号、版本号、备注，自动裁剪视图，自动套图框；自动反写图框信息，自动生成图纸目录，一键自动批量出图（如图 2-106 所示），自动图纸归档，极大地减轻了设计人员的负担，提高了出图效率，降低了出错概率。

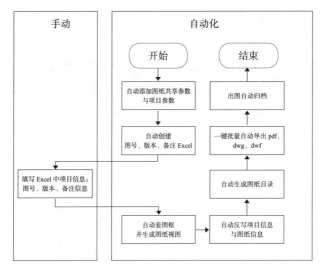

图 2-105　自动化出图流程

图 2-106　一键自动批量出图

项目所创建的通用视图样板、标准族以项目样板的形式保存下来，以便在今后其他项目中快速复制。在新的项目中，不需要再重新建立视图样板和标准族，只需按以下步骤操作，就可以轻松完成 BIM 正向出图（如图 2-107 所示）：

（1）加载已有的项目样板；

（2）选用相关的标准族进行建模；

（3）调整好所需的平面视图范围；

（4）运行"BIM 自动出图"软件；

（5）填写图框信息；

（6）一键自动出图和归档。

图 2-107　BIM 正向出图流程

商洛万达广场所采用的 BIM 正向出图模式，打通了从 BIM 模型到二维图纸呈现的最终环节，使得整个 BIM 正向协同设计流程形成闭环，从根本上解决了传统"设计＋翻模"模式下始终无法解决的"图模不一致"问题。基于视图样板的 BIM 正向出图方法，由于视图样板和标准族的通用性，可复制性极强，适合大面积的推广应用。"BIM 自动出图"软件的介入，将出图流程由"手动"变为"自动"，进一步提升了出图效率和出图质量，出图环节所耗费的设计人工时可以节省 90% 以上。项目对 BIM 正向出图方法的探索，为 BIM 技术在建筑设计行业的推广落地提供了行之有效的方法。

2.3.5　基于"BIM 一键算量"的设计成本一体化

商洛万达广场项目通过建立标准的族库，确保 BIM 模型的每一个构件都包含算量软件所需的全部属性项。再通过定义一套数据交互标准（在万达项目中，是以构件数据库的形式），确保 BIM 模型所包含的所有算量信息能够被算量软件所识别，从而将 BIM 模型映射为算量模型。最后，由算量软件直接读取 BIM 模型，输出工程量清单，实现"BIM 一键算量"，如图 2-108 所示。

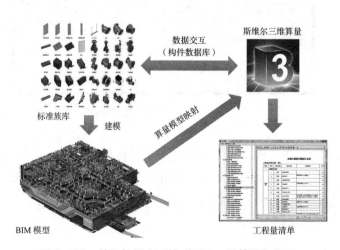

图 2-108　基于数据交互的"BIM 一键算量"原理

1. 应用工具

（1）标准族库

族库是 BIM 模型的核心资源，族文件包含了所有的设计参数、成本参数、质监参数、计划参数、运营参数。通过对族的标准化，规定了算量所需提取的全部属性项（例如某冷冻水循环泵包含了型号、规格、流量、扬程、功率等参数）。标准族库根据算量软件的特点以及成本算量表达式专门定制，确保了所有算量数据的有效性，如图 2-109 所示。

图 2-109　族库相关标准

（2）构件数据库

构件数据库是实现 BIM 算量的关键环节，他实现了 BIM 模型和三维算量软件之间的数据交互。万达将模型的标准化数据、成本算量清单、成本算量计算表达式等内容全部通过构件数据库的形式表达，将完整的构件数据库作为一个强大的后台数据内置于 BIM 算量软件，算量软件通过 BIM 模型与后台构件库数据的匹配，将 BIM 模型映射为算量模型，如图 2-110 所示。

专业-类别名称	类别名称	构件属性	成本专业编码	专业	成本专业划分	T/B	万达清单编码	清单名称	项目特征
冷冻水、冷却水系统	冷冻水、冷却水系统								
冷却塔	冷却塔								
通风空调-横流冷却塔	方形-冷流冷却塔				通风空调				
		冷却水流量：F≤250t/h	C2		通风空调	B3	C2045101	冷却塔F≤250t/h	处理水量250t/h内计算其他换算
		冷却水流量：250t/h＜F≤300t/h	C2		通风空调	B3	C2045102	冷却塔F≤300t/h	处理水量300t/h内
		冷却水流量：300t/h＜F≤500t/h	C2		通风空调	B3	C2045103	冷却塔F≤500t/h	处理水量500t/h内
		冷却水流量：500t/h＜F≤700t/h	C2		通风空调	B3	C2045104	冷却塔F≤700t/h	处理水量700t/h内
通风空调-密流冷却塔					通风空调				
		冷却水流量：F≤250t/h	C2		通风空调	B3	C2045101	冷却塔F≤250t/h	处理水量250t/h内
		冷却水流量：250t/h＜F≤300t/h	C2		通风空调	B3	C2045102	冷却塔F≤300t/h	处理水量300t/h内
		冷却水流量：300t/h＜F≤500t/h	C2		通风空调	B3	C2045103	冷却塔F≤500t/h	处理水量500t/h内
		冷却水流量：500t/h＜F≤700t/h	C2		通风空调	B3	C2045104	冷却塔F≤700t/h	处理水量700t/h内
冷却水、冷冻水系统水泵	冷却水、冷冻水系统水泵								
通风空调-冷冻水泵	冷冻水泵				通风空调				
		设备重量：W≤0.5t	C2		通风空调	B3	C2036101	卧式双吸水泵（冷冻）W≤0.5t	卧式双吸空调水泵，设备重量0.5t内
		设备重量：0.5t＜W≤1.0t	C2		通风空调	B3	C2036102	卧式双吸水泵（冷冻）W≤1.0t	卧式双吸空调水泵，设备重量1t内
		设备重量：1.0t＜W≤1.5t	C2		通风空调	B3	C2036103	卧式双吸水泵（冷冻）W≤1.5t	卧式双吸空调水泵，设备重量1.5t内
		设备重量：1.5t＜W≤2.0t	C2		通风空调	B3	C2036104	卧式双吸水泵（冷冻）W≤2.0t	卧式双吸空调水泵，设备重量2t内
通风空调-冷却水泵	冷却水泵				通风空调				
		设备重量：W≤0.5t	C2		通风空调	B3	C2046101	卧式双吸水泵（冷却）W≤0.5t	卧式双吸空调水泵，设备重量0.5t内
		设备重量：0.5t＜W≤1.0t	C2		通风空调	B3	C2046102	卧式双吸水泵（冷却）W≤1.0t	卧式双吸空调水泵，设备重量1t内
		设备重量：1.0t＜W≤1.5t	C2		通风空调	B3	C2046103	卧式双吸水泵（冷却）W≤1.5t	卧式双吸空调水泵，设备重量1.5t内

图 2-110　构件数据库示例

（3）三维算量软件

商洛万达广场项目采用了基于 Revit 开发的斯维尔三维算量软件，利用 Revit 设计模型，根据国家标准清单规范和全国各地定额工程量计算规则，直接在 Revit 平台上完成工程量计算分析，快速输出计算结果。计算结果可供计价软件直接使用，也可输出清单、定额、实物量数据。软件还提供了按时间进度统计工程量的功能。

2. 应用流程

设计团队通过在项目前期与算量软件方、建设方不断沟通、协作，共同制定了 BIM 族库标准、构件数据库标准，并建立起了相应的标准的族库、构件数据库，同时对算量软件进行了优化以更好地适应实际设计流程。

项目从设计建模到一键算量，遵循以下步骤：在 Revit 中加载标准族库；在 Revit 中完成正向设计建模；开启算量软件，并读取 BIM 模型；"一键算量"输出工程量清单。

BIM 正向设计与三维算量的结合，充分发挥了 BIM 模型的数据优势，极大提升了工程算量的准确率和工作效率。

3. 应用效果

（1）节省人力成本

在传统算量中，工程量由人工核查图纸得到，耗费大量的人力。BIM 算量中，简单的识图、计数、统计工作改由机器来完成，大幅节省人力成本。

（2）提高算量准确度

在传统算量中，由于图纸表达不充分、造价员的人为失误，往往容易造成工程量计算的误差。BIM 算量由于是直接读取 BIM 模型（正向设计成果），避免了人为的计算误差，大大提升了算量的准确率。

（3）设计成本一体化

由于采用 BIM 正向设计的方式，BIM 模型即为设计成果，而"BIM 一键算量"则使成本与 BIM 模型之间形成联动关系，进而实现设计与成本的联动。当工程出现变更时，设计变更直接反映到 BIM 模型，成本算量也随之联动，真正实现了设计成本一体化。

2.3.6　基于 BIM 的设计施工一体化

商洛万达广场项目采用的"BIM 总发包"管理模式是将工程所有施工内容整体发包给施工总包，工程协调任务重。合同形式为总价包干，合同价即为结算价，合约风险大，施工总包存在设计责任。

在设计院全专业 BIM 正向协同设计的基础上，中国建筑第八工程局有限公司的施工团队与设计院进行深度协作，进行全过程、全专业的 BIM 集成应用，从设计阶段设计管控、施工阶段全专业深化设计、施工全过程 BIM 总承包管理，到运维阶段竣工模型的维护、对接万达慧云运维平台,实现建筑全生命周期内的 BIM 集成应用,如图 2-111 所示。

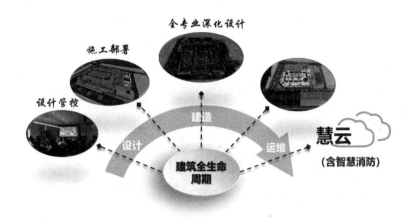

图 2-111　全过程、全专业 BIM 集成应用

1. 应用工具

BIM 总发包管理平台是基于 BIM 技术和计算机网络技术的项目信息化集成管理平台(如图 2-112 所示),通过线上共享的 BIM 模型和数据交互,实现项目参与"四方"(建设方、设计方、施工方、监理方)对项目工期、质量、成本的协同管理。各方责任:

(1)建设方负责定价发包,提供标准版图纸及 BIM 模型,并负责整体协调;

(2)设计总包方负责完成设计,提供施工图及 BIM 模型,并参与项目信息化管理;

(3)工程总包方负责组织施工,借助 BIM 技术及信息化管理实现三包工程;

(4)工程监理方负责质量监督,借助 BIM 技术及信息化管理实现业主设计目标。

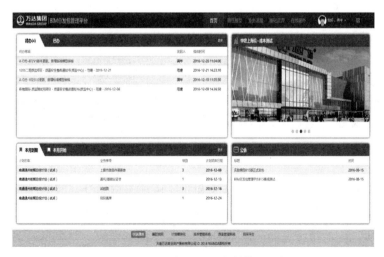

图 2-112　万达 BIM 总发包管理平台

2. 应用流程

（1）设计模型审核

与传统图纸会审不同的在于，项目充分发挥 BIM 正向设计模式的优势，对复杂节点、专业间"交圈"部位等进行针对性的三维审图，提升图纸审核深度，如图 2-113 所示。

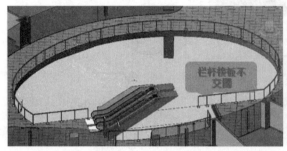
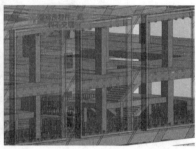

图 2-113　设计模型审核

（2）机电深化设计前置

针对 BIM 总发包管理模式"成本前置"的合约特点，在设计阶段组织各分包单位、供应商对设备、母线、虹吸雨水、变电所等专业性强，构造柱、屋面栈桥等需后期施工深化的系统提前进行 BIM 深化设计，将深化设计成果集成到设计图纸中，有效规避风险源，做到 BIM 深化设计前置。

设计模型移交后，组织分包单位 BIM 人员进场，以网络协同工作集方式，同时展开机电各专业 BIM 深化设计，并定期组织业主、监理、各相关单位召开周例会，对排布方案进行阶段性确认，如图 2-114 所示。

图 2-114　机电深化设计

对支吊架进行设计、计算校核、方案审批，由施工方设计部门的注册结构工程师对支吊架安全性做最后的审核与确认，最终交由设单位对主体结构承载力进行校核。对于局部管线密集、荷载较大的位置，出具支吊架生根预埋图，在侧梁处进行生根预埋，如图 2-115 所示。

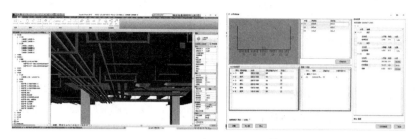

图 2-115　支吊架设计计算

对管道井、电井、外墙套管及洞口进行深化出图，避免结构墙体二次开凿，做到"一墙一图、一井一图"，如图 2-116 所示。

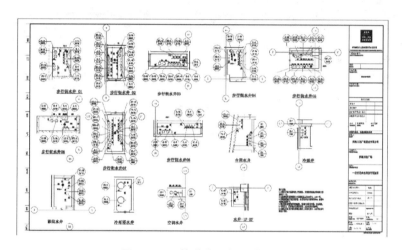

图 2-116　管道井深化设计图纸

项目自主设计了套管直埋定位钢模，实现管道井一次浇筑成型，避免二次施工，通过减少误差来源保证施工精度，如图 2-117 所示。同时，颠覆传统施工工序，避免了机电班组施工过程中破坏、切割钢筋的通病。

图 2-117　管道井套管直埋

（3）二次结构深化设计

项目整合各专业 BIM 模型，对二次结构砌体墙直接进行三维正向设计排砖，对机电管道洞口进行砌块预制，确保砌体墙一次成型，避免后期墙体的大量打砸、开凿与二次封堵，做到质量一次成优，对局部位置采用预制套管砌块代替过梁做法，减少现场建筑垃圾，达到绿色施工的目的，如图 2-118 所示。

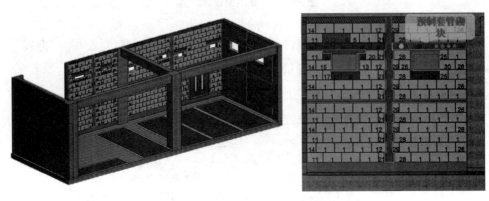

图 2-118　三维正向设计排砖

（4）内装深化设计——天花排布

整合各专业模型，对内装天花、点位、检查口进行排布，对装饰点位与机电安装末端进行校核，在保证使用功能、检修空间的前提下，提高建筑感观质量，如图 2-119 所示。

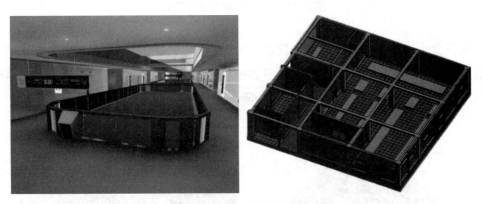

图 2-119　精装修深化设计

（5）屋面深化设计

对屋面管线、设备等进行综合排布（如图 2-120 所示），统一规划布局设备接线端、地砖、伸缩缝、排气孔等位置，设计屋面栈桥，出具设备基础定位图、铺装排砖图，提高建筑感观质量。

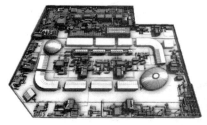

图 2-120　屋面综合排布

利用 BIM 技术设计屋面构筑物圆角支模模具，所有女儿墙、设备基础、天沟等倒角一次浇筑成型，避免现场二次施工，如图 2-121 所示。

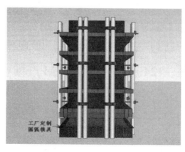

图 2-121　设备基础一次浇筑成型

根据设备尺寸设计风管出风机洞口尺寸、标高，采用"围三缺一"的施工方式，实现屋面风道一次浇筑成型（如图 2-122 所示），同时实现屋面断水，以减少后续砌筑穿插施工，节约项目工期，达到绿色施工的目的。

图 2-122　出屋面井道一次浇筑成型

（6）二维码信息集成——图纸管理

为预埋件构件设置预设点信息，并将施工图纸与之相关联，生成专有二维码，粘贴到预埋部件上，施工作业人员可通过扫取二维码完成对预埋部件的定位，如图 2-123 所示。将每个功能房间排砖图、墙、顶、地做法、施工交底进行信息集成，制作二维码，粘贴在施工现场，作业及验收人员通过扫描二维码即可完成所有信息读取，同时直观区分不同房间做法，防止发生混乱。

图 2-123　二维码信息集成

（7）BIM 样板引路

对各节点、工艺建立 BIM 虚拟样板，通过 BIM 样板引路，实现质量一次成优，避免返工、拆改，达到绿色建造的目的，如图 2-124 所示。利用 BIM 三维可视化的特点，直观地对现场作业人员进行交底，解决传统二维交底中表达不清晰、交底不到位的问题。

图 2-124　BIM 样板引路

（8）临建设计应用

在项目初期，对项目进行施工平面布置和办公区的规划，建立各阶段临建场地模型，包括道路、降水、喷淋、临水、基坑临边防护、CI 及各类公益广告、群塔布置、办公区布置、各类材料堆场等，利用 BIM 的三维可视化特点，直观对比各布置方案，指导现场临建施工，如图 2-125 所示。

图 2-125　临建设计应用

（9）格林模板及安德固架体应用

本项目模架支撑体系采用格林模板＆安德固架体，工厂化定尺加工，现场搭设，支持系统范围内无需方木、木模等消耗性材料，可周转百余次，如图 2-126 所示。利用 BIM 技术三维可视化特点，将不同尺寸类型的格林模板结合工程实际进行排布，并制作施工动画，模拟模架的搭拆及周转方案，指导现场施工。

图 2-126　格林模板及安德固架体示意

（10）安全防护设计

利用 BIM 可视化的特点，直观地识别临边、洞口等危险源，对安全防护进行三维正向设计，出具施工图，指导现场施工，做到防护无死角，如图 2-127 所示。

图 2-127　安全防护设计

（11）钢筋云翻样及集中加工

采用广联达钢筋翻样软件，建立翻样模型，并且出具了钢筋配料单及精细的排布图纸，对 14# 以上的钢筋进行数控集中加工，提升了钢筋加工、安装的效率，并且大幅降低了钢筋损耗，如图 2-128 所示。

图 2-128　钢筋云翻样＆集中加工

（12）BIM 总发包管理平台应用

将模型进行轻量化处理，上传至 BIM 总发包管理平台，各参建方通过平台查看各专业模型，使用快照、批注功能，对模型问题进行标注，上传批注问题，由各方讨论后进行整改，如图 2-129 所示。

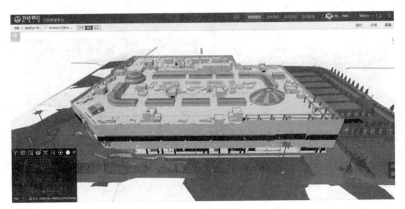

图 2-129　BIM 总发包管理平台应用

使用手机端质检 APP 对现场质量、安全文明施工等进行拍照验收，并标记验收位置，上传质量管理平台，并关联 BIM 模型，系统识别合格率进行自动打分评比，如图 2-130 所示。

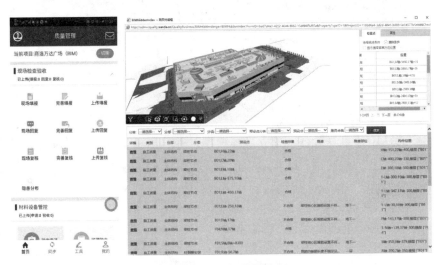

图 2-130　现场质量检查

（13）施工模型审核封样

施工模型深化设计完成后，组织各参建单位对模型进行审核封样，形成模型封样单，确保深化设计成果经各方认可再出图实施。

（14）出具 LOD 400 精度施工图纸

对封样模型进行三维信息标注，出具可指导施工的深化设计图纸，一张高精度的包含施工所需所有信息的深化设计图纸，完全能全程指导管线、支架的采购、下料、现场安装。本项目共计出具深化设计图纸共 200 余张，如图 2-131 所示。

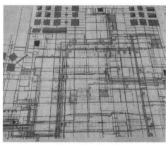

图 2-131　深化设计图纸

将机电管线综合施工图粘贴至施工现场，施工前对每一道工序进行专项图纸交底（如图 2-132 所示），施工过程中通过图纸结合移动端、VR 设备对复杂节点进行可视化交底、现场动态验收，确保"图、模、场"三者一致。

图 2-132　施工交底

本项目实现了模型、图纸、现场 100% 的还原度，施工过程中严格按图施工，实现了现场作业零拆改。从而减少了现场原材消耗，有效地控制了建筑垃圾产生，达到了绿色施工的目的。

项目以机电 BIM 深化设计为中心，做到了机电安装工程一次成优、主体结构工程一次成优、二次结构工程一次成优、装饰装修工程一次成优的 BIM 实施总方针。同时这也是本项目 BIM 应用的价值体现。

针对万达 BIM 总发包管理模式总价包干合同的特点及风险点，项目除常规 BIM 应用外，利用 BIM 技术对传统施工工艺进行了大量的优化，从而避免二次施工、二次拆改（如图 2-133 和图 2-134 所示），从技术根源落实创新、创效，将 BIM 技术真正与施工行业融为一体，如图 2-135 所示。

图 2-133　模型、现场对比

图 2-134　模型、现场对比

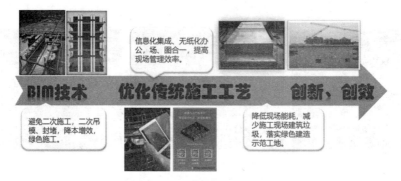

图 2-135　落实创新、创效

2.3.7　BIM 应用总结

商洛万达广场项目的 BIM 全专业正向协同设计,创新地将 BIM 技术、计算机技术、绿色施工技术进行了融合,充分发挥了 BIM 的协同化、数据化、智慧化优势,在设计流程协同化、设计成本一体化、设计施工一体化等方面进行了有益的尝试,为解决一些建筑业长期存在的难点、痛点,提供了一些行之有效、可复制性强的路线和方法。

以 BIM 全专业正向协同设计为核心的新型设计组织方式、流程和管理模式,将有利于促进建筑业信息化和自动化的"两化"融合,也将推动建造方式和管理模式的创新,使得 BIM 技术在建筑工业化、EPC 工程总承包模式下发挥更大的作用。

第 3 章 超高层工程 BIM 应用案例

超高层项目在施工进度、成本、现场协调等方面一直都面临巨大的挑战，同样也是目前项目管理信息化系统软件的难点。广州周大福金融中心（规划名称为广州东塔）总承包工程项目除了比较全面地利用 BIM 解决技术问题以外，重点在于利用 BIM 解决项目管理的难点和痛点。探索以 BIM 模型为载体，以进度计划为主线，以成本为核心，实践项目数字化、集成化、集约化管理系统的研发和应用，根据项目管理特点定制研发了计划管理、图纸管理、合同管理和成本管理四大核心功能，在实现三维动态展示实时进度，计划偏差追踪，直观的工作面划分管理，基于模型查找对应图纸，基于模型核查主、分包合同、工程量、合同单价和合计等方面都有值得推广的实用价值。

合肥恒大中心 C 地块工程针对钢筋密集，主筋、箍筋与钢骨连接给施工带来的难度，利用 BIM 模型进行设计深化和可施工性模拟，为主体结构顺利施工提供了较好的保障。同时在顶模系统深化设计、塔式起重机深化设计和爬升模拟等方面的 BIM 应用对于超高层项目很有借鉴作用。

吉隆坡 Exchange 106 交易塔（前称标志塔）项目作为海外超高层项目，面对边出图、边深化、边施工的实际问题，现场协调沟通工作量大，加上语言不同，要实现信息准确传达有较大的困难，BIM 可视化的优势，在这个项目中得到充分的发挥。项目现场利用 BIM 三维模型进行沟通和交流，极大提升了沟通的效率和准确性，为实现高速度、高质量完成海外项目发挥了重要的作用。

天津周大福金融中心工程是一个 530m 超高层综合体，造型随高度变化，结构转换多变，幕墙造型复杂。利用 BIM 模型进行设计深化和精确下料加工，实现二维图纸难以达到的效果。同时，利用三维激光扫描设备进行实物与模型对比，对复杂构件的质量检查和控制起到较好的作用。项目较全面地开展各项 BIM 应用，并对各项 BIM 的应用效果、推广经验和不足之处都做了较全面和客观的总结，值得同行学习和借鉴。

3.1 广州周大福金融中心总承包工程项目

3.1.1 项目概况

广州周大福金融中心（规划名称为广州东塔）是集超五星级酒店及餐饮、服务式公寓、甲级写字楼、地下商城等功能于一体的超高层项目，位于珠江新城 CBD 中心地段，建筑高 530m，建筑层数 116 层，用地面积 26,494.184m²，地上建筑面积约 37 万 m²，如图 3-1 所示。

图 3-1　广州周大福金融中心项目实景

广州周大福金融中心工程具有以下特点和施工难点：

（1）基坑深，周边环境复杂。工程基坑深达 28.7m，周边有地铁、待施工的基坑、住宅楼、公路、地下空间等公共设施，给基坑支护和施工带来很大的难题。

（2）结构复杂、工作面多、工程量巨大。塔楼高度高，采用内筒与钢结构外框筒组合的结构形式，核心筒采用双层钢板剪力墙，是世界上唯一采用这种结构形式的建筑，施工难度较大，工作面多，交叉施工频繁，垂直运输量大，穿插作业多，协调工作量大。

（3）技术要求高、施工工艺复杂。项目采用多项国内外领先的施工工艺和施工技术，如塔楼核心筒结构施工的顶模系统成套施工技术、复杂环境下深基坑的支护与施工技术，塔楼桁架层的综合施工技术等。

（4）工期紧张，进度编制跟踪难、现场协调难、图纸统一管理与送审跟踪难。分包众多，合同信息汇总、查询困难，缺乏时效预警，成本分析工作量大，难以做到事前预控。

3.1.2　BIM 应用策划

针对该项目深基坑、超高楼层、施工工艺复杂、工期紧张、分包众多、协调难度大等工程难点和特点，传统的技术、管理手段难以为继，必须采用先进的技术、管理手段。项目拟将 BIM 作为技术、管理手段，但当时没有适合项目需求的软件系统。因此，项目部决定联合有关单位，自主研发 BIM 系统平台。

项目计划通过基于 BIM 的项目管理系统，实现项目数字化、集成化、集约化管理。以 BIM 集成信息平台为基础，针对超高层项目总承包管理中的进度、成本、现场协调等方面难题，开发施工总承包项目管理系统，支撑三维可视的、协同的施工现场精细化管理。

经过系统平台需求分析，BIM 系统应以进度计划为主线，以三维模型为载体，以成本为核心，实现全专业、全业务信息的不同深度集成，实现所有信息灵活快速地提取和应用。从系统通用性出发，项目管理的业务流将被弱化，而更强调系统中的数据流，以模型载体和数据信息将整个系统对项目的管理串联起来，使系统更加适用于各种不同管理链条、不同业务流程的项目。

搭建模型和信息的整合平台，需要解决以下难题：

（1）各专业建模标准不统一，原点及坐标等空间关系不同，各专业模型整合后在空间上不对应；

（2）各专业建模软件各异，数据格式不统一，各专业模型之间和信息数据之间互不兼容；

（3）项目管理过程中的信息量巨大，信息与模型构件之间的逐条挂接工作量繁重且极容易出现错漏，如何实现信息与模型的批量挂接；

（4）现场各业务部门工作量大，不宜过多增加现场的工作量。

针对上述难点，项目部制定了一系列专业建模规则，统一各专业模型的基础原点、坐标、构件命名方式等内容。同时，明确所有数据录入方式及内容，并通过模型构件及信息的属性对应，实现信息数据与模型的批量挂接。此外，为了不增加现场建模人员的工作量，项目部使用目前常用的专业深化设计软件，在深化设计工作开展的过程中，完成各专业模型的建立。为了不增加现场管理人员数据的录入工作量，项目部设计一系列与施工日报、财务报表等对应的录入界面，让管理人员在施工日报编制过程中，即已经完成了数据的录入。

在系统架构设计时，通过定制统一管理模板的方式，实现各业务口的数据流方便、快捷地共享流动。同时，通过标准化的数据录入界面，实现总承包管理过程中，进度、工序、合约条款、清单、设备等一系列信息数据的积累储存，为日后的工程管理提供海量经验数据。

基于广州周大福金融中心项目管理难点及应用目标，结合项目实际需求，项目部规划了 BIM 集成管理平台（简称"东塔 BIM"系统）。

1. 基本功能

该系统以 BIM5D 平台为核心，将各专业设计模型及算量模型进行整合，实现模型集成和浏览、碰撞检查、形象进度展示、过程计量、变更算量等应用，并通过自行开发的 BIM 项目管理系统，展开项目进度、图纸、合同、成本及运维等方面的应用，如图 3-2 所示。

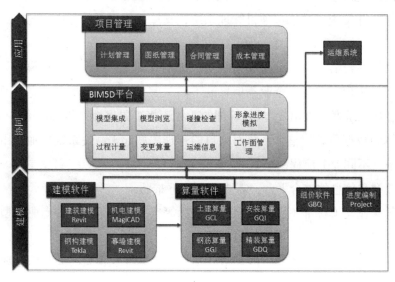

图 3-2　系统基本功能

2. 信息关联

通过统一的信息关联规则，实现模型与进度、工作面、图纸、清单、合同条款等海量信息数据的自动关联，如图 3-3 所示。

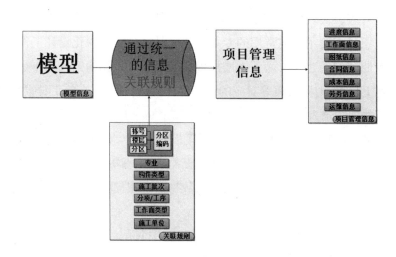

图 3-3　信息关联

3. 项目管理功能

在 BIM 集成信息平台基础上，开放数据端口，定制开发适用于总承包管理的项目管理系统，应用于施工现场日常管理，如图 3-4 所示。

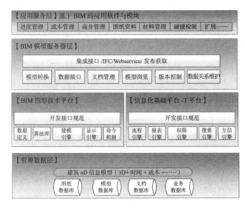

图 3-4　项目管理功能

3.1.3　模型集成管理与应用

项目将各专业建立的模型文件（钢结构、机电、土建算量、钢筋翻样等）导入 BIM 平台，以此作为 BIM 应用的基础。其中，土建专业建模以满足商务土建翻样和算量的要求为准，采用广联达算量软件模型；钢结构深化设计采用 Tekla 软件建模；机电深化设计采用 MagiCAD 软件建模。项目将各专业软件创建的模型，按照项目的编码规则进行重新组合，在 BIM 系统中转换成统一的数据格式，形成完整的建筑信息模型。

通过平台提供的统一的模型浏览、信息查询、版本管理、碰撞检查等操作功能，实现了超高层项目大体量 BIM 模型的整合应用。

1. 模型浏览

首先，在模型中可以使用漫游、旋转、平移、放大、缩小等通用的浏览功能。其次，可以对模型进行视点管理，即在自己设置的特定视角下观看模型，并在此视角下对模型进行红线批注、文字批注等操作，保存视点后，可随时点击视点名称切到所保存的视角来观察模型及批注。最后，还可以根据构件类型、所处楼层等信息快速检索构件。另外，模型中还可以根据需要设置切面对模型进行剖切，并对切面进行移动、隐藏显示等操作。

2. 信息管理

首先可以查看构件的属性信息，包括其基本属性材质强度、进度计划以及运维信息等。其次可以查询各构件对应的图纸资料等，也可链接至项目管理平台的图纸管理中对应图纸信息，并能够查询模型的版本信息。最后，平台模型中可以查询工程量，包括构件工程量、清单工程量、分包工程量等信息，并可通过 Excel 等其他软件导入、导出工程量信息。

3. 版本管理

平台提供的版本管理功能，可以将变更后的模型更替到原有模型，产生不同的模

BIM 技术应用典型案例

型版本，平台默认显示最新版本模型。同时，更新模型时，可以通过设置变更编号作为原模型与变更后模型的联系纽带，实现可视化的变更管理。在变更计算模块，通过选择变更编号以及对应的模型文件版本，可自动计算出变更前后模型量的对比，便于商务人员进行变更索赔。

4.碰撞检查

通过平台，将各专业深化模型海量的信息及数据进行准确融合，完成项目多专业整体模型的深化设计及可视化展示。同时，根据专业、楼层、栋号等条件定义，进行指定部位的指定专业间或专业内的碰撞检查，实现了不同专业设计间的碰撞检查和预警，直观地显示各专业设计间存在的矛盾。从而进行各专业间的协调与再深化设计，避免出现返工、临时变更方案甚至违规施工现象，保证施工过程中的质量、安全、进度及成本，达到项目精细化管理目标。例如，在二次结构及机电安装专业施工前，可进行这两个专业的碰撞检查,对碰撞检查结果进行分析后,对机电安装专业进行再深化,避免实际施工过程中出现的开洞或者返工等现象，也可以为二次结构施工批次顺序的确定提供有效的依据，如图 3-5 所示。

图 3-5　碰撞检查

3.1.4　进度管理模块

进度管理的核心需求，在于对全项目各个工作面实体进度的实时跟踪，深入了解各个工作面当前实际完成的情况，以及相关实体工作对应的配套工作（方案、图纸、合约、材料、设备、人员等）的跟进状态。通过对各工作面实体进度的实时掌控，可进一步实现与进度计划的实时对比，及时发现进度的偏差点、偏差程度，快速对进度计划进行调整。

同时，进度计划需要更深入的指导实体工作（技术、商务、物资、设备、质量、安全等）的开展，明确各项工作对应的开始时间、完成时间以及各项工作之间的逻辑关系，实现对各个部门的主动推送和实时提醒，保证技术、合约、成本、质量、安全、物资、设备等全业务口的配套工作对实体进度的实时跟进和服务，如图 3-6 所示。

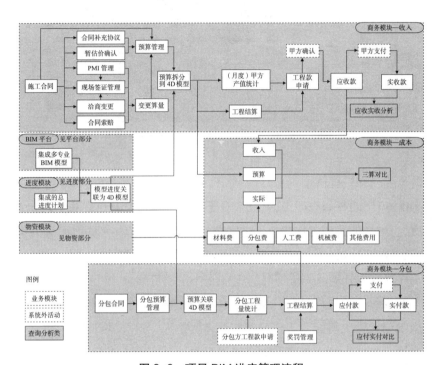

图 3-6　项目 BIM 进度管理流程

通过系统，项目把施工进度和模型关联，以拉式计划实现施工进度管理。项目把实体工作分解为各个业务部门的工作，通过管控各个业务部门的工作进而管控整体的施工进度。实体计划中包含各业务部门的工作，并且实体计划和模型挂接，从而可以实时查询实体进度进展、各业务部门配套工作进展、建筑实体模型进展。通过跟踪实体计划和配套工作完成情况，分析项目计划实施偏差、及时预警，及时调整计划，实现完整的、可视化的进度管理。

通过工作面管理，项目按照工作面各自负责内容和范围，逐一进行施工、交接、管理，快速完成各自负责施工任务，进而完成整个项目施工。

1. 三维动态展示实时进度

BIM 系统中进度计划与模型挂接后，管理人员可以通过任务模型视图，实时展示三维动态进度模拟，可以获取任意时间点、时间段工作范围的 BIM 模型直观显示。有利于施工管理人员进行针对性工作安排，尤其有交叉作业及新分包单位进场情况，真正做到工程进度的动态管理，如图 3-7 所示。

BIM 技术应用典型案例

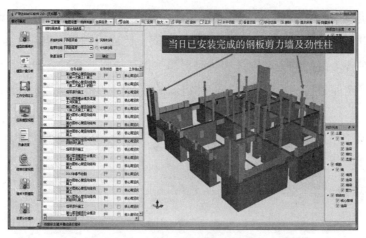

图 3-7　三维动态展示与实时进度

2. 及时准确获知进度信息

项目 BIM 应用的核心在于 BIM 技术对于项目精细化管理的帮助。BIM 系统提供配套工作库，将现场的管理工作与施工进度作业相结合，形成生产拉动管理的集成计划。而 BIM 系统中进度计划与模型挂接后，管理人员可以在模型中通过点击任意图元查询其对应的工序级进度开展及完成情况。

BIM 管理系统会将进度计划挂接的配套工作，根据各部门职责相应的分派到对应部门，再由部门负责人将配套工作分派到具体实施人，这样做到责任到人，实现切实可执行的进度计划。配套工作推送到实施人桌面，对实施人进行工作提醒和预警，保证现场管理工作及时、按时完成。同时，通过施工日报对现场实际进度的反馈，实现了计划和实际的对比。项目可以依据配套工作完成情况追溯计划滞后、正常、提前的原因，真正做到责任到人的精细化管理，如图 3-8 所示。

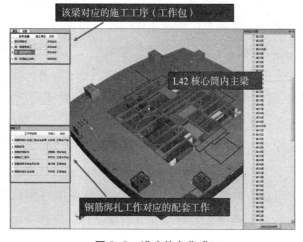

图 3-8　进度信息集成

3. 物料管控快速模型取量

传统施工现场管理中，物资采购计划要花费大量人力及时间计算工程量，而且存在误差，造成一段时间内材料进场存在过多或不足现象。

基于 BIM 的现场施工管理中，相关管理人员可以在 BIM 模型中按楼层、进度计划、工作面及时间维度查询施工实体的相关工程量及汇总情况，包含土建、钢筋、钢结构等专业的总、分包清单维度的工程量汇总及价格，为物资采购计划、材料准备及领料提供相应的数据支持，有效地控制成本并避免浪费。同时，与传统模式现场管理人员只知施工、不懂商务、不知价格情况不同，BIM 模型中可以查看清单价格及模型量总价，可以逐渐培养各现场管理人员的商务意识和成本意识，如图 3-9 所示。

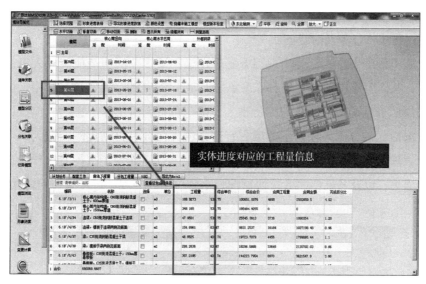

图 3-9　物料信息关联

4. 计划偏差自动分析追踪

传统的施工项目进度管理是按部就班人工制定施工计划、执行计划、人为跟踪、人为协调相关部门配合合作的开展。虽然项目能够完成，但过程中会耗费大量的人力、物力。近年来，随着信息技术和 BIM 技术在施工项目上的应用，把建筑实体模型和信息技术结合应用到施工进度管理中，会更形象、直接的指导实操人员的操作，也能让管理者实时、清晰地了解项目的进展情况，更好地进行决策。

通过施工日报反馈进度计划，在施工全过程进行检查、分析、实时跟踪计划，实现进度的计划与实际对比，如图 3-10 所示。相关人员可以通过偏差分析功能查看实际进度与计划进度的偏差情况，并可追踪到具体偏差原因是进度计划的工期不合理，还是相应配套工作未完成，便于在计划出现异常时及时对计划或现场工作进行调整，保证施工进度和工期节点按时或提前完成。

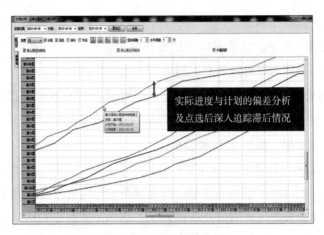

图 3-10　进度偏差分析

5. 各岗位工作任务及时提醒

传统施工管理中，经常会出现因施工现场工作繁多杂乱而造成工作人员遗漏遗忘某些工作，从而引起施工进度滞后等现象。而基于 BIM 的项目管理系统中，配套工作根据各部门职责自动推送给各部门负责人，部门负责人将工作分派给具体执行人。配套工作分派后，被分派人在自己的项目管理系统界面会有自动提醒，做到每个人的工作均自动管理，如图 3-11 所示。解决了施工现场实际工作中个人配套工作处理遗忘遗漏造成的损失，以及各部门间人员协调配合不到位造成的现场进度失控问题。

图 3-11　工作任务提醒

6. 各时段工作面交接管理

为方便现场施工管控，项目部引入工作面管理概念，针对楼层中各个施工区域，进行工作面的划分，如图 3-12 所示。在工作面管理中，可以通过 BIM 系统直观展示现场各个工作面施工进度开展状况，掌握现场实际施工情况，并跟踪具体的工序级施工任务完成情况、配套工作完成情况以及每天各工作面各工种投入的人力情况等。同时，系统支持随时追溯任意时间点工作面的工作情况，也可以查看各工作面对应的配套工作详细信息及完成情况。在各工作面上根据需要显示不同的时间，例如可以显示计划开始时间、计划结束时间、实际开始时间、实际结束时间、偏差时间等，可以直观展现各工作面实际工作情况与计划的对比。工作面管理的实现，为项目上协调各分包单位有效合理的开展施工工作提供了有力的数据支持，实现项目精细化管理。

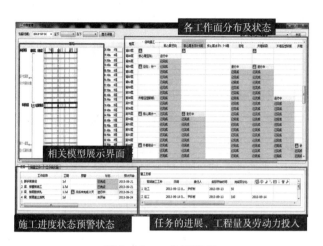

图 3-12　工作面管理

BIM 项目管理系统设置了工作面交接管理台账，针对每一次的工作面交接进行记录，包括工作面名称、交接日期、楼层、专业、交接单位、总包代表、工作面交接质量安全情况等诸多信息。从而做到随时追溯，随时查询，为协调和管理分包的施工工作开展提供有效的数据支持。例如，当二次结构进场准备开展施工工作前，首先要对准备开展工作的工作面与主体结构单位进行交接，明确以后该工作面包括安全防护、建筑垃圾清理在内的工作归属，并签订工作面交接单，总包单位代表见证，将工作面交接单录入 BIM 系统留档，随时可以进行查询追溯工作范围归属，避免造成纠纷，便于分包管理和协调工作，如图 3-13 所示。

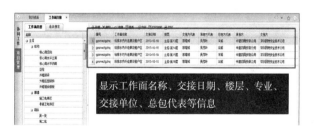

图 3-13　工作面交接管理

3.1.5　图纸管理模块

项目施工管理过程中，均会存在图纸繁多、版本更替频繁、变更频繁等现象，传统的图纸管理难度很大，也经常会因为图纸版本更替或变更信息传递不及时造成现场施工返工、拆改等情况的发生。因此，图纸信息的及时性、准确性、完整性成为项目精细化管理的重中之重。

项目专业众多，每个专业的图纸数量庞大，仅土建和钢结构的图纸就达数千份，图纸管理和查询的难度极大。根据经验，伴随建筑功能的改变，各个专业图纸变更频繁，变更指令、变更咨询单、变更设计图人工很难理清，变更之间的替代关系复杂。此外，钢结构、机电、精装修等专业海量深化图纸的深化、报审、修改、再报审等的工作内容繁重，跟踪工作量大，人为跟踪极为困难。因此，项目通过 BIM 系统中图纸管理模块，实现图纸、变更、深化等内容的实时记录、准确跟踪、定时提醒预警以及灵活快速地查询，保证了现场施工的准确性和实时性。

该项目 BIM 系统图纸管理模块实现图纸与 BIM 模型构件的关联，如图 3-14 所示。可以快速查询指定构件的各专业图纸详细信息，包括不同版本的图纸、图纸修改单、设计变更洽商单、技术咨询单以及答疑文件等等。在与图纸关联后的 BIM 模型中，提醒变更部位及产生的影响，包括变动内容、工程量、是否已施工、配套工作完成进度等，可以更高效准确地完成图纸变更。

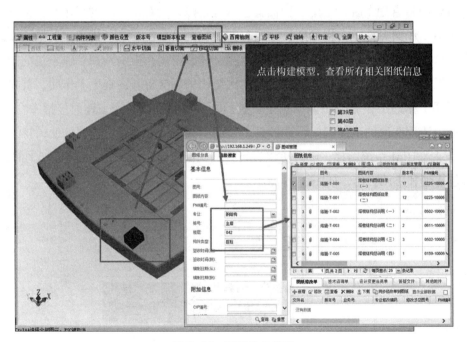

图 3-14　图纸信息关联

同时，针对相关专业的深化图纸还有申报状态的动态跟踪与预警功能。高级检索功能可以在海量的图纸信息中，根据条件快速检索锁定相应图纸及其信息，如图 3-15所示。当传统图纸管理模式下，要查询某一部位的详细做法可能需要同时找到十几张图纸对照查看，至少需要 2 ~ 3 人花费大概 1h 的时间才能完成，而 BIM 系统中的图纸管理模块的应用，只需要在高级检索中输入条件即可查到，支持模糊搜索，与传统模式相比较，大量节约了时间和人力。

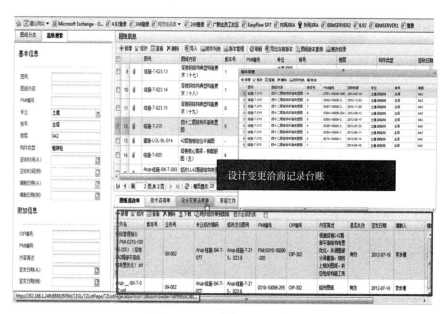

图 3-15　设计变更信息管理

3.1.6　合同与成本管理模块

合约管理的重点是合约规划，合约的规划重点是合同拆分。根据一定的规则进行主合同信息拆分，并对应主合同各项约定（服务内容、工期、造价、质量、风险等）明确各分包工程对应的详细的条项。通过给每个主合同条款附上进度属性，形成详细的按时间分解的分包合约规划框架，并附上总承包方对分包的二次附加要求，便可快速形成各专业的分包合约。由此保证了主合同和分包合同各项条款和风险的对应。通过此种方式，项目首先将主合同风险有效地传递到分包合同中，确保主合同的风险能在分包中对应分解承担，避免人为的疏漏，其次为成本分析服务，实现主合同和分包合同的一致，通过风险项的预警，实现主合同和分包合同的各种预警。

在有了进度及合同分解后，项目形成收支两条线的对应口径的测算。有了实时的工程进度，通过算量软件（工程量）及清单价格信息导入 BIM 平台，如图 3-16 所示。按照项目管理要求进行项目分解、关联进度计划形成完整 5D 模型，利用 BIM 平台的汇总计算功能，项目可以按照不同的维度、不同范围，统计不同项目部位、不同时间段或者根据其他预设属性进行实时工程量统计分析，并且可以将合同收入、预算成本、实际成本等不同成本进行对比分析，实现三算对比，风险预警。

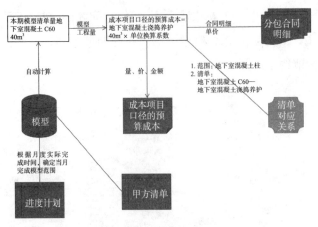

图 3-16　成本信息集成

项目成本分析数据关系流程如图 3-17 所示。从中可看出，这个系统明确了平台中收入、预算成本（如图 3-18 所示），实际成本（如图 3-19 所示）的自动计算方式。

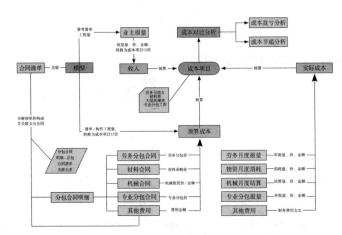

图 3-17　成本分析流程

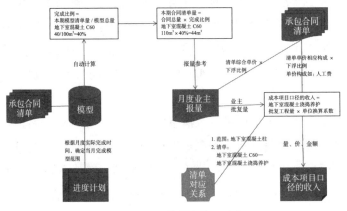

图 3-18　预算成本管理流程

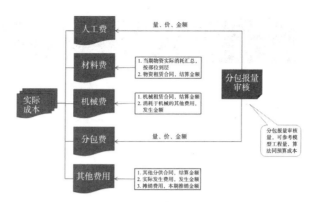

图 3-19 实际成本管理流程

项目可以根据需要随时查看总包合同、各劳务分包合同、专业分包合同以及其他
分供合同信息以及合同内容，便于现场管理及成本控制。BIM 模型可以实现工程量的
自动计算及各维度（包括时间、部位、专业）的工程量汇总。BIM 模型可以与总、分
包合同单价信息关联，关联完成后，在模型中可针对具体构件查看其工程量及对应的总、
分包合同单价和合价信息，如图 3-20 所示。

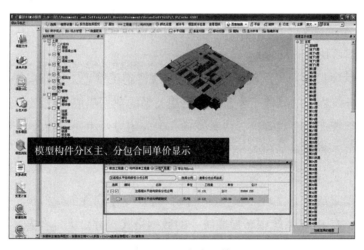

图 3-20 分包合同管理

报量（包括业主报量和分包报量）时，可根据进度计划选择报量的模型范围，自
动计算工程量及报量金额，便于业主报量的金额申请与分包报量的金额审批。总包结
算与各分包结算同样可以在 BIM 系统中完成。另外分包签证、临工登记审核、变更索
偿等功能均可在 BIM 系统中实现。

同时，BIM 项目管理系统中可以自动进行成本核算，自动核算出某期的预算、收
入和支出，实现了预算、收入、支出的三算对比，可以直观通过折线图进行查看成本
对比分析和成本趋势分析，更直观、更准确、更方便，如图 3-21 所示。

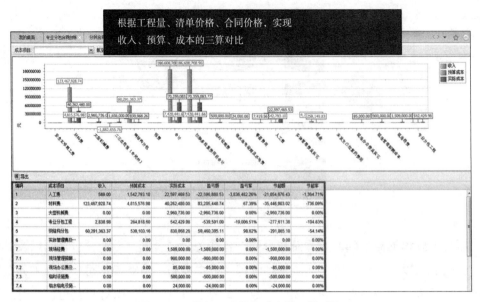

图 3-21　收入、预算和成本的三算对比

3.1.7　BIM 应用总结

通过 BIM 系统应用，该项目达到了以下效果：

1. 海量数据可快速查询提取

实现了海量项目数据集成及快速查询，为项目施工管理工作开展提供便利。项目基于各部门业务流程中的具体工作及数据引用关系的数据集成，在模型应用、综合管理、进度管理、图纸管理、合同管理、成本管理几大应用模块中通过快速查询和提取应用，大幅提高管理工作效率和工程质量。

2. 超大模型显示加载效率高

项目在模型集成方面实现了很大的突破，将各专业软件创建的模型按照编码规则进行重新组合，在 BIM 系统中转换成统一的数据格式，并极大地提升了超大模型显示及加载效率，从而实现了超高层项目大体量 BIM 模型整合应用。

3. 工作面管理掌控施工细节

系统将工作面管理概念成功引入到 BIM 管理系统中，通过 BIM 模型的工作面划分，实现模型按照实际工作区域自动分割，从而在实际施工管理过程中，真正按照相关工作面信息开展工作。与传统 BIM 模型以楼层为单位进行管理相比，工作面概念的引入，使 BIM 模型更加符合实际施工管理的维度，对施工现场的细节做到真正掌控。

4. 项目信息集成和关联运用

无论是项目的进度信息、清单信息、合同条款信息等，作为单一数据流，想要真正做到相互关联，工作量巨大、处理复杂。项目将 BIM 模型作为一个实体的载体，有效地解决了相关问题。项目将海量的工程数据应用到施工管理过程中，实现了进度、工程量、图纸、合同模块的业务打通，实现了 BIM 为施工管理工作服务。

5. 经验知识数据信息化积累

项目 BIM 系统在架构之初，就确立了利用系统进行经验数据积累的工作，因此，该系统针对实体工序工作、配套工作、合同条款、合约规划模板等内容分别设置的专有的数据库，通过项目验证并完善了经验数据，以供后期使用。

3.2 合肥恒大中心 C 地块工程

3.2.1 项目概况

合肥恒大中心 C 地块项目位于合肥市滨湖新区 CBD 核心区，建成后为安徽省最高的地标性建筑。项目是汇集办公、酒店、服务式酒店为主的超大型城市综合体，总建筑面积为 43.5 万 ㎡，其中地上建筑面积为 11.5 万 ㎡，地下建筑面积为 32 万 ㎡。主塔楼主要用于办公、服务式酒店，结构体系为巨型框架—核心筒—外伸臂结构，地上108 层，地下 4 层，建筑总高度为 518m。裙楼主要用于商业和会议，地下室主要作为商业及停车区等，如图 3-22 所示。

图 3-22　合肥恒大中心效果图

作为超大型城市综合体项目，该工程地上部分由塔楼和与之连接的裙楼组成，均包含有钢结构。裙楼部分为框架体系，塔楼部分为框架 + 核心筒结构。塔楼以"竹"为概念，造型独特，构件复杂，外框柱形状（圆形、方形）、形式（钢骨外包混凝土）

及位置随楼层往上不断变化；核心筒内的钢板、钢骨随核心筒截面变化不断改变。施工过程中涉及专业多、参与方多，专业协调复杂、困难。

3.2.2 BIM 应用策划

超高层建筑结构体系复杂，在钢结构施工过程中存在诸多重难点：如钢结构施工与其他专业的施工配合；高空大型构件的安装精度控制；构件尺寸划分与塔式起重机配合；高空厚板焊接；核心筒模架体系与钢结构施工配合；外框与核心筒施工变形补偿；裙房等附属结构整体提升等。

根据施工实际需求，项目引入鲁班 BIM 平台，利用其提供的 BIM 移动端应用，支撑施工现场的质量、安全、进度等方面的管理，并策划了如下 BIM 应用。

（1）复杂钢结构、钢筋节点模拟。解决钢筋密集，主筋、拉钩、箍筋与钢骨连接给钢筋绑扎带来难题。

（2）机电管线综合。基于 BIM 优化机电管线综合布置，减少返工。

（3）幕墙施工深化。利用 BIM 进行幕墙工程的深化设计、碰撞检查，出具施工深化图纸，并利用 BIM 模型信息进行幕墙构件加工管理。

（4）裙楼大堂桁架屋盖方案模拟。主要进行裙楼桁架屋盖的施工拼装模拟。

（5）场地布置。利用 SketchUp 或者 Revit 分阶段进行施工现场场地布置，支撑施工平面堆场转换。

（6）安全管理。通过对施工过程的模拟，找出施工过程中的危险区域、施工空间冲突等安全隐患，提前制定相应安全措施，最大程度上排除安全隐患，保障施工人员的人身财产安全，降低损失概率。

（7）工程量计算。利用 Revit 中"明细表／数量"工具或 Navisworks 中"Quantification"工具，快速、准确、精细地计算并提取工程量，与预算部门进行工程量对比。

3.2.3 复杂钢结构、钢筋节点施工模拟

本项目为超高层建筑，核心筒墙体及外框柱内有劲性钢骨，14 层以下有钢板墙，申臂桁架层有申臂桁架劲性钢骨，这些部位钢筋密集，主筋、拉钩、箍筋与钢骨连接给钢筋绑扎带来很大难度。为此，项目进行了外框钢柱（圆柱）钢筋绑扎模拟，如图 3-23 所示，外框巨柱（方柱）钢筋绑扎模拟，如图 3-24 所示，核心筒钢板墙钢筋板扎节点模拟，如图 3-25 所示，焊接剪力墙暗梁箍筋模拟，如图 3-26 所示，伸臂桁架钢骨的钢筋绑扎节点模拟、多方向牛腿节点的钢筋绑扎模拟、环桁架钢结构模型，以及钢筋桁架楼板、压型钢板与竖向结构连接节点模拟。通过这些模拟，验证出方案的可行性，提升了技术交底的效率和质量。

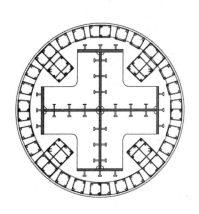
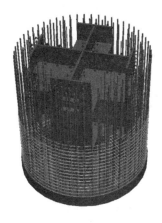

图 3-23　外框巨柱（圆柱）钢筋绑扎模拟

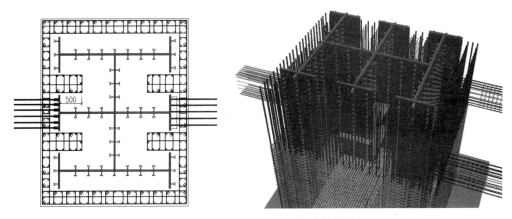

图 3-24　外框钢柱（方柱）钢筋绑扎模拟

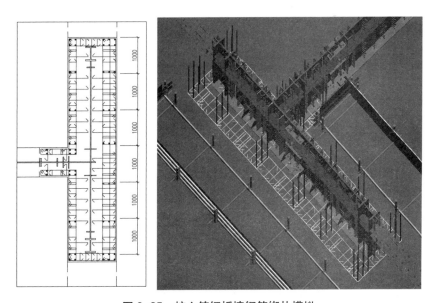

图 3-25　核心筒钢板墙钢筋绑扎模拟

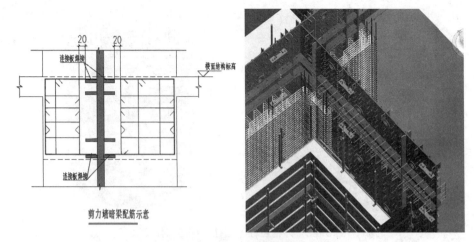

图 3-26　焊接剪力墙暗梁箍筋模拟

　　在主体施工阶段，先施工核心筒竖向结构（部分核心筒内水平结构随顶模系统一同施工），再施工外框钢柱、钢梁，再施工外框楼板，最后施工外框巨柱混凝土。项目建立相应的模型，模拟施工顺序，对全体人员进行技术交底。并利用有限元软件，对主体结构施工阶段的施工工况进行模拟分析，确定核心筒墙体结构能领先外框结构的层数，分析墙体收薄后，在塔式起重机、顶模荷载作用下，主体结构的安全性。

3.2.4　顶模系统的深化设计、加工、安装 BIM 应用

　　项目首先根据设计方案建立顶模系统的 CAD 三维线模型，然后将 CAD 三维线模型导入到 SAP2000 中。在 SAP2000 检查并修改模型，赋予模型尺寸、材质、边界条件及荷载等属性，进行有限元计算，并根据计算结果调整材料尺寸、节点形式和结构形式。根据建立好的 SAP2000 模型，在 Tekla 软件中建立顶模 BIM 模型，模型完成后进行钢结构深化设计，通过审核后出图，如图 3-27 所示。

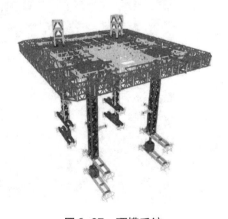

图 3-27　顶摸系统

图 3-28 顶模工作状态模拟

通过模拟,最终将两部塔式起重机放置在顶模钢平台上,随顶升平台顶升一同提升,避免了一些爬升工序,如图 3-28 所示。每台塔式起重机减少爬升 28 次,实现塔机与模架一体化,施工更加快捷。相关方案减少了由于墙体结构内收,造成模架必须进行改造、塔式起重机必须换位安装等问题,实现顶模系统施工一次到顶,减少改造工作量,缩短了工期。

3.2.5 塔式起重机基础、附着钢梁深化设计 BIM 应用

项目吊车系统采用了中昇建机重工有限公司生产的 ZSL2700 型号塔式起重机,钢梁和牛腿及钢板的材料为 Q345,混凝土强度为 C60,钢筋型号为 HRB400。塔式起重机在施工过程中逐渐爬升,在施工过程中使用两部套架附着,与下部套架钢梁通过螺栓固定,与上部套架仅在侧向连接,故下部套架与塔式起重机支撑可以认为是简支,下部套架承受来自塔式起重机的竖向荷载和水平荷载。上部套架只起侧向支撑作用,不承受竖向荷载,仅承受水平荷载。

施工前,项目对 ZSL2700 塔式起重机钢梁、牛腿及剪力墙 20 层以下最不利位置做了受力分析,如图 3-29 所示。

受力验算之后,项目通过 Tekla 软件对模型进行深化,出具三维图纸,如图 3-30 所示,平立面图纸及详图用于构件加工制作,如图 3-31 所示。对塔式起重机的爬升做动态化模拟,用于施工可视化交底,如图 3-32、图 3-33 所示。

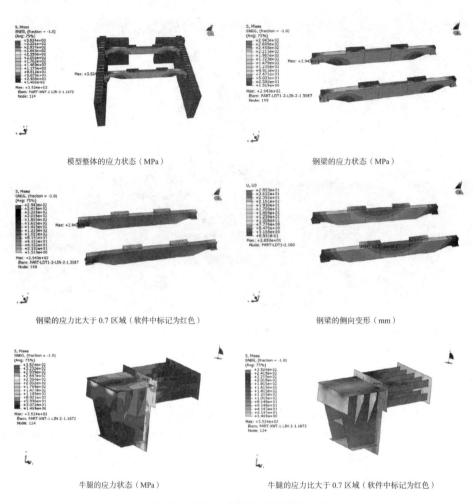

模型整体的应力状态（MPa）　　　　　　　　钢梁的应力状态（MPa）

钢梁的应力比大于 0.7 区域（软件中标记为红色）　　　　钢梁的侧向变形（mm）

牛腿的应力状态（MPa）　　　　牛腿的应力比大于 0.7 区域（软件中标记为红色）

图 3-29　钢梁、牛腿及剪力墙受力分析

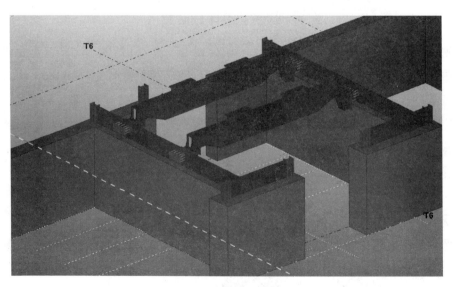

图 3-30　钢梁三维图

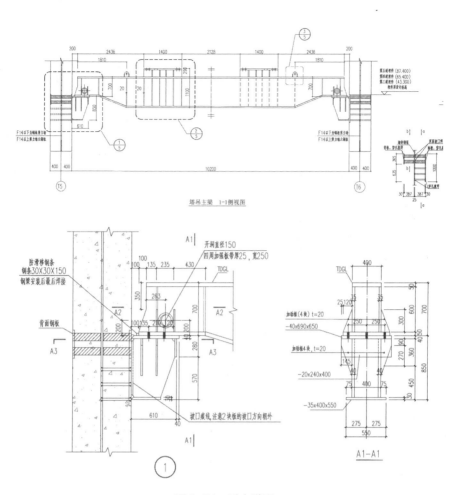

图 3-31　受力详图

图 3-32　塔式起重机爬升过程图

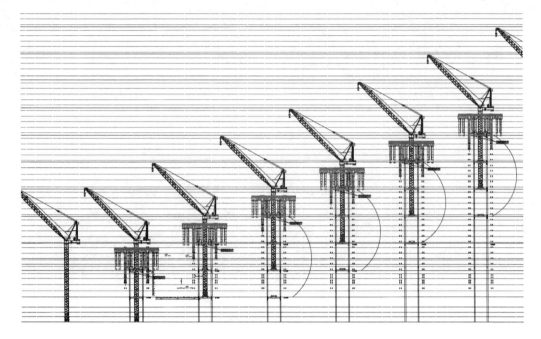

图 3-33　塔式起重机状态演示

从本项目建筑体型考虑，选择内爬式塔式起重机对比传统附着塔式起重机利于施工，经济合理。内爬升塔式起重机吊臂可以做短，不占用建筑外围空间；利用建筑物向上爬升，爬升高度不受限制，塔身也相对较短，整体结构轻、造价低。

3.2.6　BIM 应用总结

在实施过程中，项目依据 BIM 规划，建立了包含建筑、结构、机电、幕墙等专业的完整初始 BIM 模型，通过碰撞检查，分期指导、协调总分包单位的深化设计和优化，有效指导了施工现场应用。在应用过程中，项目也积极总结经验教训，在平台使用及控制上有明显的不足，各部门工作链衔接不够紧密，仍然存在大量的重复工作。

3.3　吉隆坡 Exchange 106 交易塔（原称标志塔）项目

3.3.1　项目概况

吉隆坡 Exchange 106 交易塔（原称标志塔）项目位于马来西亚首都吉隆坡市 TRX 国际金融中心，与马来西亚国家地标双子塔、电视塔遥相呼应，如图 3-34 所示。项目属于超高层办公楼，建筑高度 452m，总建筑面积 38 万 m^2，总占地面积 1.38 万 m^2，地下 4 层，地上 98 层，于 2016 年 4 月 2 日动工，2018 年 12 月 14 日竣工，用时 986 天。

图 3-34　吉隆坡 Exchange 106 交易塔（原称标志塔）项目效果图

该工程的主要重难点在于：

（1）项目采用总承包管理模式，设计与施工穿插紧密，边出图、边深化、边施工。图纸变更多，设计管理难度大。

（2）项目大量使用钢结构，节点深化设计工程量大。同时主要钢构件由中方生产，跨国运输带来的物料管理难度大。

（3）项目参与方众多，来自于不同国家，信息的有效沟通及现场协调管理难度大。

（4）项目合同要求 31 个月竣工交付，施工进度要求极其严格，主体结构、幕墙、机电、装饰等工序需要紧密穿插，图纸深化和现场协同难度大。

3.3.2　BIM 应用策划

本项目所面临的主要问题集中于：设计协同和总承包管理协同两大方面，BIM 应用需求如表 3-1 所示。

吉隆坡 Exchange 106（标志塔）项目 BIM 应用需求　　　　　　　　　表 3-1

编号	主要问题	具体表现	BIM 应用需求
1	设计协同	边设计、边施工，钢结构设计及施工时间紧、任务重	需将设计、深化、出图和数控加工集成化
2		幕墙、机电、装饰等专业图纸设计各自为战，存在大量冲突、碰撞	需要进行设计协同，深化出图，解决冲突问题
3	总承包管理协同	"全球采购"战略下跨国物料运输难度大，对工期影响显著	需要集物料追踪、进度管理为一体的管理手段
4		项目参与方众多，语言沟通困难，技术交底及现场施工管理难度大	应推行三维可视化交底并将交底落实到施工现场
5		工期紧、任务重，主体结构与各专业施工紧密穿插，施工组织难度大	需要借助虚拟手段反复比选，优化施工组织部署
6		设计变更带来了大量的图纸变更，图纸下发和图纸管理难度大	需要确保新图纸及时下发到现场，避免旧图施工

针对上述 BIM 应用要求，项目部在设计协同和总承包管理协同上双线并进。一方面，项目基于 BIM 建模软件（Revit 及 Tekla）大力推行设计协同，将各专业的 BIM 模型合并在一起进行深化设计，预先识别并解决各类冲突问题，实现施工"零意外"，直接出图并将模型文件导入数控机床进行施工。另一方面，建立了基于 BIM 技术的总承包管理协同平台，实现设计图纸及时更新、现场问题实时反馈、BIM 模型信息共享、每日施工任务安排、跨国钢结构物流追踪、进度计划分析等多角度的管理应用。

3.3.3　基于 Tekla 的钢结构综合运用

本项目通过 Tekla 进行钢结构 BIM 建模，利用 Tekla 自带的组件库，快速地对钢结构节点进行深化设计，对焊缝、螺栓等进行精确建模。项目进场伊始，钢结构设计单位就将 LOD400 精度的 Tekla 模型移交给我方。施工过程中的设计深化及变更全部在模型中直接进行，在模型中变更，通过模型验算，由模型导出图纸，真正做到"从模型中来，到模型中去"。

项目部深化建模过程中，要求建模尺寸精确，焊缝、螺栓建模严格遵循设计意图，杜绝 CAD 图纸二次加工，整体建模精度以 LOD400 级别进行控制。项目部以 IFC 文件为中转格式，将 Tekla 建模信息输入到 Revit 当中。此过程对电脑性能要求较高，项目部为此配置了一台工作站专门承担数据传输任务，同时这台工作站也是虚拟建造和其他综合运用的主要执行终端。

因钢结构建模及深化的工作量较大，且内容琐碎，细微变更较多，为此，项目部设有专职钢结构 BIM 工程师 2 人，主要负责工程量大且集中的模型深化和基于 Tekla 的力学分析验算工作。同时，要求其余钢结构技术人员全员掌握 Tekla 软件基本操作，共享模型，一人更新，全员同步，有效地避免了变更遗漏和模型反复传递的问题。

同时，对于桁架层钢结构施工、塔冠钢结构施工等施工重难点，项目部综合运用 Tekla、MIDAS、Naviswork 等软件在模型碰撞、力学分析、施工组织等多个方面输出成果，形成技术方案和三维可视化交底文件，指导现场施工。

在海外项目中，由于各方语言不同，沟通是一个巨大的问题，所属地劳务分包作业人员往往没有较好的国际语言交流能力，且专业术语的翻译往往具有一定的地方特色用法，很难实现翻译的"信达雅"，所以传统的二维交底理解容易在传达中出现谬误。而三维可视化交底很好地解决了这一点。

通过钢结构 BIM 精细化建模的运用，项目部在图纸深化设计工作中节省了大量的时间，从而让技术人员可以将更多的精力投入总承包管理，提高现场施工质量，与传统方法对比如表 3-2 所示。

与传统方法比对　　　　　　　　　　　　　　　　　　　　　　表 3-2

BIM 建模深化	传统深化
可直接从 BIM 模型自动化出图，无错漏，节省大量人力	手动绘制同一构件的不同视图，存在人工错漏风险，大量占用精力
设计变更容易，图纸更新无错漏，还可借助软件直接进行验算	设计变更需要反复调整图纸，极容易出现疏忽和错漏，计算需单独建模
可以直接利用模型进行建造模拟，指导现场施工。三维可视化交底简洁明了，结合图片乃至动画阐述的交底方式不容易在理解上产生谬误	传统图纸建造模拟难度大，且表现能力差，二维图纸交底要求被交底人员有工程制图基础，门槛较高。且文字交底在翻译上有"信达雅"的问题

综上，一切技术手段本质都是为现场服务，基于 BIM 技术的钢结构设计与施工是一种"对现场作业人员要求低，对后台技术人员要求高"的方式，有利于交底工作的开展。另一方面，项目部基于 BIM 模型，在桁架层施工时，进行了设计优化和建造模拟，结合塔式起重机吊重性能进行钢结构构件分段优选，规划出详细的吊装、拼装顺序，充分利用吊重性能，减少施工用时。

在塔冠施工阶段，项目提前对钢结构材料提出了优化，从英标钢材对接到中国国标钢材，并相应地进行了设计调整和验算，使得备料时间由两个月缩短到一个月，为完美履约保驾护航。

3.3.4 虚拟建造综合 BIM 应用

本项目通过 Revit 进行混凝土结构 BIM 建模，快速地对现场临设、施工机械、爬模等进行建模和动画模拟，将不同专业的模型全部整合在一起，结合 Naviswork 软件进行施工工序模拟及动画制作、进行各类构件冲突碰撞检查等。项目进场伊始，就组织 BIM 工程师以 LOD300 精度进行快速建模，随后在日常工作中逐层逐步深化设计，将精度提升到 LOD400，同时将施工缝等信息添加到模型中以便于进度管控需求。施工过程中的碰撞检查、设计优化、洞口变更调整和局部临时封堵措施等全部于模型中绘制，在模型中变更，通过模型出图，利用模型进行可视化交底。

项目部深化建模过程中，要求局部混凝土特殊做法必须包括配筋建模，并严格遵循设计意图，杜绝 CAD 图纸二次加工和手绘钢筋图，整体建模精度以 LOD400 级别进行控制。

项目在土建建模中，采取"两步走"的方法，侧重于日常深化和维护工作，工作量分布得比较均匀，集中大批量建模作业情况较少。为此，项目部设有专职土建 BIM 工程师 1 人，主要负责工程量大且集中的冲突分析，以及 BIM 协同云平台后台数据整理。遇到重大工序需要工况模拟时，向企业 BIM 工作室申请技术支持，共同协作。对于其他的现场平面布置 BIM 模型制作等，由项目部 BIM 专员完成，其他土建技术工程师配合开展工作。

同时，对于爬模与塔式起重机爬升工序模拟、垂直运输吊篮交底动画、桁架层预埋件与钢筋绑扎工序模拟等关键环节，项目部综合运用 Revit、3dmax、Naviswork 等软件，在模型碰撞、是否有爬升预埋件碰到洞口、关键工序动画示意等方面输出成果，形成技术方案和三维可视化交底文件，指导现场施工。

项目引入了三维激光扫描仪，对钢结构和混凝土核心筒施工位置偏差进行了扫描，得到的点云数据通过 SCENE 软件生成模型后，导入 Revit 和设计模型直接进行比对，得到精准的偏差示意染色图，帮助项目严控浇筑和安装质量，及时对挠屈、变形异常区域进行监控，严格把控施工质量。

通过 BIM 技术在虚拟建造方面的运用，项目部在施工部署、施工组织和施工方案编写工作中节省了大量的时间，并以三维可视化交底的方式确保了方案意图可以准确无误的传达给劳务分包，从而提高现场施工质量，与传统方法对比如表 3-3 所示。

与传统方法比对　　　　　　　　　　　　　　　　表 3-3

BIM 建模可视化分析与交底	传统平面分析与交底
建模结果更直观，一个模型可以从多个视角进行观察，意图传达更精确	在平面图上绘制时，同一工况往往需要多个平面图描述，工程量极大
工序调整容易，尝试成本极低，最终方案直观输出成图纸和渲染效果图	每一次调整都意味着从头把所有工况全部修改一遍，工作量大易疏漏
可以直接以动画方式交底，不容易在理解上产生谬误	识图要求工程制图相关知识，交底很难贯彻落实到真正的一线操作层
设置判定条件即可直接利用软件检查冲突和碰撞，准确无遗漏。可以随时转动模型多角度观察碰撞情况	绘图完毕后，仍然依赖于人工分析。极易出现错漏，并对空间层面上的整体状态缺乏把握
得益于 Revit 的兼容性，可以很好地与其他 BIM 设备结合起来，如 bim-VR，三维扫描等，可以多层次地全面运用高科技工具服务项目	越复杂的运用点，对技术人员工程制图水平的要求越高，且表述时越容易产生误解，完全无法兼容一些新设备、新技术、新方法、新应用点

施工部署、施工组织、施工技术交底本质上都将面向一线操作层，只有将信息真正传达到了一线的劳务作业人员，才是真正的成功。通过 BIM 技术的运用，项目能够以更加形象的方式、跨域语言障碍对现场进行交底和施工指引。

通过 BIM 技术，项目模拟了外附式塔式起重机和爬模爬升的交叉作业流程，制作了相应的动画，以直观的方式对塔式起重机爬升的操作方法进行交底。并将这两者紧密穿插起来，形成流水作业，确保了"平均 3 天一层，最快 2 天一层"这个中国速度在国外的实现。同时还对洞口临边危险源、钢筋和预埋件碰撞、塔式起重机与爬模所用预埋件与洞口碰撞情况等，进行了建模分析，提前了预先施工临时封堵措施。

3.3.5　基于云端的总承包管理 BIM 应用

项目基于 EBIM 译筑软件搭建了一个基于云端的 BIM 协同平台，支撑总承包管理 BIM 综合应用。此平台通过 Revit 插件将模型数据从 Revit 中导入平台进行处理，钢结构等其他专业模型先导入 Revit，然后导入管理平台。

项目部架设一台专用服务器，所有输出的模型、数据成果等全部在服务器上完成，然后将成果传输到手机、平板电脑、个人电脑客户端等前台供管理人员使用。数据的处理压力全部由服务器承担，个人用户端仅用于显示，数据由网络进行传输。同时，将模型和其他资料、数据导入系统均由土建方面配置的工作站一并承担，工作站和服务器在同一个局域网内依靠内网传输。

在图纸信息集成方面,项目将每个构件所对应的图纸与模型绑定起来,在移动端(如手机)点击构件,就能看到其绑定的图纸。同时,将某个区域或楼层的图纸由二维码标识,打印后在现场张贴,管理人员扫码即可直接查阅相关图纸和文件。

在进度管理方面，项目 BIM 团队将进度计划上传到服务器中，把任务与 Revit 模型中对应的构件关联起来，系统自动生成项目的施工进度模拟动画（类似 Naviswork 的 Timeliner 功能），并可查看具体到天的施工进度情况。同时，项目将进度任务推送给对应的责任工程师，责任工程师每日打开手机就可查看到当日施工任务和指定的区域，并通过点选模型查看相关图纸。施工过程中，责任工程师需及时上报施工进度，必要时拍照配图说明。系统自动记录开始和完成时间，与进度计划进行比对并生成报告，并就提前、按时、滞后完成等不同工况的构件染上不同颜色，直观展现项目进度完成情况，帮助项目深化进度管控工作。

在物料追踪方面，项目的钢结构构件主要采购自国内，基于 BIM 协同平台，给钢结构构件赋予一一对应的二维码，在构件出厂时粘贴在构件上，工人在出厂、过海关、转运、吊装等不同阶段扫描二维码，就能更新构件的状态。同时，不同阶段的构件在模型中显示成不同的颜色，通过模型的颜色就可以直观地了解到施工的进度，实现了钢结构施工的全过程追踪。

基于 EBIM 平台，项目将现场林林总总的各项内业工作整合到一个平台中，并把现场反馈的数据按照不同的要求，分门别类的归纳到不同的部分里去，在每日工作计划分配、图纸变更、现场施工情况追踪、进度计划数据统计反馈、进度自动化对比分析、跨国物流及现场施工进度追踪等方面实现了突破，有效地减少了重复工作量，显著地提升了管理效率，与传统方式的对比如表 3-4 所示。

与传统方法比对 表 3-4

基于 BIM 协同平台的总承包管理	传统总承包管理
所有的图纸、交底、相关资料文件都可以在平台中与构件绑定，作业人员仅需借助移动电子设备就能轻松的查阅到各种资料，省时省力	需要携带大量的纸质版图纸，且由于打印技术的限制，会存在线条偏差，局部不清等诸多问题，影响到现场施工质量的控制
所有的图纸一旦更新后，可以直接在后台同步替换掉系统中的图纸，当现场作业人员再次点击图纸，将自动删除老图并下载新图，这一过程确保了设计图纸变更和现场的同步，有效避免了现场使用旧图进行施工	一旦某些重大设计节点涉及了多次变更，则此时劳务人员手上的图纸就会五花八门，即便反复强调废弃原图也经常会得不到真正的贯彻执行。容易导致返工，即便处罚分包，也已经对工程进度等产生了影响
现场发现问题后可以直接拍照推送相关责任人进行提醒，项目部要求所有问题必须以照片形式闭合，整个来往流程将被系统记录，后期通过软件端以项目自定义的 word 模板批量导出，责任问题可以被准确追溯	现场问题发现后只能依赖于聊天工具进行沟通，问题是否得到整改往往石沉大海，同时资料的留底无法在现场完成，需要回到办公室进行笔录，给管理人员带来了更多工作量
现场工程师可以随时对模型中构件的完成百分比进行更新，系统会自动记录开始时间和最终完成时间，与进度计划比对，然后以不同的颜色表示构件，形成形象进度对比示意图，工程进度直观明了	不同区域的进度完成情况需要现场报给进度负责人进行统计，无效工作量大且结果不直观，如果需要制作形象进度图，则需要另外单独制作，费时费工，效率低下

基于 BIM 协同平台的总承包管理	传统总承包管理
给预制构件定义物流状态，通过构件唯一的二维码，实现从出厂就开始的物流追踪。覆盖运输、到场、安装全过程。在软件上选择物料追踪功能，处于不同物流信息状态的预制构件将以自定义的颜色表现出来。通过协同平台观察模型，则可以直观地看到哪些构件已经到达现场，他们全部安装后将是什么情况	依赖于传统人工统计，对物料到场情况掌握需要反复查表、更新台账，且对到场的预制构件数量没有一个直观的概念，容易发生物料不能按时到场，早到侵占场地、增加二次搬运费，晚到延误工期、发生质量问题的情况

3.3.6　BIM 应用总结

本项目中，主要围绕着 Revit 和 Tekla 两款建模软件开展了 BIM 工作，并结合 BIM 协同平台对总承包管理进行了一定的探索。事实证明，BIM 技术确实可以在日常工作中帮助管理人员实现"减负"。

但在 Tekla 与 Revit 之间数据交换方面也遇到困难。Tekla 数据通过 IFC 格式文件进行信息整合时，具体构件的重量、材性、编号等信息只能以文字备注的方式存在，无法被 Revit 利用，这也导致整合后的模型只能进行最基本的综合运用，无法进行深化设计。

另外，项目部认为，由于现场的运用需求往往具有突发性、时效性的特点，现阶段一个常备的专职 BIM 团队更适合由企业层面进行组建，对不同项目在开工伊始、重大节点、评优报奖阶段进行支持，并定时对项目工作开展情况进行检查。而项目部则应要求全体管理人员都能掌握基本的软件使用方法，根据项目部实际情况配置少量的专职 BIM 人员"画龙点睛"，通过这样的人力配置，实现成本和效益平衡的最优化。

3.4　天津周大福金融中心工程

3.4.1　项目概况

天津周大福金融中心工程位于天津市滨海新区核心地段，占地面积 2.8 万 m²，总建筑面积 39 万 m²，集 K11 精品商业、国际标准甲级写字楼、高端酒店式公寓及超五星酒店于一体，总投资约 48 亿，是截至本书定稿前香港在津投资金额最大的单体项目。塔楼地上 100 层（不含夹层），建筑高度 530m，是天津滨海第一、中国第六、世界第九高楼（按已施工高度），不仅建筑造型新颖独特，而且广泛融入可持续设计理念，落成后将成为天津国际化地标建筑群中的重要组成部分，对于天津滨海地区商务集聚效应的提升和促进京津冀协同发展具有重大战略意义。项目的效果图如图 3-35 所示。

图 3-35　天津周大福金融中心工程效果图

天津周大福金融中心工程的特点与难点如表 3-5 所示。

天津周大福金融中心工程的特点与难点分析表　　　　　　　　　　　　表 3-5

序号	工程特点	工程难点
1	超高、超深、超厚	垂直运输、消防及疏散、风载影响、安全防控、地下水控制、施工质量
2	造型独特，结构转换多变	复杂节点的深化设计及制作、施工方案优选
3	业态多，机电系统复杂，管线密集	机电管线综合、交叉预留预埋、材料及精装效果比选
4	参与方多，分布各地，协调工作面广、量大	确保海量信息的高效传递和共享
5	体量庞大，节点工期紧	成本合约管控、工期履约风险管控
6	地处闹市区，场地狭小	场地的精准规划、物料追踪与管理
7	LOD500 精度模型交付	全专业多维信息 BIM 模型的搭建、动态更新和维护

3.4.2　BIM 应用策划

该项目 BIM 应用的总体目标有两点：一是通过 BIM 技术创新管理方法、提高管理效率、实现 BIM 技术与超高层建造技术的深度融合以解决相关技术难题。二是以项目为载体进行 BIM 技术的研究和实践工作，期望取得一定的成果，助力国家和企业 BIM 技术的发展和进步。

1. 一般 BIM 应用需求

根据工程合同要求，项目的 BIM 应用需求可分为表 3-6 中的 7 个阶段。

天津周大福金融中心工程 BIM 应用需求分析表　　　　表 3-6

序号	实施阶段	应用需求	提交成果
1	BIM 建模及模型更新	按业主提供的施工图建立全专业 BIM 模型，作为后续 BIM 服务的基础模型	BIM 模型、各阶段更新模型、碰撞报告、图纸会审
2	深化设计 BIM 集成	1. 在施工深化设计阶段，由承包商建立幕墙、钢结构、机电等专业深化设计 BIM 模型，并对这些深化设计内容在 BIM 中并进行复核，查找碰撞等冲突问题。2. 各承包商将根据调整后的深化设计方案，并在得到业主确认后，在 BIM 模型中做同步更新，以保证 BIM 模型正式反应深化设计方案调整的结果	经过 BIM 模型复核的深化设计，图纸及 BIM 模型
3	施工进度模拟	通过 BIM 模型的搭建，并结合 Project 等的进度计划软件，通过 BIM 直观表现施工进度的计划和形象追踪，为优化施工进度计划提供三维可视化交流的工具	对各种进度计划的模拟展示
4	施工重点、难点模拟	在施工阶段，对施工重点、难点的多种实施方案进行模拟，用以分析、推敲、判断、决策，以选择最佳施工方案	对施工重点、难点的模拟展示，以模型方式三维直观方式对施工重点、难点加深理解，加强质量控制
5	全程可视化交流	将 BIM 模型用于工程各类交流中，如工程例会、专业技术会议上直观表现，比传统二维图纸更加准确、易于观察理解、便于交流	对所需模拟部位的 BIM 模型展示
6	全程变更 BIM 模型复核	1. 将变更输入到 BIM 模型，采用 BIM 技术进行复核，进行相关专业碰撞检查，以保证变更设计与原设计能合理结合，并将影响降至最低。2. 在变更设计得到业主最终确认后，在 BIM 模型做同步更新，进而辅助施工管理	复核完成的模型、相应的碰撞检查报告和优化建议报告
7	竣工模型 BIM 交付	通过在施工过程中不断对 BIM 模型的内容和深度进行进一步细化，使其与最终竣工的工程实体一致，完成一个完整、直观的三维 BIM 模型。这一竣工模型内还可以包括重要设备的厂家信息和各类技术参数信息	向业主移交竣工 BIM 模型

2. 重点应用需求

在满足合同一般需求的基础上，项目结合工程特点和难点，以及企业 BIM 技术研究和实践背景下，制定了如下几点 BIM 重点应用需求：

（1）利用 BIM 技术和 BIM 技术与其他技术的集成应用辅助超高层建造，解决相关技术问题，实现 BIM 技术和超高层建造技术的深度融合。

（2）探索基于 BIM 技术的项目管理方法，使项目各参与方在同一平台上实现高效协同工作。

（3）研究全专业、多维度 BIM 模型的搭建、动态更新和维护方法，为 LOD500 竣工模型交付和后期运维工作奠定数据基础。

3. BIM 应用思路

（1）"三全" BIM 应用理念

项目推行和围绕"全员"、"全专业"、"全过程"的"三全 BIM 应用"思路，采取"总包主导，统筹分包，辐射相关方"的 BIM 应用模式，从模型精度和应用维度两方面进行同步发展，实现项目全生命周期的 BIM 应用，如图 3-36 所示。

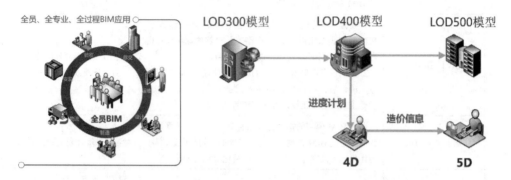

图 3-36　天津周大福金融中心工程 BIM 应用总体思路

"全员" BIM 应用：在项目 BIM 实施过程中，通过项目领导层的带头推动以及建立培训考核制度，从最开始配置专职 BIM 人员通过"以点带面"的方式带动整个项目的 BIM 应用，到后来每个管理人员都能够利用 BIM 技术开展工作，BIM 人员和技术人员已经没有区分，促使双重配置的架构取消，实现了项目管理和 BIM 技术的集成融合。

"全专业" BIM 应用：由于港资合同的特殊性，设计图纸近似扩初图纸，总包方在项目管理过程中扮演了半个设计院的角色，面对如此庞大而复杂的工程，通过运用 BIM 技术使总包方、设计顾问和专业分包在同一平台上进行设计协同，快速有效地沟通解决图纸碰撞问题，显著深化设计工作效率。另外，通过基于 BIM 技术的协同深化，在保证了工程施工进度和质量的同时，为工程创优工作提供有力的支持。这虽然是最基本的应用点，但却是实施效果最好，收益最高的应用点。

"全过程" BIM 应用：项目的 BIM 应用贯穿于项目始终，每个阶段各个环节均有相应的 BIM 需求。项目人员流动较大，通过全过程的 BIM 应用，保证信息传递的连续性，做到有效地防止信息丢失，为后续工程结算、审计、归档和运维创造良好的数据基础。

（2）"由点及面"的 BIM 综合应用

在项目实施过程中，既进行利用 BIM 技术解决项目技术问题的点式应用，如基于 BIM 技术的全专业深化设计、碰撞检查、4D 工期、方案模拟等，也实现了 BIM 与其他技术相结合的集成应用，如参数化建模、BIM 与数控加工、三维激光扫描仪、放线机器人和 VR 技术等，最终实现基于 BIM 的协同管理平台的研发和应用，将 BIM 模型与管理相关联，实现从点式应用向面式应用的全面提升。

4. BIM 应用项

将 BIM 应用项分为三级，一级应用项为常规成熟应用内容，易于实现；二级应用项为需要进行一定的探索和费用投入才能实现；三级应用项工作内容较多，需要较大的费用投入才可实现。如表 3-7 所示。

天津周大福金融中心工程 BIM 应用项筛选表

表 3-7

目标	序号	名称	具体内容
一级目标	1	施工现场平面规划与动态管理	依照施工场地的布设方案建模，对实际施工过程中的施工路径、大型设施、材料堆放、人员安全通行、防火设施布置等进行仿真模拟，为施工组织设计提供优化依据
	2	施工范围与工作界面划分	施工区段划分、工作面的划分
	3	深化设计及碰撞检测	基于施工图模型内的所有内容，进行碰撞检测服务，通过三维方式发现图纸中的错、漏、碰、缺与专业间的冲突。从而预检施工过程中可能出现的问题，提前解决，避免工期延误或返工。另也可定位土建结构预留洞
	4	材料统计	大宗材料统计，控制材料计划
			工程量统计，控制施工进度
	5	4D 施工进度模拟	使用 4D 软件进行施工计划仿真模拟，4D 仿真以其直观可视化特性揭露施工过程中施工空间、设施、资源之间可能存在的冲突和不足，以利施工计划的改进，可显著提高计划的可实施性
	6	重、难点部位施工方案模拟与流程优化	对工程重难点部位，依托模型进行虚拟现实施工，即通过预拼装、预施工可以提前发现实际施工过程中可能出现的问题或质量安全隐患，在施工方案阶段就得以优化
	7	节点深化	对关键节点部位深化
			节点钢筋布置大样图（建筑构件节点的实现流程）
	8	技术交底	对施工现场进行技术交底时用三维模型形式代替 CAD 图纸
	9	施工图，大样图出图	出具施工图纸，深化节点大样详图
	10	管线综合	对复杂空间，由机电分包单位根据施工图及施工图模型，进行机电管线综合，完成管道综合图和结构留洞图报设计单位审核
	11	模型更新与维护	依据已签认的设计变更、洽商类文件和图纸，对施工图模型进行同步更新，同时负责根据工程的实际进展，完善模型中在施工模型中尚未精确完善的信息，以保证模型的最新状态与最新的设计文件和施工的实际情况一致
	12	设计变更模型绘制	依据业主拟变更方案，建立 BIM 模型，协助业主和设计展示调整后结果，并测算相程量的变化
二级目标	13	成本管理	包括对 BIM 工作所带来的非实物的价值资产，如效率提高、避免错误、减少浪费、确保工期等，进行定性或定量的评价
	14	竣工模型交付	将最初的 3D 设计模型、专业深化设计模型及过程中的设计变更、进度、造价信息进行模型集成及补充，形成信息涵盖全、能反应工程建造最终状态的竣工模型
	15	物料追踪应用	RFID、二维码技术的应用
	16	预制装配式建筑构件的施工管理	非常规构件（如桥台、箱梁构件）预制、钢结构构件预制、管道构件预制加工等

目标	序号	名称	具体内容
三级目标	17	三维激光扫描结合 BIM 技术现场质量控制	购置专业设备进行全景扫描，与 BIM 模型进行契合度实验，从而验证工程质量
	18	基于 BIM 的协同管理平台应用	研发或购买 BIM 协同管理平台，使工程各参建方在同一平台中进行高效协同工作

5. BIM 应用组织及职责分工

BIM 系统组织架构由 4 个层级组成：项目总工、BIM 小组负责人、BIM 各专业成员、专业分包 BIM 责任工程师，并有企业 BIM 工作站和 Autodesk 外部技术支持；BIM 工作由项目总工全权管理，BIM 小组负责人带领各专业工程师和分包工程师共同完成 BIM 成果，如图 3-37 所示。

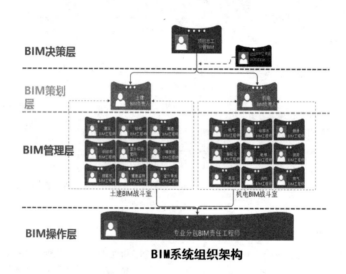

图 3-37　天津周大福金融中心工程 BIM 应用组织架构

3.4.3　基于 BIM 的数字化加工技术

在该工程钢结构、机电和幕墙等专业中，均存在大量的异性复杂构件，这些构架对加工精度的要求标准极高。项目在进行复杂构件深化设计构成中，利用 BIM 技术建立达到加工精度的 BIM 模型，然后根据模型进行精确放样出图，并将模型数据输入到数控加工系统中，实现 BIM 技术与数字化加工技术的结合，保证了异形复杂构架的精确放样和加工精度。

1. 复杂钢结构构件的精确放样与下料

工程其弯扭型构件主要分布于 F17 ~ F21、F28 ~ F36、F45 ~ F47 楼层，单节有 8 根交叉扭曲柱，作为整体结构的受力杆件，由 4 个直径不同的钢管柱汇交于一点，形成的空间扭曲结构，其中 F45 ～ F47 最大扭曲角度超过 90°。随着结构高度的增加，其截面形式也在不断变化，柱体是由 $\phi 1800 \times 40$ 和 $\phi 1200 \times 40$ 两个近似半圆形的弧形连接体和两块过渡钢板连接形成的扭曲空间结构，内设隔板、插板、T 形纵向加劲肋。钢柱截面形状及零件组成如图 3-38 所示。

图 3-38　弯扭汇交圆管柱截面及零件组成

组成弯扭型构件的零部件扭曲多变、位置复杂，使用传统的数控排版办法，钢材损耗较大，利用率相对较低。因此，在深化过程中，项目研究使用基于 BIM 的钢板模拟下料技术，指导钢板下料。对于扭曲的弧形零件，通过 BIM 软件放样生成实体模型，优化板块分割，得到多个控制点的精确空间坐标，从而在计算机上精确排版，大幅提高了下料效率和精准度，降低了弯扭构件下料过程中材料的损耗。BIM 模拟示意如图 3-39 所示。

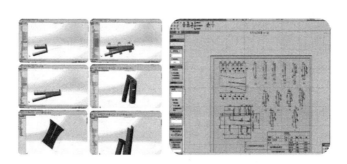

图 3-39　应用 BIM 软件模拟指导下料

2. 复杂幕墙单元板块基于 BIM 模型的数控加工

工程幕墙造型复杂多变，单元体多为渐变几何形体，幕墙系统多达 13 个，板块类型众多：共有玻璃单元板 12230 块，单元规格 3181 种。V 型金属单元板 920 块，单元规格 230 种。且现场安装队板块的加工精度要求高，板块深化设计和加工难度大。

项目采用 BIM 软件进行单元板块的深化设计，并利用 ProE 三维设计软件将模型精度深化到加工级别，如图 3-40、图 3-41 所示。

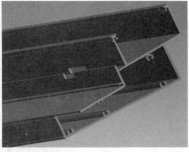

图 3-40　立柱、横梁三维模型

图 3-41　单元体整体三维模型

　　将导出的三维模型输入到 CAM（Computer Aided Manufacturing，计算机辅助制造）加工系统中，系统直接读取模型数据，拾取加工特征，显著提高了编程效率、设备加工效率和加工精确度。

　　CAM 系统应用过程：利用 CAM 系统读取三维模型，如图 3-42 所示；CAM 系统自动拾取加工特征，如图 3-43 所示；CAM 系统加工模拟，解决碰撞，如图 3-44 所示。

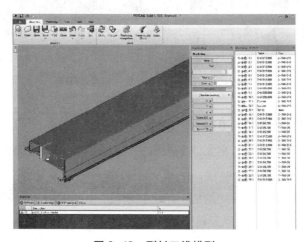

图 3-42　型材三维模型

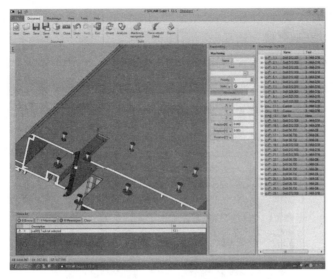

图 3-43　自动拾取加工特征

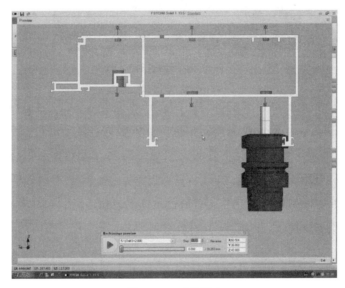

图 3-44　碰撞检查

3.4.4　BIM 与三维激光扫描仪、Robot 全站仪的集成应用

1.BIM 与三维激光扫描仪的集成应用

工程塔楼外框钢柱的深化设计和加工为一大难点，其截面形式复杂多变，多次在圆形、箱形、组合形截面之间相互转换，对钢构件的制造安装精度提出了极高的要求。对于异形复杂的空间钢结构精度的检验，尚大多停留在人工检测的阶段，传统的人工检测方法不仅效率低下而且精度较低，有时甚至无法做出准确有效的评定。

项目利用三维激光扫描技术可逆向建模的技术特点（构件实体转化为数据模型），

将其与 BIM 模型进行结合，应用于复杂空间钢结构制作安装检测工作中，以实现异形复杂钢结构制作安装精度快速精准检测的目的。

外业扫描：外业扫描工作选定在构件加工车间，通过布置多个标靶对已经加工成型的构件进行现场实地扫描，如图 3-45 所示。外业扫描过程因为一次扫描无法将整个构件完整的扫描出来，因此需要通过从不同的角度转站，不同站扫描的数据通过标靶球来定位用于后期拼接，最终获得构件每一个面的数据。

图 3-45　外业扫描

内业处理：将外业扫描得来的各测站的点云数据导入 SCENE 软件，通过标记标靶球的方式进行拼接，得到一个完整的构件的点云数据，然后通过裁剪，删除所扫描构件周围的车间环境与构件自身之外的支架等结构的点云数据，最终只筛选出构件本身的点云数据，点云数据筛选完成后将构件的点云数据导入到分析软件 Geomagic Qualify 中，与 BIM 模型对位重合并比对进行具体的分析。

首先进行的是 3D 比较，以此来对构件的加工尺寸偏差有个整体的了解，如图 3-46 所示。

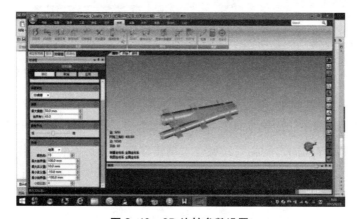

图 3-46　3D 比较参数设置

设置中可以选择用不同的颜色来表示不同的偏差范围，以及每种颜色段所代表的偏差范围，比较计算完成后就可以在图形中用不同的颜色显示出该处的偏差大小以及整个构件的偏差分布，如图 3-47 所示。

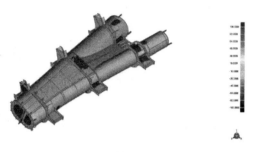

图 3-47　3D 比较结果

　　3D 分析完成后，可以对偏差密集的区域或是关键部位，进行 2D 比较。2D 比较基于构件需要分析的截面，生成的偏差数据分布也更加直观，如图 3-48、图 3-49 所示。

图 3-48　选择进行 2D 比较的截面

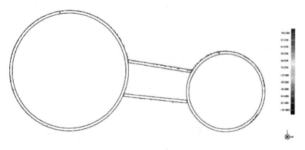

图 3-49　2D 比较结果

　　经过分析计算的偏差数据不仅可以表现在模型上，也可以以图表的形式呈现出具体的偏差分布、标准偏差分布等统计数据，以便更方便的评估构件的整体加工情况，如图 3-50 所示。

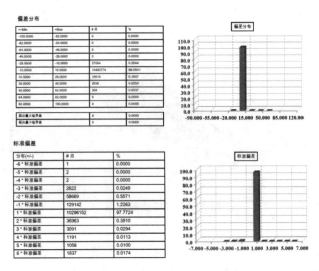

图 3-50　偏差分析图表

项目应用三维激光扫描技术采集已完工程实体数据，并将采集的点云模型与 BIM 模型进行比对，实现对已完工程的质量检查，提供现场实际偏差尺寸，为后续工序提前调整优化提供基础数据，如图 3-51、图 3-52 所示。

图 3-51　塔楼的楼板边缘线点云数据采集和误差分析报告

图 3-52　扫描电梯井道和电梯井道点云模型

2.BIM 与 Robot 全站仪的集成应用

项目使用 Robot 全站仪机器人，利用 BIM 模型实现现场快速精准测量放样。首先从 BIM 模型中提取控制点和建筑物结构特征点坐标，或将已有控制点信息输入系统，作为测量放样点位依据。然后在已通过审核的 BIM 模型中，提取放样点位特征坐标，如：楼板边缘特征点的坐标，楼板中预埋件或预留洞口布置。并将所有的放样点通过 Leica Building Link 插件，在 Revit 软件中批量提取放样点并输出。将控制点信息、放样点信息及参考模型文件导入 iCON 手薄，进行图形化的放样作业。进入现场，使用 Robot 全站仪对现场放样控制点进行数据采集。通过 iCON 手薄选取 BIM 模型中所需放样点，操作测量机器人发射红外激光自动照准放样点位，实现"所见点即所得"。流程如图 3-53 所示。

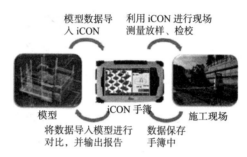

图 3-53　测量 Robot 全站仪的工作流程图

利用 BIM 技术结合三维激光扫描仪和测量 Robot 全站仪的应用，可以提高工程实施过程中的质量和精度。对于在施工过程中的误差可以及时进行整改，防止进入下一道工序时会因质量问题而耽误工期。为后期进场施工的幕墙、机电提供了良好的施工工作面，避免了后期因土建施工精度而进行拆改，保证了质量，节约了成本和工期。

3.4.5　基于 BIM 的三维在线交互平台

项目根据本工程的 BIM 应用需求，与译筑软件公司联合研发了 EBIM 协同管理平台，实现了与项目管理相结合的 BIM 集成应用，如图 3-54 所示。

图 3-54　支持跨平台应用

1. 现场协同管理技术

（1）模型协同：通过模型轻量化技术，实现移动应用将 BIM 带到现场，无需高配置电脑，人人均可流畅查询 BIM 信息，同时支持离线应用，简单便捷地辅助项目现场管理，减少施工错误，提高施工质量和效率。

（2）视口协同：施工现场发现问题，可即时拍照并在模型上进行批注，通过系统发送消息给相关责任人，问题可更快更直观地传达，如图 3-55 所示。

图 3-55　视口协同

（3）数据协同录入：各端口均可向 BIM 模型中添加施工过程信息、图片、资料等，管理员设置信息添加类型，各参与方按要求扩充 BIM 施工信息，各端口可查看到最新构件信息，如图 3-56 所示。

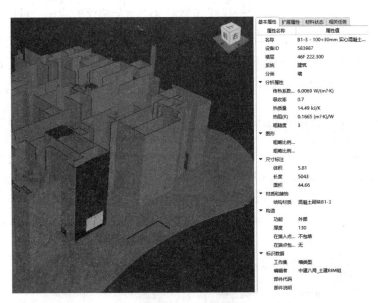

图 3-56　数据协同

（4）话题协同：项目人员根据权限职责进入不同的话题讨论组。现场拍照与构件关联，BIM 模型直接定位，责任到人，并设有移动端通知提醒，安全、质量问题可追溯，如图 3-57 所示。

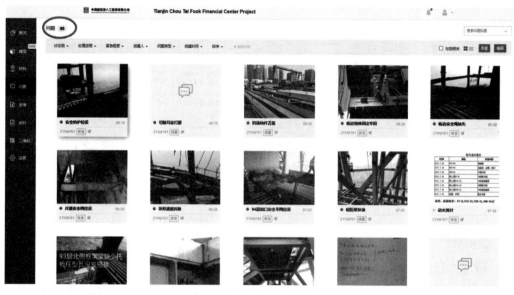

图 3-57　话题协同

（5）表单管理：设置表单文件夹类型，支持 3 级文件夹类型，PC 端上传表单模板，项目人员可在各端口直接调用表单模板，如图 3-58 所示。

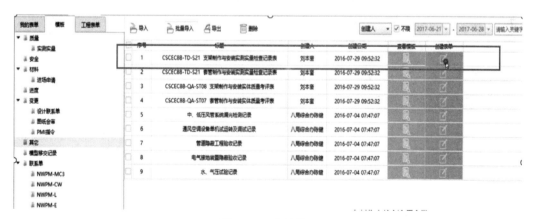

图 3-58　表单管理

（6）资料管理

移动端在线预览资料，便于现场工程资料查看；资料与 BIM 模型构件双向关联，支持资料以二维码形式进行分享；移动设备扫描二维码，在权限范围内获取相关资料信息。如图 3-59 所示。

图 3-59　资料管理

2.BIM+ 二维码技术

通过二维码，可以快速做到 BIM 构件定位，查询构件属性及关联资料。二维码所关联信息能够在 PC 端进行更新，移动设备扫描二维码获取二维码最新资料信息，如图 3-60 所示。

图 3-60　BIM+ 二维码

3. 物料跟踪管理技术

管理平台以二维码技术为手段，串接安装工程的整个过程，将实际施工进度信息（构件预制到安装工程完工）反映在 BIM 模型上，利用 BIM 模型的直观性、可视化特点，有序高效地追踪、查询施工进度及关键节点处的详细信息。

BIM 模型与现场扫描数据关联，在 BIM 模型上能以不同颜色区分不同的状态，如图 3-61 所示。进入状态实时显示界面后，所有构件颜色将初始化为灰色，如构件状态刷新后，将以设定好的颜色在平台中显示，同时系统还能自动生成物料追踪统计报告，方便管理人员了解整个项目的物料状态，如图 3-62 所示。

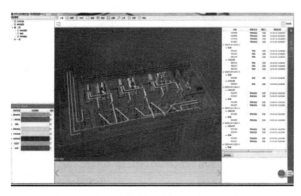

图 3-61 构件状态用不同颜色区分

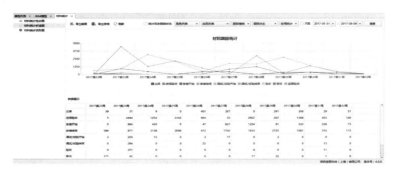

图 3-62 物料追踪统计

4. 进度计划 4D 技术

通过将项目总进度计划导入平台进度计划模块中，将计划中各项工作任务与对应的模型相关联，然后将材料跟踪流程与进度计划绑定，使用 PC 端将任务分配给相关责任人，责任人通过移动端反馈构件出厂、进场和安装等不同阶段的物流状态，系统会自动调取物流信息中相关工作节点的实际完成时间，并自动对比计划工期与实际工期，直观查找实际安装的滞后、超前情况，自动发布工期预警提示，为制定工期纠偏措施提供可视化依据，如图 3-63 所示。

图 3-63 塔楼幕墙施工进度模拟

3.4.6 BIM 应用总结

本项目的 BIM 应用重点在于运用 BIM 技术解决超高层建造过程中的技术和管理难题，并通过以项目为载体对 BIM 技术的应用和管理进行研究。通过在过程中的不断实践，将本工程的 BIM 应用点和应用经验总结如表 3-8 所示。

项目 BIM 应用点及应用经验总结表　　　　　　　　　　　　表 3-8

项目	应用内容	推广经验	不足之处	应用效果
一般应用	基于 BIM 的全专业深化设计	1. 利用 BIM 技术可视化、协调性、优化性进行深化设计协调工作。 2. 各专业首先建立单专业模型，查找解决本专业碰撞问题，然后通过各专业的模型整合和综合协调，优化出全专业的综合协调模型，各专业进行模型确认最终生成施工图纸。 3. 将分包深化设计人员纳入总包深化设计管理体系，集中办公，提高工作协调效率	1. 为匹配现场施工进度，前期深化设计人员和设备投入成本较高。 2. 模型绘制及专业间协调工作量大，各专业建模水平和专业水平参差不齐，模型准确度不好保证。 3. 专业分包进场时间不好保证，模型深化工作开展较晚，且进场初期默契度不高，工作质量和进度难以保证	在工程设计复杂、图纸深度不够、设计顾问和专业分包众多的情况下，通过 BIM 平台进行设计协同，保障了工程的顺利实施，取得了较高的优化效益，并为工程的创优工作提供了有力保障
	4D 工期管理	1. 通过进度计划与模型相关联，模拟推演查找计划编制存在的问题，进而进行调整优化。 2. 进行多计划的比选工作，确定最佳施工计划安排。 3. 将现场实际进度信息录入到 4D 软件中进行实际进度与计划进度的对比分析工作	1. 应用时，所有模型需提前建立完毕。 2. 未实现多人协同工作，对于大型复杂项目 4D 计划编制和调整工作较为复杂。 3. 实际进度信息未实现自动录入	通过 4D 模拟和计划自动对比，大幅提高了项目进度计划编制的准确性，实现了计划的可视化追踪管控
	BIM 模型现场对比验收技术	现场各项工序施工完毕后，管理通过手持移动 PC 端，将 BIM 模型与已施工工程进行嵌套，进行比对验收	无	改变传统的携带大量施工图去现场，现场读图对比的验收模式，加快验收进度
	重大施工方案的 BIM 模型推演和交底技术	对工程重大方案和关键施工技术通过制作模型和动画进行模拟推演，实现方案对比选择和优化，并向方案实施人员进行三维可视化交底，保证方案实施效果	方案模拟模型和动画制作过程较为繁杂，工作量较大，方案编制人员独立完成方案模拟推演工作难度大，需协同制作	可视化模拟和交底显著提高了方案的可实施性，保证了方案的实施效果
	施工全周期平面动态管理技术	根据进度计划，合理考虑施工内容，对现场各个阶段的平面布置进行规划，并在根据现场施工工况安排，与实体工程施工同步在 BIM 模型中体现、碰撞、推演	模型绘制量较大，需按不同施工阶段调整平面布置模型，有时存在现场布置与模型不符的情况	提高了平面布置的合理性，为现场平面管理提供了支持

项目	应用内容	推广经验	不足之处	应用效果
创新应用	数字化加工	通过将 BIM 模型导入到数字化加工设备中，实现数字化的工厂预制加工	加工设备读取的文件格式不同，存在重复建模的情况	提高构件加工精度和质量，缩短加工周期，减少材料不合理的损耗
	基于 BIM 的虚拟现实技术	利用 BIM+VR 技术，构建虚拟场景，利用 VR 技术的沉浸性、交互性的特点，进行虚拟样板展示和 VR 安全教育	VR 技术专业性较强，高品质的 VR 场景制作费用较高	VR 样板展示和安全教育效果明显，提高了现场质量、安全
	BIM 与三维激光扫描仪的建模集成应用	利用三维激光扫描仪扫描得到实体点云数据，逆向建模得到点云模型，通过点云模型与 BIM 模型进行重合，可进行实体质量偏差检查、构件加工精度检查和现场实体数据采集，为下道工序施工提供依据	为获得较为精准的点云模型，扫描仪在工作中每站都需要清理现场并需要较长的扫描时间，且每站扫描得到的点云模型噪点去除和拼接处理较为复杂，专业性较强	通过对塔楼楼板边缘、和裙楼钢天幕等部位的扫描，将现场实体数据反馈给幕墙设计人员，提前进行优化，保证了复杂曲面幕墙的安装质量；通过对钢结构构件的扫描，进行质量检查和虚拟预拼装，保证了构件的加工质量，提升了工作效率
	BIM 与 Robot 全站仪的集成应用	自动全站仪人将 BIM 模型中的设计坐标、尺寸等导入放样测量系统中，通过软件处理可实现三维视图效果，利用其高智能、高自动化的功能实现施工现场的精确高效的定位放样工作	设备投入费用较高	提高了现场测量放样效率，减少了人工投入
综合应用	基于 BIM 的协同管理平台	项目与译筑软件公司联合研发了 EBIM 协同管理平台，以模型为基础，二维码为纽带，实现了外部数据与 BIM 模型的关联；以 BIM 模型为基础，以轻量化技术为工具，构建了平台系统，实现了模型协同浏览、数据录入、设计、质量、安全话题协同、表单流程管理、资料管理、物料追踪管理和可自动录入完成时间和派发任务的 4D 工期管理系统	各功能模块需按照重要程度按次序进行开发，周期较长，已完成的系统功能还需进一步完善	通过协同平台研发，实现了 BIM 技术和项目管理相融合，将模型协同浏览、数据录入、设计、质量、安全话题协同、表单流程管理、资料管理、物料追踪管理和 4D 工期管理等多项功能集成于一个平台，实现了 BIM 技术的集成运用。同时实现了现场施工信息的采集工作和统一存储工作，为项目后期的运维管理提供了数据支持

BIM 应用教训：

1.策划目标过高，开发针对性不强

项目在平台研发前期策划阶段提出的目标过高，提出了一系列需要开发的应用需求，希望将各类管理要素纳入到同一平台，软件开发针对性不强，平台功能实用效果差。

后期，项目意识到问题的所在，调整了开发思路，将开发需求按照现场管理需求分级，集中精力研发需求大，应用效益可观的模块，进行逐个攻关，取得了良好的效果。

2. 软件功能重复

项目在工程开始阶段由于市面上的软件大多为单一功能，无法实现集成应用，项目为实现某一项功能的应用，对某款软件功能了解不够深入的情况下，采购了具备该项功能的软件。但在运用过程中发现该软件功能达不到应用需求，后期在协同平台开发时又开发了相应的功能模块，导致一部分软件功能重复开发，造成了不必要的资源浪费。

BIM 应用建议：

（1）BIM 技术未来将是工程技术人员必须具备的一项技能，企业在现阶段要注重对工程技术人员的 BIM 培训工作。建议现阶段设置专职 BIM 人员以点带面地进行 BIM 应用工作，最终实现项目管理人员"人人会 BIM，人人用 BIM"的全员应用目标。

（2）建议在企业系统内选择成熟度高、实用性强的管理模块，打通数据通道，以 BIM 模型为基础，以现场传感器采集和人工采集为手段，运用数据库处理分析，开发基于 BIM 技术的容纳各管理要素的综合项目管理平台。

（3）建议从企业的角度出发，梳理从设计、施工到运维各个阶段的 BIM 应用需求，对建模标准，信息录入标准统一规范，以实现模型的延续性和模型数据的价值。

天津周大福金融中心工程 BIM 应用已完成了前期策划的各项目标，后续工作将以 EBIM 协同管理平台研发为核心工作，在完善平台已有功能模块的同时开发新的平台功能，使平台功能与项目管理系统跟进一步集成。同时随着工程实施接近尾声，项目将开展竣工模型交付标准和与后期运维服务商对接等一系列研究工作。

第4章　综合办公工程 BIM 应用案例

IPD 作为较为理想化的一种工程交付模式，起源于美国，但由于其法律、商务等因素，目前 IPD 在美国的应用还不普及，中国建筑技术中心综合实验楼工程因其投资、设计、施工和运维"四位一体"的特色，探索性地实践了我国第一例 IPD 模式的 BIM 应用，整合项目多参与方的资源，使各参与方利益趋于一致，最大限度满足并实现项目的既定目标，具备一定的参考和借鉴意义。

中国卫星通信大厦项目的参数化脚手架、洞口族应用，以及基于 Solidworks 机房深化和辅助预制加工等，通过一些小的 BIM 应用流程改善，或是 BIM 应用方法的优化，为项目带来效益，值得提倡；重庆来福士广场 B 标段项目基于工程规模和复杂度，将激光扫描、3D 打印等与 BIM 技术集成，取得了良好的工程效益，可以对相关 BIM 应用内容、应用流程和应用效果有一个系统性的认识与了解。

深圳阿里巴巴大厦的 BIM 应用侧重于土建阶段，应用内容可分为两方面：辅助施工技术和辅助进度管理，这两方面的 BIM 应用内容也是目前土建专业较为常见且产生价值较高的应用点。项目对这两方面应用内容进行了详细的阐述，包括应用流程、应用标准、模型要求、操作要点等，是个很值得其他项目参考的实施指南。

面对国内 EPC 项目中，设计与施工未能较好融合的现状，华大基因中心项目着重介绍了 BIM 在施工阶段深化设计和对设计方案优化中的应用。按照 EPC 项目的理念，施工团队应与设计团队进行协作，提升设计质量，减少施工潜在问题，同时在一定程度上减少后期深化设计的工作量。所以本项目的 BIM 应用案例，很值得国内同类 EPC 项目借阅和反思。

4.1　中国建筑技术中心综合实验楼工程

4.1.1　项目概况

中国建筑技术中心综合实验楼工程是遵照中建总公司"一最两跨"的战略目标，紧密围绕企业科技发展的总体规划，建设一座集结构试验研发和绿色建筑产品展示为一体的科技研发实验综合楼，如图 4-1 所示。项目位于顺义区林河开发区林河大街，工程总用地面积 52572.47 ㎡，总建筑面积 52273.09 ㎡，其中地上建筑面积 42134.35 ㎡，地下建筑面积 10138.74 ㎡，容积率为 1.25。工程建设从 2012 年开始动工，2014 年投入使用。

图 4-1　中国建筑技术中心综合实验楼工程效果图

综合实验楼工程是一个典型的投资、设计、施工和运维"四位一体"工程，具有良好的代表性。虽然工程并不十分复杂，但作为未来国际一流的大型结构实验室，采取研发与建设同步的策略，量身打造万吨级多功能结构试验机和 25.5m 高反力墙等国际一流试验设施，增加了工程难度。

4.1.2　BIM 应用策划

为顺利推进 BIM 技术示范应用，真正实现 BIM 模型数据的无缝连接，项目团队充分发挥中建"四位一体"的优势，组建由业主方、设计方、施工方和运维方共同参加的 BIM 团队，探索 IPD 的落地应用模式。本工程是我国第一例 IPD 模式实践，实施团队制定统一的 BIM 标准，并对上下游各环节进行需求分析，分专业、分系统建立 BIM 模型，精准执行、协同管理。

为保证 BIM 技术高效应用，项目组制定了 BIM 技术应用的总体规划，通过 BIM 技术应用规则（标准）、执行计划，相关制度、措施、资源等，保障项目顺利实施。

BIM 技术应用总体规划：

1. 工程实施前，制定统一的 BIM 模型组织规则

为保证 BIM 模型完整性与准确性，由设计方中建设计集团牵头制定项目模型组织规则。模型组织规则的制定，保证了企业 BIM 模型资源能够长期被规模化使用，降低了工程人员使用 BIM 模型的难度，增加了企业 BIM 模型资源的应用价值。

2. 组建业主方、设计方和施工方全员参与的 BIM 团队，并详细制定了 BIM 技术应用计划

以往设计 BIM 模型没有考虑施工需求，施工团队承接的 BIM 模型需要大量修改才能应用，甚至需要重新建模。本项目设计团队和施工团队从一开始就在一起工作，

最大限度地避免重复建模的时间浪费，有效减少了质量风险，精确地控制了 BIM 模型质量。

3. 业主全程参与、监督模型创建和应用

技术中心作为业主代表，全程参与了 BIM 模型创建和应用。在监督建模工作的过程中，保证了模型的质量，也为后期基于模型的运营维护打下基础。

4. 全面应用 BIM 软件硬件工具，积累应用技术和经验

作为总公司重点 BIM 示范工程之一，项目组应用了众多 BIM 软件和施工硬件设备，并详细规划了各个软件之间的数据集成方案。通过对各种软件使用比较，以及数据集成的实施，为下一步提高中建总公司的 BIM 应用水平做出了有益的尝试。项目中应用 BIM 软件包括：概念设计软件（SketchUp、Civil3D、AIM）、专业设计软件（Revit、AutoCAD）、模拟分析软件（CFD、VASARI、IES、Ecotect）、渲染表现软件（3DSMAX、Showcase、Navisworks、LUMION）。软件间的数据集成和交换如图 4-2 所示。

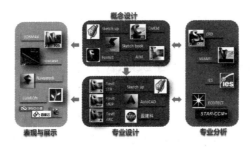

图 4-2 项目应用 BIM 软件及数据交换流程

BIM 应用中最大的技术优势在于信息在不同专业、不同阶段的无损传递，但是在实际工程中往往是各个阶段各行其道，分别建立自己的 BIM 模型，使简单的重复工作大量增加。项目组认真分析了原因，找到并解决了各阶段对模型深度要求不一致的问题。项目组首先建立起 BIM 规则和模型交付标准，以期满足设计、施工、运维不同阶段基于同一个 BIM 模型的信息贯通。通过对项目各项标准不断总结、提高，未来可以在中建其他项目中推广应用，为企业级标准制定打下基础，如图 4-3 所示。

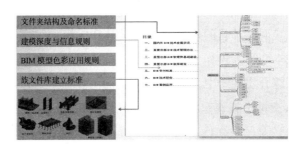

图 4-3 项目各项 BIM 标准

为保证 BIM 技术示范工程的顺利开展，中建技术中心先后组织 5 次项目部、中建设计集团直营总部、中建二局三公司等项目主要承担单位参加的 BIM 协调会。

在协调会上，针对如何进一步加强设计、施工一体化，以及围绕如何建立切实有效的示范工程组织、协调、沟通机制等问题展开深入讨论。通过协调会议，项目组及时总结阶段成果和实际工作中的问题，不断调整、优化技术和组织方案。

4.1.3 IPD 模式探索应用

建设领域常见的项目交付方式有 DBB（Design-Bid-Build，设计 / 招投标 / 建造）、CM（Construction Management，建造管理）、DB（Design-Build，设计 / 建造）等，但是在这些传统的项目交付方式下，项目各参与方往往只关注自身利益，缺乏信任关系且不愿意共享信息，使得项目集成化程度低、无法进行高效的协同决策，进而无法实现项目整体利益的最大化。建筑行业迫切需要通过采用先进的建造体系和技术工具来实现项目交付方式的转变，改变建筑业低效率、浪费严重和项目整体价值偏小的状况，实现建筑业效率的提升。

随着 BIM 技术的发展，以 BIM 技术为支撑的一种新的建设项目综合交付方式——综合项目交付（IPD, Integrated Project Delivery）应运而生。IPD 的出现和应用，将带来建设项目管理模式的变革，促进建筑项目各参与方的人员和信息的整合，实现高效的信息共享及团队协作。IPD 将人员、系统、商业结构和实践集成在一个过程之中，以合作的方式充分利用每个项目参与方的知识和远见，在设计、制造和建造等项目实施过程中各个阶段中减小浪费和提高效率。

美国建筑师协会（AIA, The American Institute of Architects）2014 年发布《Integrated project delivery: An Updated Working Definition》，指出 IPD 应遵循的十一个原则分别是：追求整体最优，而非关注部分利益；参与方早期共同制定明确目标；参与方之间深度紧密持续合作；高效集成人员和系统；参与方增强主人翁意识；参与方之间互相尊重；参与方之间互相信任；信息公开透明；安全轻松的工作环境；风险共担、利益共享；采用前沿科技。IPD 的出现弥补了传统交付方式在生产率低、返工率高、工期拖延和资源浪费等方面的不足，对于提高大型化、复杂化、多样化项目成功的可能性有很大帮助。和传统交付模式相比，IPD 模式对工程项目的优化可以从多角度出发，从而达到浪费少、收益大的效果。研究表明，项目的规模越大，利用 IPD 模式所节省的成本越多，其正在成为一种理想的成本节约方式。

在中建技术中心综合实验楼中，对基于 BIM 的 IPD 模式进行了探索。IPD 作为较为理想化的一种工程交付模式，起源于美国，但由于其法律、商务等因素，目前 IPD 在美国的应用还不算普及，只在特定类型的项目如医院项目中应用较多。中国建筑技术中心综合实验楼因其投资、设计、施工和运维"四位一体"的特色，同时涉及反力墙、板试验系统等复杂工艺，所以探索性地采用了 IPD 交付模式。

在本项目中，为保证 BIM 模型完整性与准确性，由设计方中建设计集团牵头制定项目模型组织规则，业主全程参与、监督模型创建和应用。项目团队详细制定了 BIM 技术应用计划。以往设计 BIM 模型没有考虑施工需求，施工团队承接的 BIM 模型需要大量修改才能应用，甚至需要重新建模。本项目设计团队和施工团队从一开始就在一起工作，精确地控制了 BIM 模型质量，各参与方的贡献在建筑信息模型中明确体现，有效地避免了传统交付模式中经常困扰设计方和施工方之间的知识产权纠纷问题，同时最大限度地避免重复建模的时间。

本工程的核心重点为反力墙、板试验系统，其内部构造复杂、精度等级要求非常高。为了确保反力墙、板施工质量，从施工方案策划开始，利用 BIM 可视化技术进行了反力墙、板模型的建立及其内部构造的细化，将反力墙内部构造、模板支撑体系等重要部件展示出来，为方案论证提供了统一平台。各专家利用 BIM 模型进行方案分析时，减少了思维误区，避免后期施工产生纠纷。

1. 支持参与方高效协作

借助于 BIM 平台辅助，IPD 项目参与方之间能够实现超越传统意义协同工作，使用 BIM 技术建立的建筑信息模型不但能够以 2D 而且能以 3D 的形式向参与方展示建筑设计产品，直观的 3D 建筑模型可以帮助 IPD 参与方更有效地交流专业问题优化设计。

项目组利用 Revit 软件创建了项目完整的 3D BIM 模型（建筑、结构、设备），集成了建筑工程项目各种相关信息，形成项目 BIM 技术应用必要的核心文件。在规划阶段，利用 BIM 模型对场地周边环境、建筑体量进行模拟分析：通过风环境分析，为试验楼空气品质改善、火灾安全控制与决策、建筑节能规划、室内热湿环境优化，以及后期绿色建筑评价打下基础；在试验大厅采光分析中，详细对比了无天窗方案和有天窗方案，通过有天窗方案设计，使采光系数提高了 30%，达到了 90.35%；利用 BIM 模型对实验大厅各设备工作时发出的噪声进行声环境模拟，优化噪声对办公区的影响；对场地内景观、照明、绿化进行虚拟现实演示，直观反映场地内道路、绿化情况；通过 BIM 模型对场地内各系统市政管线的精准定位，解决了总图管网综合问题。

本项目通过应用清华大学"基于 BIM 的工程项目 4D 施工动态管理系统"（简称 4D-BIM 系统），将实验楼和施工现场的 3D 模型与施工进度、资源以及场地布置等施工信息相集成，建立基于 IFC 标准的 4D-BIM 模型。在此基础上，项目各参与方合理制定施工计划、科学地掌握施工进度，优化使用施工资源，以及合理地进行场地布置，对整个工程进度、资源和质量进行统一管理和控制，以缩短工期、降低成本、提高质量。

项目组根据项目实际情况，基于完整的项目 BIM 模型以及 Navisworks 分析工具，自定义了碰撞规则，进行了全面的专业协调和错漏碰撞检测，以多种方式输出了碰撞报告，精确描述碰撞的构件、位置等信息，提前预警了结构、暖通、消防、给排水、电气桥架等不同专业在空间上的碰撞冲突。其中试验楼地下一层机电管线的碰撞及优化工作，就解决碰撞点 1200 多个。通过碰撞信息，提前发现设计方案中存在的问题，辅助了设计优化。专业协调及错漏碰缺检测使得问题的发现、讨论、修改和验证过程的周期大为缩短，同时减少施工阶段可能存在的返工风险。

2. BIM 支持技术应用

项目组以敏捷供应链理论、和精益建造思想为指导，把建筑行业业务运作最基本的业务单元"项目"作为切入点，从供应链优化管理的角度将项目参与各方纳入到统一的平台，将关键环节（浇筑、质检、入库、出库、运输、卸货、堆放、吊装、安装、施工质检、运维）的核心要素（预制构件的状态）放在统一的平台上协同运转，建立以 BIM 模型为核心，集成虚拟建造技术、智能制造技术、物联网技术云服务技术、远程监控技术和高端辅助工程设备的数字化精益建造平台，实现对整个建筑供应链的管理。达到整个项目业务流程最优、周期最短、成本最低、库存最小、资金周转更快以及各企业价值最大化的目标。项目设计单位、生产单位、运输单位、施工单位、运维单位通过预制构建数字化精益建造平台实时监测不同阶段的工作进展情况。在项目实施过程中，实现构件规格、型号与模型中信息对应，生产日期、安装进度信息与施工进度计划对应，预先发现问题，减少返工率。

本项目在精益施工方面，通过研究预制构件的数字化精益施工技术，将基于 RFID 的物联网技术，以及全站仪、机器人放样设备、三维扫描、三维打印等高端辅助工程设备、相关软件应用到项目。一方面，将 BIM 模型带到工地，指导施工；另外一方面，再把施工过程的数据返回到模型，不断的修正、完善 BIM 模型；最终实现施工过程的数字化、智能化。

项目组通过高端设备，完成外挂墙板的三维扫描，并形成施工现场的三维点云模型，导入 BIM 模型，完成了外挂墙板平整度分析和外挂墙板色差分析；通过建立幕墙系统模型，与主体结构支撑钢结构模型进行了校核，验证了幕墙设计，并为指导单元构件加工和现场安装打下基础。

通过 BIM 模型的建立，解决了构件形式多样的难题，做到了在进算计内模拟预拼装，解决了生产、安装的进度和精度问题。施工人员利用 BIM 模型制造的幕墙成品误差能控制在 1mm 以内，而在安装过程中，将现场测量的数据输入系统与理论数据相比对，通过实际模型与设计模型的对比分析，实现精确安装。

3. BIM 营造工作环境

BIM 技术为 IPD 搭建的信息集成平台促进了项目参与各方的沟通与交流，促使项目团队的工作更加便捷，项目目标的清晰定义使得参与方之间的工作任务划分合理，有效地减少了各方之间的法律纠纷，使得团队内部坦诚交流且互相尊重，营造了和谐组织氛围。

在本项目的实施过程中，中建技术中心先后组织 5 次项目部、中建设计集团直营总部、中建二局三公司等项目主要承担单位参加的 BIM 协调会。在协调会上，针对如何进一步加强设计、施工一体化，以及围绕如何建立切实有效的示范工程组织、协调、沟通机制等问题展开深入讨论。通过各方坦诚的交流，项目组及时总结阶段成果和实际工作中的问题，不断调整、优化技术和组织方案。

4.1.4　反力墙、板试验系统施工精准控制

本工程的核心重点为巨型反力墙、板试验系统，其内部构造复杂、精度等级要求非常高。为了确保反力墙、板施工质量，从施工方案策划开始，利用 BIM 可视化技术进行了反力墙、板模型的建立，在模型的基础上进行了反力墙、板内部构造的细化。

由于反力墙、板试验系统的构件非常少见，没有可以借鉴的经验，使用 BIM 模型将反力墙板内部构造、模板支撑体系等重要部件展示出来，为方案论证提供了统一平台。在组织专家进行方案分析时，减少了思维误区，对支撑体系变形、模板安装精度控制、加载孔制作精度控制、加载孔安装流程等方面进行重点分析及优化，为施工的顺利实施做好准备。

1. 反力墙预应力钢筋定位

反力墙内设 570 束预应力钢绞线，项目组使用 BIM 模型模拟反力墙内竖向钢筋、水平钢筋、加载孔以及固定钢架的分布情况，确定了施工缝的留设位置，对预应力钢绞线进行空间布置，精确定位。

2. 反力墙、板加载孔定位

反力墙内设 4858 个加载孔，反力板内设 8652 个加载孔，墙面与地面的加载孔中心线要重合。项目组使用 BIM 技术模拟反力墙、反力板内竖向及水平钢筋、预应力钢筋的分布情况、施工缝的留设位置，精确定位加载孔的安装位置。

如果没有 BIM 三维模型技术，仅使用平面表现手法，如此复杂的工艺工序难以准确确定，信息无法准确、完整、全面的传达到施工各个作业层。

在反力墙、板试验系统施工中，项目组使用机器人放样进行反力墙、反力板施工安装精度控制，提高施工效率，解决高空作业施工精度控制难题，如图 4-4 所示。

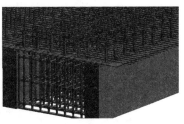

图 4-4　利用 BIM 技术对反力墙预应力钢筋及加载孔进行定位（1）

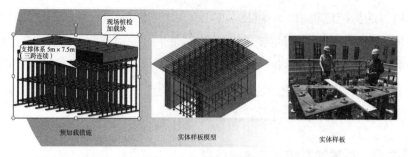

图 4-4　利用 BIM 技术对反力墙预应力钢筋及加载孔进行定位（2）

4.1.5　精益施工 BIM 技术应用

项目组以敏捷供应链理论和精益建造思想为指导，把建筑行业业务运作最基本的业务单元"项目"作为切入点，从供应链优化管理的角度将项目参与各方纳入到统一的平台，将关键环节（浇筑、质检、入库、出库、运输、卸货、堆放、吊装、安装、施工质检、运维）的核心要素（预制构件的状态）放在统一的平台上协同运转（如图4-5 所示），建立以 BIM 模型为核心，集成虚拟建造技术、智能制造技术、物联网技术云服务技术、远程监控技术和高端辅助工程设备的数字化精益建造平台（如图 4-6 所示），实现对整个建筑供应链的管理。达到整个项目业务流程最优、周期最短、成本最低、库存最小、资金周转更快以及各企业价值最大化的目标。

图 4-5　精益建造集成方案

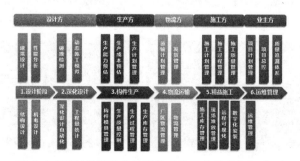

图 4-6　预制构件数字化精益建造平台技术框架（1）

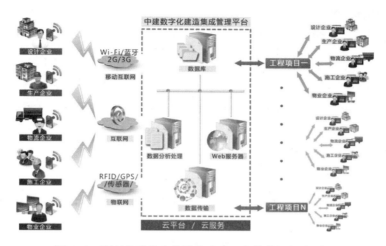

图 4-6 预制构件数字化精益建造平台技术框架（2）

　　项目设计单位、生产单位、运输单位、施工单位、运维单位通过预制构建数字化精益建造平台实时监测不同阶段的工作进展情况。在项目实施过程中，实现构件规格、型号与模型中信息对应，生产日期、安装进度信息与施工进度计划对应，预先发现问题，减少返工率。

　　项目组完成的研发工作包括：

　　（1）在设计阶段，研究外挂墙板复杂节点 Revit 模型的建立方法；

　　（2）在生产阶段，研究手持设备、RFID 芯片选型方法，以及 RFID 芯片的固定位置、固定方法和标签方向；

　　（3）在施工阶段，对清水混凝土外挂墙板进行施工模拟，如图 4-7 所示；

　　（4）手薄端软件开发，实现工程信息现场直接输入；

　　（5）服务器端软件开发，实现项目多方的协同管理，如图 4-8 所示。

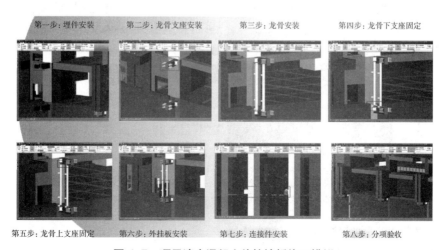

图 4-7 项目清水混凝土外挂墙板施工模拟

图 4-8　数字化精益建造平台手薄端和服务器端程序

　　项目组通过研究预制构件的数字化精益施工技术，将基于 RFID 的物联网技术，以及全站仪、机器人放样设备、三维扫描、三维打印等高端辅助工程设备、相关软件应用到项目。一方面，将 BIM 模型带到工地，指导施工；另外一方面，再把施工过程的数据返回到模型，不断的修正、完善 BIM 模型；最终实现施工过程的数字化、智能化。

　　项目组通过高端设备，完成外挂墙板的三维扫描，并形成施工现场的三维点云模型，导入 BIM 模型，完成以下分析任务：

　　（1）外挂墙板平整度分析。用不同颜色清晰反映外挂墙板的平整度情况；

　　（2）外挂墙板色差分析。以往清水混凝土的色差分析要靠工程技术人员的现场观察，凭工程经验给出色差分析报告。项目组通过开发色差分析软件，通过系统自动生成更加准确、客观的色差分析报告，如图 4-9 所示。

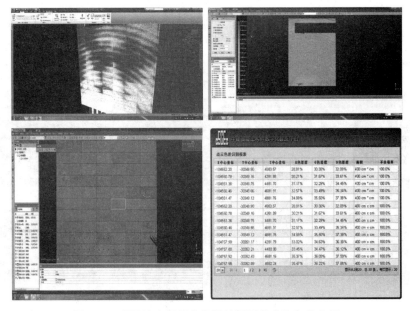

图 4-9　项目清水混凝土外挂墙板平整度和色差分析

4.1.6　项目 BIM 应用总结

通过中建技术中心实验楼 BIM 示范工程,项目探索出一条 BIM 技术在"规划 - 设计 - 施工 - 运维"全生命期中的实施途径,确定了 BIM 资源编码体系,充分利用相关软件对项目进行全方位的分析与优化,解决了设计和施工过程中 BIM 模型的衔接问题,初步建立了企业级 BIM 技术实施标准。实现了 BIM 技术助力项目进度控制、成本控制、质量控制、安全控制、减少资源浪费的既定目标。

总体的效果和效益分析如下:

(1)中国建筑技术中心实验楼工程作为我国第一个实现 IPD 模式的 BIM 应用,打造了 BIM 技术"四位一体"应用范例。BIM 技术手段的应用是支持本项目顺利完成的关键,BIM 技术的应用使得 IPD 模式能够更大程度地整合项目多参与方的资源,使各参与方利益趋于一致,最大限度满足并实现项目的既定目标。借助于 BIM 平台,IPD 项目管理通过精心的早期规划,完成信息的高度集成与分享,实现了超越传统意义的协同工作。通过在综合实验楼 IPD 工程深入应用 BIM 技术,探索出一条 BIM 技术在"规划 - 设计 - 施工 - 运维"全生命期中的实施途径,并拓展 BIM 技术在两化(工业化和信息化)融合中的应用范围。项目的成功为国内 IPD 模式的发展和推广树立了典型,起到了积极的引领作用。

(2)通过项目清水混凝土挂板工程,探索了整合建筑工业化产业链资源的方法,从供应链优化管理的角度最大化地实现了信息流、物流、资金流的统一,以 BIM 模型为核心,集成虚拟建造技术、物联网技术、云服务技术、远程监控技术和高端辅助工程设备,初步搭建了基于云平台的精益建造管理系统。

(3)示范工程在满足项目建设需求的同时,注重分析、研究共性问题,积极探索通用 BIM 软件解决方案和工程人员培养模式,为在中建集团各子企业推广 BIM 技术实践了一套可复制的 BIM 应用方案。

工程的 BIM 应用是在 2012 年开始的,在当时的软硬件条件下,我们也发现当前 BIM 技术应用中存在的问题,主要有:

(1)专业软件支持不足

从 BIM 模型到传统的施工图文档还不能达到 100% 的无缝链接,同时国内缺乏基于 Revit 平台开发的专业软件,所以在实际应用中,建议根据项目实际工程需求,阶段性应用或者部分应用 BIM 技术,可以大大提高工作效率。

在结构设计领域,计算软件无法和 BIM 软件无缝对接,是目前遇到最重要的问题。实际应用中,交换信息不完整、信息错位等问题还很多,主流 BIM 软件与结构类软件还不能实现精准数据双向互导。

（2）对硬件配置要求过高

BIM 软件运行时对硬件配置要求比较高，尽管工作组的电脑配置已经很高了，但在后期各专业模型与信息汇总时，读取中心文件经常要等很久，其中有电脑硬件的问题，也有软件本身内核的问题，要成功普及、推广 BIM 系统，上述问题需妥善解决。

4.2 中国卫星通信大厦工程

4.2.1 项目概况

中国卫星通信大厦工程是中关村航天科技园区的首个项目，为高层办公楼，地下四层，地上二十三层，裙房结构为 1 ~ 5 层，层高 5.1m，7 层及 7 层以上为标准层，层高 4.05m，檐口高度为 99.9m，总建筑面积 96000 ㎡。基础形式为 2.1m 厚的筏板基础，主体结构采用了钢筋混凝土框架 - 剪力墙结构，屋盖结构形式为钢筋混凝土板结构。项目效果图如图 4-10 所示。

图 4-10　中国卫星通信大厦效果图

工程重难点：

（1）因本工程为中关村地标性建筑，政府、媒体及群众的关注度较高，安全文明施工尤为重要，施工安全更是重中之重，针对项目地域的特殊性，利用 BIM 模型进行危险源识别，加强安全防护。同时，对脚手架工程的安全性进行智能核算，利用 BIM 的可创造性及可编辑性实现智能验算脚手架的工程强度、稳定性等。

（2）按照常规工程管理方式，模板安拆利用率低、材料浪费严重，本工程拟采用 BIM 技术进行模板优化，提高模板利用率，达到降本增效、绿色施工的目的。

（3）本工程地处北京市中关村繁华闹市区周边为办公楼、居民楼和道路，扬尘、噪声污染控制严格。采用工厂预制化安装减少噪声污染、光污染，并提高安装质量。

4.2.2 BIM 应用策划

项目在开工后，制定了 BIM 应用策划及实施计划，并分别在技术管理、质量管理、安全管理、造价管理、资料与试验管理和机电 BIM 应用六个方面进行应用，利用 BIM 技术指导施工，提高项目管理水平。在技术管理方面，进行施工方案的模拟与对比、模板优化、面砖及吊顶排版、图纸会审等；在质量管理方面，进行工艺动画演示、可视化应用、移动终端应用等；在安全管理方面，进行危险源识别、脚手架工程的安全预警等；在造价管理方面，进行工程量计算（土建部分）、脚手架工程的工程量计算与提料、砌块墙的工程量计算；在资料与试验管理方面，根据工程量计算，制定混凝土及砌块的试验计划；在机电施工方面，进行机电深化设计、冷热源机房的施工模拟、预制加工构件应用、工程量计算（机电部分）、维保信息的录入与应用、移动终端应用等。

为实现 BIM 分区分块细化管理，项目根据 BIM 应用策划目标对 BIM 小组成员进行专业分工，共分为：安全 BIM 工程师、质量 BIM 工程师、技术 BIM 工程师、造价 BIM 工程师、资料 BIM 工程师、机电 BIM 工程师六个部分，各专业工程师对相应专业业务知识已熟练掌握，通过 BIM 在专业领域的应用及时发现 BIM 技术优势与不足，并对该应用的 BIM 技术进行利弊总结。

为确保 BIM 应用策划目标的顺利实现，项目对参与实施 BIM 应用的工作小组进行岗位职责划分，并根据专业 BIM 工程师制定详细的岗位职责，如表 4-1 所示。

BIM 岗位职责   表 4-1

专业岗位名称	岗位职责
BIM 小组经理	1. 负责 BIM 小组的应用及策划方向； 2. 负责项目 BIM 工作计划制定与实施； 3. 负责对项目 BIM 小组工作的实施进行监督与技术支持； 4. 负责项目 BIM 应用的总结、宣传、推广工作； 5. 负责项目 BIM 培训管理； 6. 负责项目 BIM 示范工程的验收； 7. 负责项目 BIM 族库建立、管理、组织 BIM 族的建设、完善工作

专业岗位名称	岗位职责
公司 BIM 经理	1. 负责 BIM 小组的应用及策划方向； 2. 负责对项目 BIM 小组工作的实施进行监督与技术支持； 3. 负责项目 BIM 应用的总结、宣传、推广工作； 4. 负责项目 BIM 培训管理； 5. 负责项目 BIM 示范工程的验收协调事宜
BIM 小组负责人	1. 负责项目 BIM 工作计划制定与实施； 2. 负责项目 BIM 实施策划及工作分工； 3. 负责 BIM 在项目的应用管理； 4. 负责项目成员 BIM 软件的培训工作（每季度不少于一次）； 5. 组织 BIM 示范工程的验收及推广应用工作； 6. 组织配合公司申报 BIM 族的工作； 7. 按时完成项目 BIM 小组经理分配的任务
技术 BIM 工程师	1. 负责项目技术管理 BIM 策划书的编制； 2. 负责项目 BIM 模型的搭建及应用管理； 3. 负责 BIM 信息的维护、更新； 4. 负责 BIM 为项目管理提供信息支持； 5. 负责项目族库的编制与建立； 6. 负责项目工程档案资料的录入； 7. 负责项目 BIM 软件的管理
安全 BIM 工程师	1. 负责项目安全管理 BIM 策划书的编制； 2. 负责项目 BIM 模型的搭建及应用管理； 3. 负责 BIM 信息的维护、更新； 4. 负责 BIM 为项目管理提供信息支持； 5. 负责项目族库的编制与建立； 6. 负责项目 BIM 软件的管理
质量 BIM 工程师	1. 负责项目质量管理 BIM 策划书的编制； 2. 负责项目 BIM 模型的搭建及应用管理； 3. 负责 BIM 信息的维护、更新； 4. 负责 BIM 为项目管理提供信息支持； 5. 负责项目族库的编制与建立； 6. 负责项目 BIM 软件的管理
造价 BIM 工程师	1. 负责项目造价管理 BIM 策划书的编制； 2. 负责项目 BIM 模型的搭建及应用管理； 3. 负责 BIM 信息的维护、更新； 4. 负责 BIM 为项目管理提供信息支持； 5. 负责项目族库的编制与建立； 6. 负责项目 BIM 软件的管理
资料 BIM 工程师	1. 负责项目资料管理 BIM 策划书的编制； 2. 负责项目 BIM 模型的搭建及应用管理； 3. 负责 BIM 信息的维护、更新； 4. 负责 BIM 为项目管理提供信息支持； 5. 负责项目族库的编制与建立； 6. 负责项目工程档案资料的录入； 7. 负责项目 BIM 软件的管理

专业岗位名称	岗位职责
机电 BIM 工程师	1. 负责项目机电 BIM 应用策划书的编制； 2. 负责项目 BIM 模型的搭建及应用管理； 3. 负责 BIM 信息的维护、更新； 4. 负责 BIM 为项目管理提供信息支持； 5. 负责项目族库的编制与建立； 6. 负责项目工程专业档案资料的录入； 7. 负责项目 BIM 软件的管理

4.2.3　脚手架安全预警及工程量计算

项目自行研发了落地式双排脚手架智能族、悬挑式脚手架智能族及满堂脚手架智能族，以达到架体自动敷设、核验架体安全性及工程量自动提取，其详细作用如下：

1. 智能布设架体

首先，使用人员根据所需搭设脚手架的类别进行选定智能族，可供选定的智能族主要形式有落地式双排脚手架、悬挑式双排脚手架及满堂脚手架，然后按照需求设定架体的横距、纵距、步距，以及架体的长度、高度、宽度等参数，脚手架智能族会识别这些参数并自动生成对应的脚手架三维模型。同时，智能族对于架体高度非步距整数倍时，会以不大于设定步距的原则智能优化调整，对于架体长度非纵距横距整数倍时，智能族将以不大于设定纵距横距的原则智能优化调整。另外，智能脚手架族还能通过识别脚手架高度智能布设剪刀撑等构造措施，如图 4-11 ~ 图 4-13 所示。

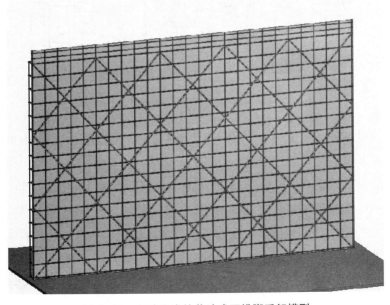

图 4-11　自动生成的落地式双排脚手架模型

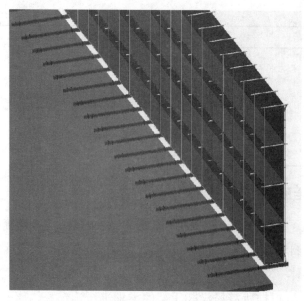

图 4-12　自动生成的悬挑式双排脚手架模型

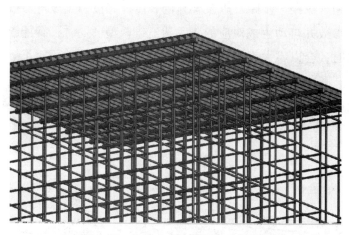

图 4-13　自动生成的满堂脚手架模型

2. 核验架体安全性并预警

脚手架智能族模型按使用人员设定的参数生成后，根据架体的使用功能，确定并输入架体所需承受的总荷载，智能族会识别所受荷载，并根据现行行业标准《建筑施工扣件式钢管脚手架安全技术规范》（JGJ130-2011）自动核验架体的安全性及稳定性，安全性核验内容包括架体的横向水平杆、纵向水平杆的抗弯强度，稳定性核验的内容包括架体立杆稳定性。对架体核验完成后，强度或稳定性不满足规范要求的脚手架，智能族会预警提示"架体危险"，可有效规避架体的安全隐患。同时，通过此功能，使用人员可以在保证安全的前提下，对架体构造进行最大参数的优化，减少脚手杆的用量，如图 4-14 ~ 图 4-16 所示。

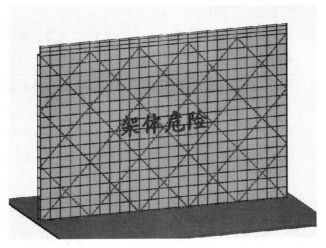

图 4-14 落地式双排脚手架的安全预警

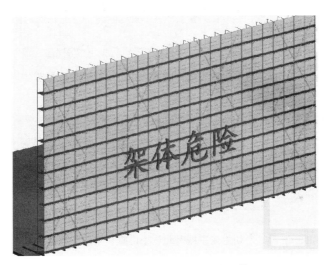

图 4-15 悬挑脚手架的安全预警

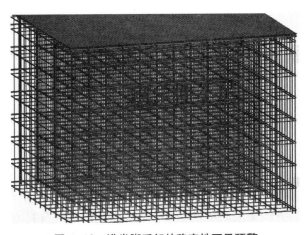

图 4-16 满堂脚手架的稳定性不足预警

3. 自动计算脚手架工程的工程量

脚手架智能族生成的模型在构造要求及安全稳定性等均满足国家规范要求后，智能族会自动计算出该脚手架所用的全部材料用量，计算出的材料用量包括立杆数、小横杆、剪刀撑、直角扣件、旋转扣件、对接扣件、木脚手板、垫木量、安全网等架体工程量，悬挑脚手架的工程量还包括悬挑钢梁数、锚脚个数及限位钢筋头等工程量。同时，利用 Revit 的明细表功能生成相应的材料用量清单，三个类别的脚手架工程量既可以单独统计，也可以合计全部架体的总量，如图 4-17 ~ 图 4-19 所示。

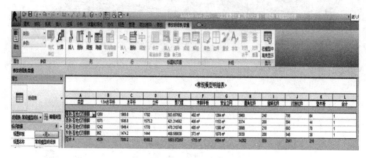

图 4-17　自动生成主楼周圈落地式脚手架的工程量清单

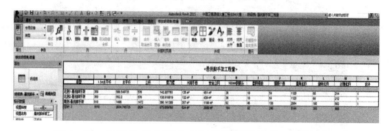

图 4-18　自动生成主楼南北侧悬挑脚手架的工程量清单

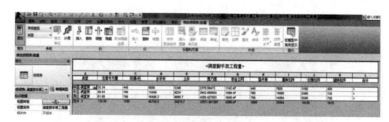

图 4-19　自动生成中庭及东西区满堂脚手架的工程量清单

4.2.4　洞口安全防护自动识别并统计工程量

为实现结构施工过程中洞口的智能防护，本工程自行研发了智能洞口防护族，以达到智能识别洞口、智能采取防护措施、自动计算洞口防护材料的工程量等，其详细作用如下：

1. 智能识别洞口，智能采取防护措施

智能洞口安全防护族是项目自行研发的开洞族文件，建模过程中，结构楼板的开洞均采用该开洞族文件，楼板开洞完成后，该族能智能识别洞口大小，并按照国家安全防护标准的要求智能采取防护措施，如图 4-20 ~ 图 4-22 所示。智能洞口族对洞口宽度或长度低于 1500mm 的洞口，会自动采取并安装硬质防护木板措施，对大于及等于 1500mm 的结构洞口，会智能搭设脚手架防护。如果结构洞口较大，它能智能分配并调整脚手架防护，脚手架立杆间距原则不大于 1800mm。

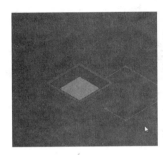

图 4-20 结构洞口为 1200×1200 智能族采取的防护措施

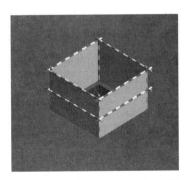

图 4-21 结构洞口为 1500×1500 智能族采取的防护措施

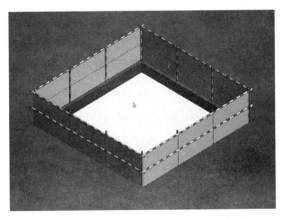

图 4-22 结构洞口为 4500×4500 智能族采取的防护措施

2. 自动计算洞口防护材料的工程量

智能洞口安全防护族不仅能智能采取安全防护措施，同时能自动计算智能采取相应洞口防护措施材料的工程量，对需用硬质木板防护的结构洞口，在自动计算防护木板工程量的过程中，同时智能生成相应洞口防护木板的大小及尺寸，最终通过 Revit 明细表功能生成对应的洞口防护木板清单，导出的清单可直接供以物资部进行提料，如图 4-23 所示。

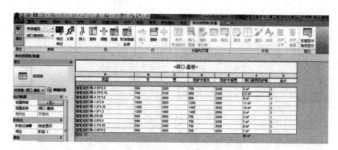

图 4-23　洞口防护木板的大小、提料尺寸及模板总用量

智能洞口安全防护族智能识别洞口尺寸后，对需安装防护体系的结构洞口，结合洞口尺寸智能布设脚手架防护体系，并按照立杆间距不大于 1.8m 的原则智能调整洞口防护体系，在智能调整防护体系的同时，该智能族会自动计算出该防护体系所需的材料用量，包括立杆、螺母、垫板、安全网及扣件等材料工程量。通过 Revit 明细表功能，可将所需的某层或某几层洞口防护所用的材料进行综合，形成材料提料单，不仅可用于安全防护成本预算，还可供以物资部门进行物资提料使用，如图 4-24 所示。

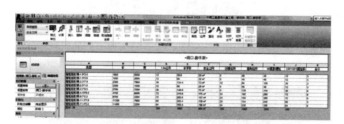

图 4-24　洞口防护体系所需的材料总用量

4.2.5　模板优化

为提高结构施工过程中模板的利用率，项目部尝试用幕墙功能进行模板排布，并结合极致玻璃下料软件对所需的模板尺寸进行编号，通过输入多层板的模数尺寸利用软件进行优化，得到最终带编号的模板下料单，根据最终的下料单进行模板切割加工，达到提高模板利用率的目的，如图 4-25 所示。

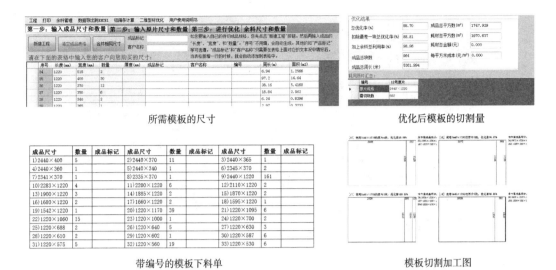

所需模板的尺寸　　　　　　　　　　　　　优化后模板的切割量

成品尺寸	数量	成品标记	成品尺寸	数量	成品标记	成品尺寸	数量	成品标记
1)2440×400	5		2)2440×370	11		3)2440×365	1	
4)2440×360	1		5)2440×340	1		6)2345×370	2	
7)2341×370	1		8)2335×370	1		9)2440×1220	161	
10)2283×1220	4		11)2200×1220	6		12)2110×1220	2	
13)1900×1220	3		14)1885×1220	2		15)1870×1220	2	
16)1680×1220	2		17)1660×1220	2		18)1595×1220	1	
19)1542×1220	1		20)1220×1170	39		21)1220×1095	6	
22)1220×1060	15		23)1220×1000	1		24)1220×700	2	
25)1220×688	2		26)1220×640	5		27)1220×630	3	
28)1220×610	2		29)1220×602	1		30)1220×587	6	
31)1220×575	5		32)1220×560	19		33)1220×530	6	

带编号的模板下料单　　　　　　　　　　　模板切割加工图

图 4-25　极致玻璃下料软件应用

通过极致玻璃下料软件的优化，可实现施工所需的模板按需加工，有效避免现场模板切割的随意性，不仅提高了模板的利用率，而且有效提高了模板的管理水平。

4.2.6　机房的预制加工

机房的预制加工主要应用在工厂模块预制加工方面，利用 Solidworks 软件对制冷机房建模，并导出 CAD 图纸，实现工厂预制加工。项目以地下二层的制冷机房作为应用点，将模型拆分成预制加工模块，例如溴化锂组件、冷热水泵组件、分集水器组件等，如图 4-26 ～图 4-31 所示。将与设备所连接的管道、弯头采用工厂预制加工，将预制加工好的模块运输至现场，进行现场组装，不仅节省了加工场地，而且还避免了现场焊接容易受天气、环境等焊接条件容易产生焊接质量下降的弊端，提高了焊接质量和产品加工安装效率。

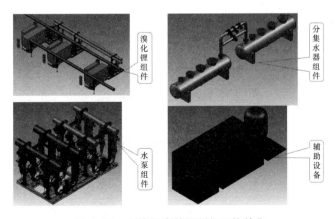

图 4-26　制冷机房的预制加工构件集

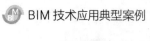
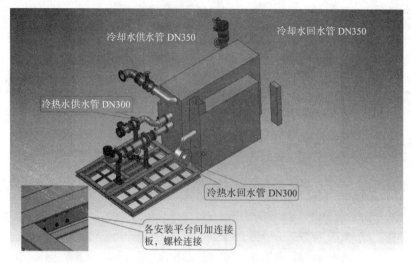

图 4-27　溴化锂机组模块

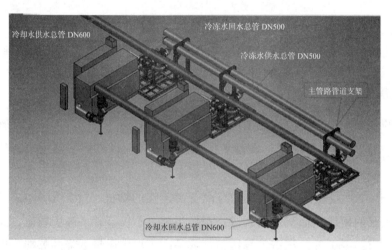

图 4-28　溴化锂组件

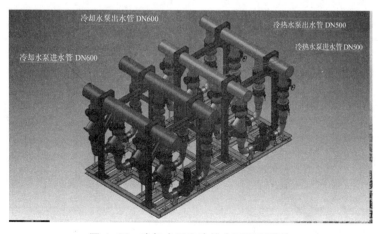

图 4-29　冷却水泵和冷热水泵机组模块

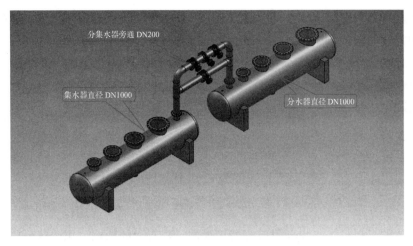

图 4-30 溴化锂系统分集水器组件

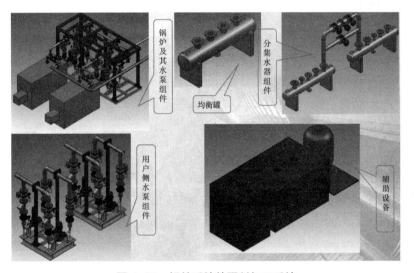

图 4-31 锅炉系统的预制加工系统

4.2.7 BIM 应用总结

项目通过应用 BIM 技术，达到了如下效果，基本实现了应用目标。

1. 安全管理方面

针对行业安全问题，BIM 安全管理中的危险源识别应用及脚手架工程的安全预警应用，除识别传统临边防护、三口四宝等安全措施外，能有效对隐蔽危险源进行提前识别，并提前采取应对措施，为安全工作的系统管理提供了便利优势，对预防为主的工作方针起到促进功效。

2. 技术管理方面

技术管理方面，施工方案模拟与对比应用能有效避免实施过程的安全隐患，并提高了施工技术人员对方案要点的学习效率，管理水平也得到有效提升。通过模板优化应用，提高了模板的利用率，节约了非实体成本。面砖及吊顶排布的应用，为工程的创优工作提供了保障。

3.质量管理方面

质量管理工作中，通过工艺动画演示、可视化应用，对关键施工工艺的传递、质量问题的解决起到事半功倍的作用，移动终端应用为现场质量管理人员的工作提供了方便，且绿色环保。

4.造价管理方面

造价管理方面，用 BIM 技术提供工程计划量，通过完善应用模型细度，可提供实体和非实体的工程量，并为项目成本管控提供了强有力的依据，用分区分段的计划量指导采购部门进量，并按计划量进行现场管控，细化成本管理，并对项目成本管理水平和盈利能力的提升起到良好的作用，经济效益明显。

5.资料与试验管理方面

资料与试验管理工作方面，通过深化模型信息，目标定向于工程的后期运营与维保，将建筑项目的管理模式向全生命周期迈进，引领行业向精细化管理模式发展，并有效提高了企业的市场营销能力及行业竞争力。

6.人才培养方面

项目通过从上述六个方面应用 BIM 技术，提高了技术人员的专业知识水平及学习效率，经过多方面的探索，使得工程技术人员从摸索到熟练掌握如脚手架工程的工程量智能计算、混凝土、砌块、屋面贴砖等材料的工程量统计等先进方法，并将这些 BIM 技术在工作中不断实践和验证，历练出了一批 BIM 精英，为公司的壮大发展储备了 BIM 人才。

为提高行业的管理水平，提升企业的竞争力，引进 BIM 技术对提高项目管理人员的管理水平有很大帮助。经过项目部对 BIM 技术 18 个应用点进行的应用和研究心得结果，形成推荐应用等级，以供其他项目应用参考，如表 4-2 所示。

综合推荐应用表及意见 表 4-2

分类	序号	应用点	推荐等级	意见
技术管理	1	施工方案的模拟与对比	★★★★★	方案模型的详细模拟可及时发现方案实施难点，强调实施过程中重点，实用性极强
	2	模板优化	★★★★	模板优化应用，可提高模板的利用率，实用性强，经济效益高
	3	面砖及吊顶排版	★★★★★	为工程的创优工作提供技术保障，实用性强，工作效率高
	4	图纸会审及其他	★★★★	可提高审图的质量，实用性较强
质量管理	5	工艺动画演示	★★★★	对新工艺等施工的实用性强，社会效益明显

分类	序号	应用点	推荐等级	意见
质量管理	6	可视化应用	★★★★★	实用性强 社会效益高
	7	移动终端应用	★★★★★	实用性极强 施工非常便捷
安全管理	8	危险源识别	★★★	实用性一般
	9	脚手架工程的安全预警	★★★★★	实用性强 智能化较高
造价管理	10	工程量计算（土建部分）	★★★★	实用性强 精度较高 要求建模精度较高
	11	脚手架工程量的计算与提料	★★★★★	实用性较强 精度较高 智能化程度高
	12	砌块墙的工程量计算	★★★★	实用性强 精度较高 要求建模精度较高
资料管理	13	工程资料电子化	★★★	实用性强 工作量较大
	14	设备维保信息链接	★★★	实用性强 工作量较大
机电专业	15	机电深化设计	★★★★★	实用性极强 经济效益高
	16	机房的施工模拟	★★★★	实用性强 社会效益高
	17	机房的预制加工	★★★★★	实用性极强 应用价值高 社会效益高
	18	机房管道工程量计算	★★★★	实用性强 精度较高 要求建模精度较高

注：★——不推荐；★★——一般推荐；★★★——普通推荐；★★★★——较强推荐；★★★★★——强烈推荐。

4.3 重庆来福士广场 B 标段施工总承包工程

4.3.1 项目概况

重庆来福士广场 B 标段项目位于长江、嘉陵江两江交汇的朝天门，集住宅、办公楼、商场、公寓、酒店、餐饮会所等多种功能为一体，同时与高架桥、港务码头、公交站枢纽、轨道交通接驳，是一座城市综合体建筑群，也是全球最大的来福士广场，建成后将成为重庆新地标，如图 4-32 所示。工程总建筑面积约 63 万㎡，南北长约 264m、东西宽约 125m，其中 3 层地下室、6 层裙楼、T3N 塔楼 350m，T1、T2、T3S 塔楼 220m。项目结构为型钢混凝土框架核心筒与伸臂桁架结构，其中塔楼外框楼板为钢结构和组合楼板，裙房局部屋顶设计为鱼腹式钢结构。工程安装系统功能复杂，主要包括通风、防排烟、空调、给排水、热水、污水、消防水、消防电、动力、照明、应急照明、防雷接地、弱电、楼宇自控、燃气等系统，规模大、功能齐全，专业间的协调配合要求非常高。

图 4-32　重庆来福士广场项目效果图

项目建筑群外形美观新颖、选材高档，功能齐全，具有高、新、特、多的特点，项目部针对上述特点，将其作为施工管理的重难点逐项分析，具体分析如表 4-3 所示。

重庆来福士广场项目工程特点　　　　　　　　　　　　　　表 4-3

序号	特点	项目	内　容
1	高	设计标准高、施工质量要求高	工程结构设计抗震设防等级高、装修设计标准高、施工质量要求高
		层高高、跨度大	宴会厅、裙楼的结构形式决定了宴会厅的大跨结构、层高高等特点
		材料强度等级高	钢材等级高：大量使用高强度钢筋及钢板。 混凝土强度等级高：柱、墙混凝土强度等级高，混凝土抗渗等级高
		专业多，专业间配合要求高	施工涉及专业齐全，包含电气工程、给排水及消防工程、通风空调工程、弱电工程、变配电工程以及精装饰等所有分部工程，专业配合要求高，总承包的协调组织能力要求高
2	新	采用新技术、新材料、新工艺	工程占地面积大，建筑单体多，采用了包括大体积混凝土施工、高性能混凝土施工、新型防水材料、钢骨梁柱混凝土结构、绿色建筑施工与节能、机电安装、新型幕墙等在内的多项新技术

序号	特点	项目	内　　容
3	特	社会影响力大	工程集商业、办公、居住及娱乐休闲等各种功能为一体,体量大、位置优越,具有较大的社会影响力
		地理位置特殊	工程地处住宅区域,交通便利,车流密集,对环境噪声消减等有较高要求
		工程结构特殊	工程采用了多种形式的型钢混凝土结构、梁柱节点复杂
4	多	设计选材广、组合多	工程建筑功能多样复杂,装饰效果要求高,选材范围广
		专业系统多,总包管理协调工作量大	工程涉及强电、弱电、精装修、消防、电梯、玻璃幕墙、空调、电气工程、燃气工程等众多专业,各专业施工任务量大,存在大量的专业交叉,还受到场地条件、垂直运输的制约,协调工作量巨大

4.3.2　BIM 应用策划

项目 BIM 应用的重点需求如下:

(1)提前解决图纸问题,进行机电、二次结构、钢结构、幕墙、装饰装修等多专业协同深化设计,提高图纸质量;

(2)进行复杂构件设计、加工,指导安装;

(3)规划各个阶段施工总平面布置、场内外交通组织;

(4)合理安排各专业各工序穿插,制定合理的施工进度计划,并用于现场管控;

(5)对重难点施工方案,验证施工方案的合理性,精准控制现场施工;

(6)辅助超高层施工的安全管理。

(7)进行进度、质量、安全、材料、成本等全方位的管理;

(8)进行多专业协同施工,并进行各参建方沟通;

(9)将 BIM 模型作为竣工交付内容之一;

(10)提高业主参与工程全过程管理的客户体验。

项目部制定了以下 BIM 应用计划,如表 4-4 所示。

重庆来福士广场项目 BIM 应用计划表　　　　　　　　　　表 4-4

序号	阶段	时间要求	BIM 模型	工作内容	成果内容
1	设计模型复核阶段	收到设计模型后 14 日内	设计模型	设计模型复核、提交优化的 BIM 模型及建议至发包方、审核并更新 BIM 模型	碰撞检测报告、优化建议、复核修改后的设计 BIM 模型
2	深化设计建模阶段	施工前一个月	深化设计 BIM 模型(LOD350)	在设计模型的基础上进行深化设计建模,多专业整合,并提交发包方审核,通过审核后辅助出深化设计图	设计变更洽谈单、深化设计 BIM 模型(机电、钢结构、幕墙)
3	深化设计图提取阶段	深化设计 BIM 模型批准后、施工前 1 周	深化设计 BIM 模型(LOD350)	从获得批准的 BIM 深化设计模型中提取深化设计图,并提交发包方审核;提取工程量清单、可视化图像及动画	深化设计图、工程量清单、可视化图像及动画

序号	阶段	时间要求	BIM 模型	工作内容	成果内容
4	施工过程阶段	相应部位施工前 15d	已经获得发包方批准的施工过程 BIM 模型（LOD400）	可视化沟通应用，基于 BIM 模型进行技术、进度、质量、安全、成本等方面的管理：施工场地布置、重难点施工模拟、三维技术交底、施工照明模拟、创建 BIM 虚拟样板间、重点区域装修材料及灯光方案模拟、装饰装修效果 VR 体验、三维扫描仪应用、放线机器人应用、移动端质量验收、隐蔽工程 AR 应用、360 全景技术应用、3D 打印、全息成像技术应用、安全防护规划及交底、VR 体验式安全教育系统应用、现场安防监控方案设计与模拟、无人机现场巡检、4D 施工进度管控、模型施工信息录入、BIM 云处理中心数据处理、BIM 协同平台应用等	可视化图像及动画、施工场地布置图、重难点施工模拟动画、三维技术交底文件、施工照明模拟动画；虚拟样板间模型、重点区域装修材料及灯光方案模拟效果图、装饰装修效果 VR 体验场景、三维扫描仪点云模型自动全站仪测量放线文件、移动端质量验收文件隐蔽工程 AR 应用场景文件、360 全景技术文件、3D 打印文件全息成像技术文件安全防护规划及交底文件、体验式安全教育系统应用文件、现场安防监控方案设计与模拟文件、无人机现场巡检文件、4D 施工进度管控模型与文件、施工过程模型、BIM 云处理中心文件、BIM 协同平台应用文件等
5	竣工交付阶段	竣工后 56d 内	创建竣工交付 BIM 模型（LOD500）	完成竣工 BIM 模型、竣工 BIM 模型信息录入、编制竣工 BIM 模型说明书	竣工 BIM 模型、竣工 BIM 模型说明书

项目 BIM 模型包含建筑、结构、机电、钢结构、幕墙、装饰装修等专业，除钢结构采用 TEKLA 进行建模外，其余专业均采用 Revit 进行建模。总包主要负责建筑、结构专业建模，其余专业建模由分包单位完成。

Revit 建立的土建模型可直接转成 NWC 格式，Tekla 建立的钢结构模型先导出 IFC 格式，再导入 Navisworks 进行碰撞检查、进度模拟等。Revit 模型导出 FBX 格式，再导入 3Dsmax 制作施工重难点动画模拟；将 Revit 模型导入结构分析软件 MIDAS 对超高塔楼进行有限元模拟分析，如图 4-33 ~ 图 4-36 所示。

图 4-33　裙楼结构模型

图 4-34　建筑及结构整合 BIM 模型

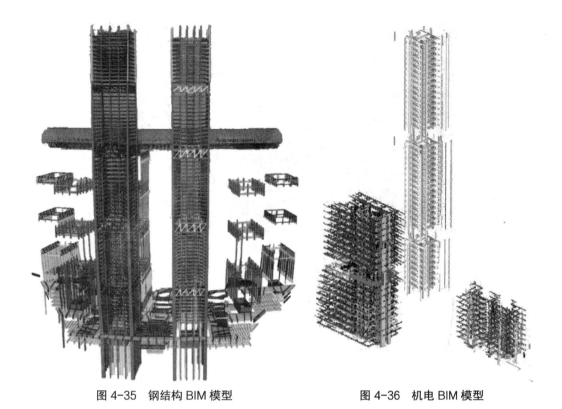

图 4-35　钢结构 BIM 模型　　　　　　　图 4-36　机电 BIM 模型

4.3.3　采光及照明模拟 BIM 应用

1. 室内采光模拟

重庆地区夏季日照强，超高层建筑受日照影响大，为了营造舒适温馨的高层办公与生活体验，室内采光、遮阳及景观效果十分重要，需要建筑能够结合地理位置、日照信息的三维可视化、参数化场景进行分析和模拟。项目部作为总包单位，在深化设计中利用 BIM 技术细化并优化了塔楼遮阳及景观布置方案。

项目应用 Fuzor 软件整合了 GIS 数据，并根据地点、日期和时间进行日光和天气模拟，以精确分析实际的阳光条件。通过 Fuzor 软件的实时日光分析功能，帮助设计师更好地理解自然光照对建筑物的影响。将 BIM 模型导入 Fuzor 软件中，设置项目的地理位置信息，选择夏至日和冬至日等时间，分别对塔楼各楼层进行室内采光分析、模拟，并设定遮阳窗帘的下拉时间段，模拟没有窗帘和窗帘下拉过程的室内光照情况。

通过 Fuzor 与 Revit 建模软件双向实时同步，将 BIM 模型导入 Fuzor 中，并根据室内景观设计方案在室内放置景观植物，模拟植物受光的时间段和效果，辅助业主及设计单位对塔楼的遮阳和室内景观的深化设计方案的评估决策，并向业主和租户展示意各楼层的日照效果，如图 4-37 所示。

图 4-37　T3N 塔楼 18 楼西朝向的采光模拟效果

2.VR 装饰装修及灯光方案动态模拟

以往的装饰装修效果通常是由装饰设计单位或装饰分包单位提供三维效果图给业主，由业主选择最终装修方案。供业主选择的装修方案往往不能按照业主的意愿做即时调整，返回设计单位重复修改方案的情况比较多，方案审核和通过的效率较低。另外，以往的三维效果图没有空间真实感，业主对方案评估的准确性也不高。项目利用 BIM 技术提前进行 VR 装饰装修及灯光方案动态模拟，让业主更加准确地评估装饰装修方案，确定最优方案。

项目 BIM 团队将 BIM 深化设计模型导入到 Fuzor 中，利用 Fuzor 对宴会厅多种装修材料、灯光亮度和色温方案进行动态演示模拟，并配合 VR 设备让参与方沉浸式体验装修效果，更真实地体验造型、材料选择、色彩搭配、空间效果，辅助业主、设计、施工方准确评估装修材料及灯光选择的合理性。利用上述方法，最终选出了宴会厅等空间装饰和灯光的最优方案，如图 4-38 所示。

图 4-38　宴会厅装修材料及灯光方案模拟

3. 夜间施工照明方案模拟及优化

工程地处重庆核心地段朝天门广场与解放碑之间，夜间施工照明对周边居民、城市夜景工程影响较大，需要提前对夜间照明方案进行模拟验证、优化，确保施工场地照明亮度及范围合理，避免光污染。

针对以上要求，项目利用 Revit 进行场地模型创建，Fuzor 进行照明模拟及灯光亮度调整。将 BIM 模型导入 Fuzor 进行夜间施工照明模拟，演示施工场地灯光布置方案及周边夜景灯光照明效果，确保照明亮度及范围合理，避免光污染，如图 4-39 所示。通过 Fuzor 将夜间施工照明方案的照明效果直观展示出来，全方位无死角，确保了照明方案既满足现场施工需求，又满足了绿色环保要求。

图 4-39　夜间施工照明模拟

4.3.4　三维激光扫描应用

1. 三维激光扫描辅助制定古城墙保护方案

由于项目超高层建筑的施工对周边环境有较大影响，应业主要求，对附近有年代的古城墙进行保护。项目部制定了保护方案，但需要对古城墙进行测绘，测量工作难度大且工作量大。

项目部通过三维激光扫描获取古城墙的点云数据，逆向建模，生成古城墙的三维模型，与本项目 BIM 模型进行整合，调整本项目 BIM 深化设计模型，以满足保护古城墙的要求。

项目部首先进行了数据采集，通过天宝 TX6 三维激光扫描仪对古城墙进行全方位扫描得到古城墙的原始点云数据。随后，对数据进行预处理，采用 Trimble Realworks 软件进行点云数据处理，主要包含数据拼接、数据剔除、数据精简、去噪等步骤。最后，进行三维建模。点云文件处理完以后,将点云文件导入 Revit 进行古城墙三维逆向建模,建模完成后与项目主体 BIM 模型整合,根据保护方案调整项目主体 BIM 模型,确保了古城墙保护方案的顺利实施,如图 4-40 ~图 4-42 所示。

图 4-40 古城墙三维扫描仪勘测点

图 4-41 古城墙三维扫描矢量图

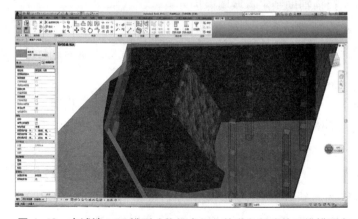

图 4-42 古城墙 BIM 模型(依据点云文件逆向创建的三维模型)

2. 三维扫描仪验证机房土建施工质量

项目机房设备众多，机电设备安装就位精度要求高。因此，需要对土建施工质量进行严格把控，对深化设计模型纠偏，对工程质量进行整改。项目部通过三维激光扫描获取机房土建结构的点云数据，逆向建模，生成机房土建三维模型，与土建 BIM 模型进行整合比对，生成质量偏差报告，调整机电 BIM 模型，确保机房设备及管线的顺利安装。

验证土建施工质量通过下列步骤进行：

（1）数据采集：通过天宝 TX6 三维激光扫描仪对机房土建结构进行全方位扫描得到土建原始点云数据；

（2）数据预处理：采用 Trimble Realworks 软件进行点云数据处理，主要包含数据拼接、数据剔除、数据精简、去噪等步骤，如图 4-43 所示；

（3）模型整合与比对：将土建点云数据与土建深化设计 BIM 模型对位重合，对比、分析施工误差，查找冲突，生成质量检验报告，根据报告结论调整土建 BIM 模型；

（4）机电 BIM 模型调整：将调整后的土建机房模型与机电模型整合，查找碰撞部位，调整机房 BIM 模型；

（5）对机房的施工误差进行整改，确保了机房机电工程顺利施工。

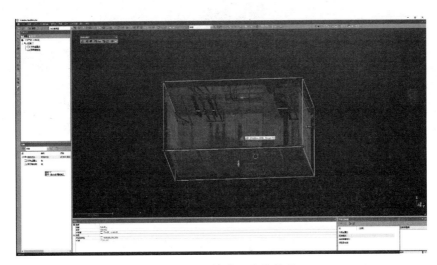

图 4-43　机房点云文件处理

4.3.5　虚拟现实技术应用

1. 虚拟样板间

在传统施工中，需要在装饰工程大面积施工开始前，制作实体样板。利用虚拟样板间，可以节约样板间的建造成本，还可以对重要施工节点进行施工交底。虚拟样板的载体及主要传播媒介为 LED 屏、二维码、VR 样板体验间。

项目根据现行相关规范运用 Revit 进行模型搭建，搭建模型过程中需要满足规范要求，对尺寸、材料、外观进行严格控制。将创建的样板间 BIM 模型，导入到 Fuzor 软件中，配合 VR 设备，施工人员身临其境地观看样板间虚拟样板，与部分实物样板相结合，开展项目的施工质量交底。

采用 BIM 虚拟样板间模型、动画三维可视化交底，取代传统的二维、文字交底，可以更加清晰地展示工艺工序、规范要求及重、难点控制，降低交底难度，减少现场施工失误造成的返工、务工及经济损失。有效避免材料和人工的浪费，符合绿色施工的理念，如图 4-44 所示。

图 4-44　楼梯虚拟样板展示

2.VR 体验式安全教育系统应用

目前，国内对各类工程施工安全越来越重视，但是安全教育宣传模式力度不足，有些项目通过建立实体安全体验馆进行安全教育，占用场地大、成本高，无法广泛推广。项目通过虚拟现实引擎开发安全教育场景，基于 VR 设备（VR 头盔及手柄、定位器及支架），使参与者体验不同场景下安全事故的发生。VR 虚拟安全教育系统与传统的安全馆相比，具有占地小（5 ~ 10m²），体验真实，工人参与积极性高效果好、教育内容可增减，软件一次投入，费用低，可以复制推广等优点。

项目利用上级企业联合软件公司创建的安全教育场景 BIM 模型，基于 UE4 虚拟现实引擎开发了 VR 体验式安全教育系统，参与者配套 VR 头盔及手柄可进入虚拟体验场景，身临其境地感受安全事故的发生，从身体上和心灵上感受伤亡事故的发生，大幅度提高了工人的参与程度和安全教育的效果，如图 4-45、图 4-46 所示。

图 4-45　建筑施工 VR 体验式安全教育系统

图 4-46　高空作业佩戴安全绳防护教育

4.3.6　3D 打印技术应用

　　工程体量巨大，设计复杂，许多重点难点部位需要有专项的技术方案，并进行专项的技术交底。对于钢筋与钢结构"打架"，钢结构之间碰撞等位置，进行深化设计之后进行交底还是存在描述不清或者理解有误差的情况。需要制作立体模型用于技术交底，可以大大减少沟通障碍，直观形象地进行交流。

　　项目部采用了 3D 打印技术，将复杂节点及重点部位打印成实体模型进行展示，用于技术交底，直观形象。如 T3N 塔楼 L11 层为避难层，该层包含巨柱框架、核心筒、腰桁架、创新组合伸臂、钢混环梁等结构，同时也是施工重难点。项目成立专项小组，针对超高层建筑伸臂桁架层（含环梁系统）施工难点，将避难桁架层施工流水分为核心筒预埋、钢结构、钢混环梁、角部加强翼缘劲性结构施工，重点解决爬模如何顺利爬过桁架层的问题，优化复杂节点钢结构和钢筋的碰撞问题。通过打印 3D 模型进行可视化交底，直观形象，避免交底内容模糊不清，大幅提高了效率和施工质量，如图 4-47、图 4-48 所示。

图 4-47　复杂钢结构钢筋节点

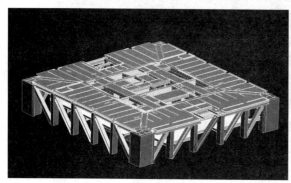

图 4-48　T3N 塔楼 L11 层避难层 Revit 模型与 3D 打印模型

4.3.7　BIM 应用总结

通过应用 BIM 技术，项目部总结了如下经验：

（1）在大型复杂项目中应用 BIM，最能体现 BIM 的优势。项目在解决复杂技术难题、各阶段资源投入、施工组织、多专业协同、各参建方协同等方面，BIM 技术应用的优势特别明显。

（2）一个项目 BIM 应用的成败，主要取决于以下三个方面：一是项目领导层对 BIM 应用的重视程度；二是项目管理人员的管理水平、BIM 认知水平、技能水平；三是 BIM 专职操作人员的操作熟练程度和本专业知识掌握程度。

（3）企业 BIM 培训应分层组织。培训应由 BIM 专业培训、BIM 应用层培训、BIM 管理层培训组成。BIM 专业培训的内容是 BIM 软件的操作、模型的创建方法、BIM 成果提取及制作方法；BIM 应用层培训的内容主要是 BIM 在施工中的应用方向、方法，BIM 成果的应用方法；BIM 管理层培训主要内容是企业层面如何利用 BIM 进行项目管控。

（4）全员普及 BIM 应用，应有相应的制度约束。制度约束不仅包含普通员工，还要包含项目层面管理人员和企业管理层。制度约束不仅要有培训，还应进行考核。同时，企业应该培训和考核应该作为员工岗位考核的基本内容之一，并视为一项长期固定的工作。

项目也总结了一些教训：

（1）BIM 应用是否能落地，要看 BIM 需求是否源于施工管理需求。BIM 应用内容一定要根据项目需求制定，不能盲目照搬其他项目应用经验。施工单位创新应用的目的是如何更好地辅助施工建造过程，应该侧重于应用内容、应用方向的创新。

（2）BIM 应用人员的水平、BIM 专业人员的现场经验在一定程度上决定了 BIM 应用的成败。BIM 普及需要一定的过程，现阶段 BIM 专职人员在复杂项目中仍然是必不可少的。为了便于 BIM 软件的普及，施工企业应该通过每年不断注入新的具备 BIM 技能的复合型人才，提高掌握 BIM 建模软件人才占比，逐步在管理人员中普及 BIM 工具软件的应用。

（3）为了避免出现分包单位 BIM 应用水平跟不上、BIM 工作协调难的情况，总包单位应在工程发包方招标时，提出对分包单位的 BIM 相关要求，这样，才能在项目协同工作中提高效率，顺利应用 BIM。

4.4　深圳阿里巴巴大厦施工总承包工程

4.4.1　项目概况

深圳阿里巴巴大厦 / 阿里云大厦是由传云网络技术（深圳）有限公司 / 传云科技（深圳）有限公司投资建设的以办公为主，集商业、研发、运用为一体的综合楼。工程占地面积 16291.57m²，总建筑面积 123380.64m²，拟建建筑物为 3 层地下室、4 栋高层（N1、N2、S1、S2）塔楼及附属裙楼，塔楼间通过 3 个连廊（桥）连接。工程地上结构外立面凹凸变化很大,呈现出极不规则的"积木形状",整个建筑外形犹如一团漂浮的"云",如图 4-49 所示。

图 4-49　深圳阿里巴巴大厦项目效果图

工程重难点:

1. 结构形式复杂

工程造型独特,结构复杂,地上结构外立面凹凸变化很大,呈现出极不规则的"积木形状",在国内建筑造型中较为罕见。特殊的造型必然提高了施工的难度,如模架支撑、安全防护、垂直运输设备安装、材料运输等。同时,工程涉及土建、钢结构、装饰装修、机电、室外工程等多个分包,交叉作业较为频繁,施工协调的难度大。

2. 目标要求高

工程为传云网络技术(深圳)有限公司/传云科技(深圳)有限公司投资兴建的办公、商业、研发、运用为一体的综合楼,为阿里巴巴公司在华南片区标志性建筑,建筑的知名度享誉全国。项目从立项开始,业主和项目部对工程的质量、安全、进度等提出了严格要求,着力打造深圳市、广东省乃至全国范围的知名工程,在施工管理、进度控制、质量控制、科技示范等方面严格执行公司标准化,确保工程各项创优目标顺利实现。

3. 计划管理复杂

根据总进度计划,工程由 2013 年 9 月 15 日正式进场施工,2014 年 9 月 10 日结构封顶,主体施工时间 360d。2015 年 10 月 30 日竣工,总工期 775d。主体包含地下三层，地上 17 层。工程涉及内支撑拆除、地下室施工、主体结构施工等，其中主体结构为钢框架＋钢桁架楼板＋钢筋混凝土形式，吊装作业量大，吊装作业频繁。工程进度受制于外界因素较多。

4.4.2　BIM 应用策划

应用 BIM 施工技术，不仅可实现可视化施工管理，还可以实现图纸深化设计和碰撞检查，规避施工风险。同时，在纸质版图纸的基础上进行建模分析，实现各专业集成检查交付，确保工程进度、质量、安全等目标顺利实现。

此外，由于结构外立面伸缩剧烈，造型复杂，结构外防护极为重要。因此，项目利用 BIM 可视化动态管理的优势，利用 BIM 模型进行结构分析及施工模拟，选择合理的施工部署和施工工序，保证关键工作按时完成。同时，利用 BIM 族库进行安全防护措施的搭设，保证工程在安全有序的环境下进行。

1. 基于 BIM 的深化设计

通过 BIM 模型的三维可视化和 BIM 软件的碰撞功能进行深化设计方面研究。通过建立 BIM 土建、机电模型，在 Revit 系列软件中进行碰撞分析，找出管线布置的不合理性。通过 BIM 模型的三维可视化和碰撞结果，优化地下室和主体结构阶段的管线空间，并形成多种优化调整方案，供业主选择。建立钢结构 Tekla 模型，将其通过转化后融入土建和机电的 BIM 模型中，通过模型进行观察及碰撞分析对钢结构连接节点进行优化，形成优化节点三维模型辅助进行加工与现场检查。

2. BIM 支持图纸和变更管理

根据设计图纸，建立项目结构模型、建筑模型及复杂节点模型，在此过程中通过三维可视化或碰撞分析发现图纸疑问，在图纸会审会议上以模型为沟通平台，更有效率的解决图纸问题。

3. 基于 BIM 的施工工艺模拟优化

利用 BIM 软件仿真模拟功能辅助项目重要施工方案的选择与合理化分析。利用 Navisworks 软件将 BIM 模型与施工计划进行匹配，模拟拆撑过程，再通过结构受力分析软件分析每一步拆撑过程的受力状况，确定方案的可靠性，最终利用模拟画面和模型进行方案交底。

4. 基于 BIM 的工程量计算及可视化交流

利用 BIM 模型进行数据统计，多算对比帮助降低工程量计算工作，同时利用 BIM 模型进行会议组织，降低会议沟通成本。利用 BIM 模型快速出量，对比不同方案工程量变化，并将模型导入专业算量软件做多算对比，降低工程量单一计算时的错误率，为项目精细化管理服务。将 BIM 模型和 BIM 施工模拟画面运用到项目上的图纸会审会议、进度会议、平面布置协调会议等，制定 BIM 会议制度，将 BIM 真正融入项目活动中。

5. 基于 BIM 的进度和平面协调管理

通过 BIM 模型三维可视化和进度、平面布置的模拟进行进度和平面的协调管理。根据 BIM 软件仿真模拟的要求，规范进度计划的编制子项，将项目进度计划与模型匹配后，通过 Navisworks 软件进行施工进度的模拟，帮助项目进行计划的优化。利用现场监控等设备，将施工进度模拟画面与现场完成情况进行对比，及时对比进度偏差，并制定纠偏措施。建立现场临建族，将大型机械设备进行布置模拟，按照时间的先后模拟不同施工阶段的临建布置，争取实现平面布置最优化，给现场施工提供最有利的资源搭配。

6. 基于 BIM 的质量安全管理

利用 BIM 模型三维可视化及相关便携式设备帮助现场质量管理和安全管理。通过 BIM360 软件进行 BIM 模型与现场实物的对比，帮助管理人员快速发现质量问题，并利用平板电脑对现场质量问题进行拍照，现场记录整改问题，将照片与问题汇总后生成整改通知单下发，从而加强对施工过程的质量控制。同时将 BIM 融入样板中，打破传统在现场占用大片空间进行工序展示的单一做法，在现场布置多个触摸式显示屏，利用 BIM 的施工模拟功能将现场重要样板做法进行动态展示，为现场质量管控提供服务。通过建立防护体系族，快速布置现场安全防护设施，通过 BIM 软件漫游功能进行全方位的防护方案判断，避免安全隐患。

7. 竣工管理和数字化交付

在实施过程中不断修改 BIM 模型及补充工程信息，形成包含建筑施工及维保信息的竣工 BIM 模型，将其交付业主。

4.4.3 基于 BIM 的工程项目总承包进度计划管理

项目应用基于 BIM 的工程项目总承包进度计划管理系统，通过流水段划分、横道图、网络图、导入导出 Project 文件等实用功能，提升进度计划规范性，快速编制施工进度计划。项目通过工序、工作面等规则检查和基于位置的流线图等两种工具，对进度计划进行逻辑分析检查，查找错误并进行纠错和优化。基于已制定好的进度计划，在 Navisworks 的 4D 虚拟施工的执行过程中，执行工作面、施工设备设施等的碰撞检查，并以工作面进度条、色块、闪烁等来表示工作进度及工作面以及设备设施之间的碰撞冲突。相关 BIM 应用成果指导施工的周、月计划报表制定，根据实际施工进度进行计划的调整，组织施工。从 Navisworks 提取构件面积和体积等构件信息，根据定额计算出混凝土量、模板量、钢筋量等工程量，进而通过时间和人工工效计算出所需的劳动力，形成相关图表。

项目充分考虑计划与模型的匹配要求，将进度计划子项及 BIM 模型中的构件，按专业、分区段及部位、考虑楼层进行统一命名、统一格式，如图 4-50 所示。

任务名称	工期	开始时间	完成时间	前置任务	任务类型	匹配项
施工总进度计划	601 d	2013年09月15日	2015年07月16日			
施工准备	15 d	2013年09月15日	2013年09月29日			
地基与基础	292 d	2013年09月15日	2014年08月08日			
土方开挖施工	76 d	2013年09月15日	2013年11月29日		土方	TF
D区土方开挖施工	25 d	2013年09月15日	2013年10月09日	2SS	土方	TF
A区土方开挖施工	25 d	2013年09月17日	2013年10月11日	2SS+2 d	土方	TF
B区土方开挖施工	20 d	2013年09月30日	2013年10月19日	2SS+15 d	土方	TF
C区土方开挖施工	20 d	2013年10月15日	2013年11月03日	7SS+15 d	土方	TF
E区土方开挖施工	10 d	2013年11月10日	2013年11月19日	8SS+8 d	土方	TF
F区土方开挖施工	10 d	2013年11月20日	2013年11月29日	9	土方	TF
基坑支护	68 d	2013年12月10日	2014年03月23日			
角撑区基坑支护拆除施工	11 d	2013年12月10日	2013年12月20日		角撑	JCCC
底板外侧防水施工	2 d	2013年12月10日	2013年12月11日	61		
底板外侧回填石粉渣(换撑砼)	2 d	2013年12月12日	2013年12月13日	13		
角撑拆除	7 d	2013年12月14日	2013年12月20日	14		
内支撑区基坑支护拆除施工	54 d	2013年12月24日	2014年03月23日		环撑	HCCC
地下室负三层外侧防水施工	15 d	2014年01月01日	2014年01月07日	55FS+3 d		
地下室负三层外侧回填石粉渣(换撑	15 d	2013年12月26日	2014年01月09日	17SS+2 d		
地下室内支撑割皮、钻孔	15 d	2013年12月28日	2014年01月11日	18SS+2 d		
地下室内支撑静爆、拆除	16 d	2014年01月12日	2014年03月04日	19		
混凝土渣清理(跨年清理)	30 d	2014年01月17日	2014年03月23日	20SS+5 d		
阿里巴巴/阿里云桩基检测	62 d?	2013年09月20日	2013年11月20日			
地下室后浇带封闭	30 d	2014年05月26日	2014年06月24日	33FS+45		
地基与基础及地下室结构验收	15 d	2014年07月25日	2014年08月08日	23FS+30		
地下室结构施工	372 d	2013年10月05日	2014年11月16日			
A区地下室结构施工	145 d	2013年10月12日	2014年04月10日		结构	
地下室底板结构施工	59 d	2013年10月12日	2013年12月09日		结构	ADB
砖胎横砌筑及底板垫层施工	25 d	2013年10月12日	2013年11月05日	6	结构	
防水及保护层施工	15 d	2013年11月06日	2013年11月20日	28	结构	
底板施工	20 d	2013年11月20日	2013年12月09日	29FS-1 d	结构	
负3层结构施工	20 d	2013年12月14日	2014年01月02日	15FS-7 d	结构	A-3
负2层结构施工	30 d	2014年01月10日	2014年03月16日		结构	A-2
负1层结构施工	25 d	2014年03月17日	2014年04月10日	32	结构	A-1
B区地下室结构施工	140 d	2013年10月17日	2014年04月10日		结构	
地下室底板结构施工	56 d	2013年10月17日	2013年12月11日		结构	BDB
砖胎横砌筑及底板垫层施工	25 d	2013年10月17日	2013年11月10日	7FS-3 d	结构	
防水及保护层施工	15 d	2013年11月11日	2013年11月25日	36	结构	
底板施工	20 d	2013年11月22日	2013年12月11日	37FS-4 d	结构	
负3层结构施工	18 d	2013年12月12日	2013年12月29日	35	结构	B-3
负2层结构施工	30 d	2014年01月10日	2014年03月16日		结构	B-2
负1层结构施工	25 d	2014年03月17日	2014年04月10日	40	结构	B-1
C区地下室结构施工	121 d	2013年10月31日	2014年04月05日		结构	
地下室底板结构施工	48 d	2013年10月31日	2013年12月17日		结构	CDB

图 4-50　项目进度计划设置匹配项

利用 BIM 技术可视化的优势，对建筑进行虚拟建造，提前发现施工中可能遇到的问题，并合理优化进度计划，如图 4-51 ~ 图 4-53 所示。

图 4-51　Revit 模型的导入

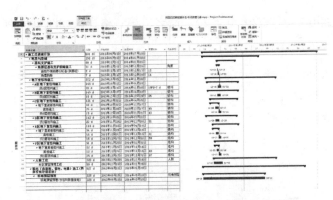

图 4-52 Project 进度计划的导入

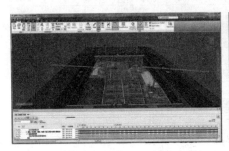

图 4-53 进度模拟

在进度计划软件中设置项目基线，根据项目基线来分析偏差。在实际工作开始与实际工作结束中填写工作实际起止时间，再将进度跟踪数据导入 Navisworks 中，利用 4D 施工模拟进行直观的进度情况查看与分析。进度模拟的动画与项目实时照片进行对比，在周例会、月例会上进行进度情况对比分析，直观反应进度提前或滞后情况，分析确定影响进度的因素，制定针对性的改进方案或纠偏措施，保证进度计划的有效落实，如图 4-54 所示。

阿里巴巴大厦/阿里云大厦施工总承包工程上周计划完成情况（十四）

（12.20—12.26）

计划项目	开始时间	完成时间	实际完成百分比
1. D区负二层梁板钢筋制安完成100%	12月20日	12月20日	已完成100%
2. D区负三层墙柱，负二层梁板混凝土浇筑完成100%	12月21日	12月21日	已完成100%

分析原因	纠偏措施

图 4-54 进度跟踪与控制

4.4.4　BIM 辅助内支撑拆除施工技术

项目基于 BIM 技术对阿里巴巴地下室基坑支护拆撑方案进行模拟与优化。基于 BIM 的环形钢筋混凝土内支撑拆除施工，主要利用 Revit 软件把二维图纸翻译成三维模型，利用三维模型的可视化初步确定施工方案，利用 Naviswork 进行施工模拟，确认方案的可行性确，利用 MIDAS 对内支撑拆除过程进行受力分析，保证施工方案的安全性，最后利用可视化的模型交底施工，并安装摄像头进行动态监控，确保施工方案的正确实施。施工工艺采用静爆加人工拆除的施工方法。整体流程如图 4-55 所示。

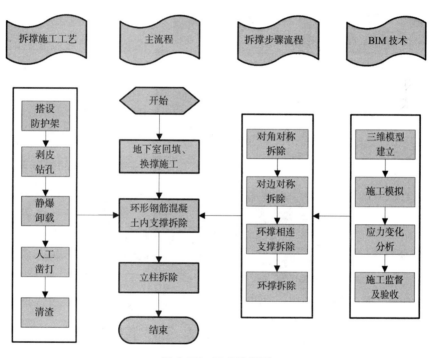

图 4-55　工艺流程图

三维模型应包括结构底板、围护桩、内支撑、立柱桩等。内支撑模型满足施工模拟需求，并分别编号；结构构件参数的添加应全面，包括构件类型、限制条件、几何信息、结构材质、结构分析及钢筋保护层厚度等。Revit 文件包括三维模型、立面图、剖面图、详图、效果图、标注及统计等，如图 4-56 所示。

为了更好地协调拆撑工序，项目利用 Naviswork 软件的模拟功能，对内支撑进行虚拟拆除。通过将三维模型数据与拆撑进度计划相关联，实现四维可视化模拟，可以清晰地表现各工序之间的衔接和施工进度，有助于及早发现问题，解决问题，如图 4-57 所示。地下室回填换撑及施工模拟如图 4-58、图 4-59 所示。

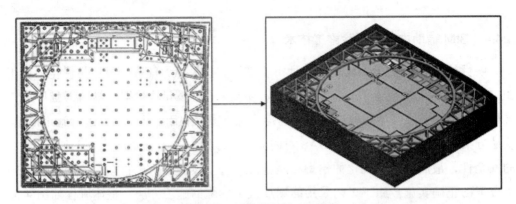

图 4-56　二维图纸到三维模型

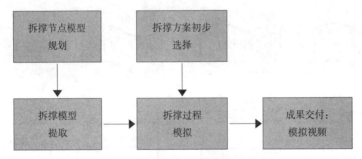

图 4-57　拆撑施工模拟流程图

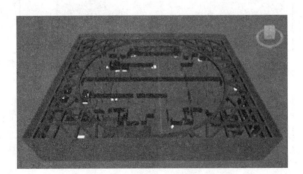

图 4-58　地下室结构施工

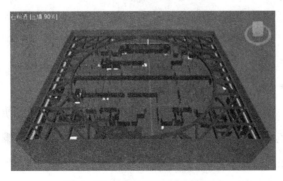

图 4-59　地下室结构回填换撑

项目拆除地下室内支撑时，对内支撑梁进行拆除，立柱不动，内支撑拆除贯彻对称卸载的原则，先对外排桩与内立柱连接内支撑梁实施静爆卸载。两道支撑在静爆实施完成后12h均应进行监测，密切监测，待数据变化稳定后停止监测。模拟过程如图 4-60 所示。

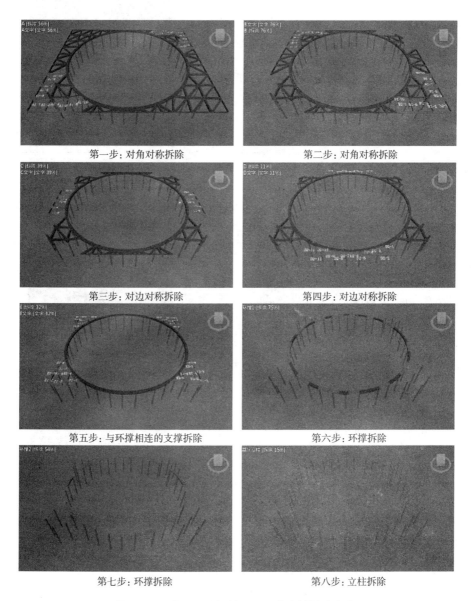

第一步：对角对称拆除　　　　　　　　　第二步：对角对称拆除

第三步：对边对称拆除　　　　　　　　　第四步：对边对称拆除

第五步：与环撑相连的支撑拆除　　　　　　第六步：环撑拆除

第七步：环撑拆除　　　　　　　　　　第八步：立柱拆除

图 4-60　水平环形钢筋混凝土内支撑拆除步骤

项目利用有限元分析软件 Midas 进行拆撑过程的应力分析。针对拆撑过程，将结构计算模型导入 Midas，分别进行加载、添加约束条件、设置荷载组合，进行应力分析计算，如表 4-5 所示。

应力变化分析

表 4-5

说明	应力示意图
初始位移最大值为 –12.4mm 在允许范围内	
一对对角支撑拆除时位移最大值 –23.4mm 在允许范围内	
两队对角支撑拆除时位移最大值 –22.3mm 在允许范围内	
对边支撑拆除时应力最大位移 –9.3mm 在允许范围内	
环形钢筋混凝土内支撑全部实施爆破卸载后支撑立柱的应力变化最大值 1.3MPa 在允许范围内	

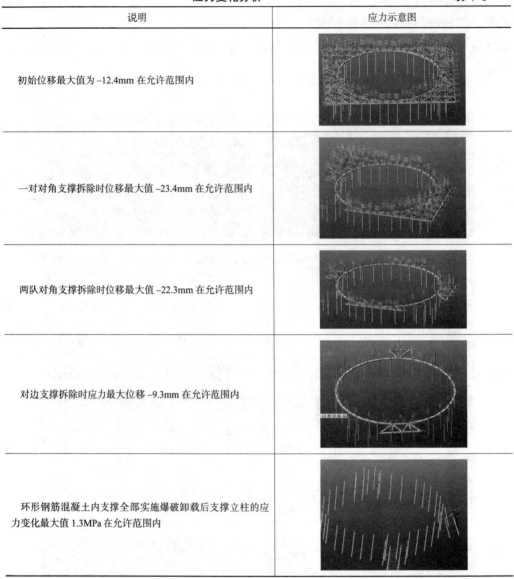

施工方案确定后对工人进行交底施工，为了保证内支撑拆除方案能更好地实施，利用摄像头对现场实际施工情况进行动态监控，检查施工方法、施工顺序是否按照方案进行，并利用 BIM 模型辅助验收，如图 4-61 所示。

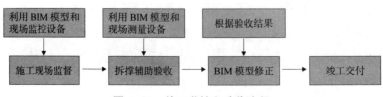

图 4-61　施工监控和验收流程

项目的研究成果形成湖北省《基于 BIM 的内支撑拆除施工工法》。此工法把传统的内支撑拆除与 BIM 技术有机地结合起来，利用 BIM 的三维建模技术、4D 施工模拟、应力变化分析技术实现虚拟内支撑拆除过程，进行施工方案检查优化，并且对施工过程进行监控，从而优化从设计决策、建筑实施、设施管理等各个环节。工法适用于各类公共与民用建筑地下室阶段环形钢筋混凝土内支撑拆除施工，具有如下优点：

（1）实施基于 BIM 的内支撑拆除，施工信息来源明确，与工程各参与方的沟通交流真实可靠，避免工期滞后、返工，经济效益显著；

（2）基于 BIM 的内支撑拆除方案进行荷载计算、施工模拟，为施工的安全性提供保障；

（3）基于 BIM 的内支撑拆除施工为传统的施工开辟了新的思路，通过合理的施工部署，优化的技术方案，缩短了工期。

4.4.5　BIM 辅助桩基施工技术

项目利用 BIM 技术辅助桩基终孔控制、深化设计、场地平面布置及信息管理。通过 BIM 软件建立桩基阶段岩层、工程桩、钢筋笼等 BIM 模型，自动得到桩长，从而辅助桩基终孔控制。利用建立钢筋笼 BIM 模型深化设计钢筋笼节点，利用场地平面布置的模拟辅助进行动态平面布置管理，利用 BIM 软件自动归集及提取功能实现项目信息的自动分类统计及快速查找。

项目通过 BIM 技术将工程桩所处位置的地质条件、地下各岩层的走势与关系以及现场施工的场地条件等施工信息直观反应在三维模型中，根据设计图纸对工程桩持力层要求进行基础桩模拟施工，并结合场地环境优化现场平面布置；利用 BIM 软件的自动统计及过滤提取信息功能快速直观的确定桩的终孔深度、位置及混凝土、钢筋等桩基施工工程量，并将工程资料与构件进行有效连接，通过模型辅助管理工程资料，总体流程如图 4-62 所示。

模型精度直接关系到应用深度，建立模型初期模型细度如表 4-6 所示。

表 4-6

桩基施工模型细度

序号	模型名称	模型细度要求
1	地形	桩端持力层及地表面绘制出
2	工程桩	反应实际工程桩形状即可
3	工程桩钢筋	钢筋分节点清晰，钢筋型号标出
4	施工现场平面布置模型	清晰反映施工道路、场地机械、泥浆池等堆场布置
5	其他模型	根据实际需要进行模型完善

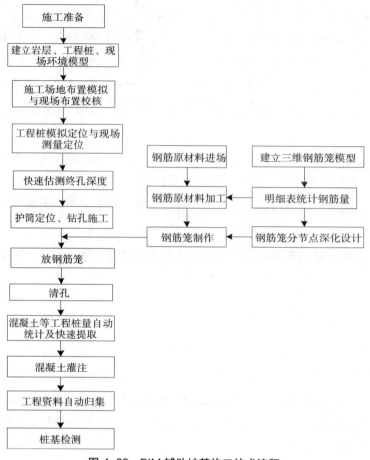

图 4-62　BIM 辅助桩基施工技术流程

　　岩层模型可用 Revit 软件的板构件属性绘制，岩层不同的高程点可用"添加点"命令来操作，根据设计图纸对桩端持力层要求的不同，将不同的持力层用不同的颜色进行标识，以便区分岩层关系，如图 4-63 所示。工程桩模型利用 Revit 软件的柱构件属性绘制，不同直径的桩需用不同的标号分开。施工现场临建族、场地道路可利用 Revit 族建立功能绘制，外形大致相同即可。钢筋笼模型可直接在 Revit 软件中选取添加，若遇到 Revit 软件中没有的钢筋形状，也可利用族功能自行绘制，如图 4-64 所示。

图 4-63　持力层岩层绘制示意图

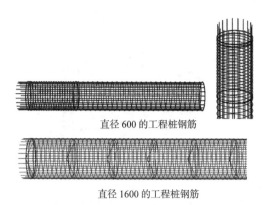

直径 600 的工程桩钢筋

直径 1600 的工程桩钢筋

图 4-64　钢筋模型绘制示意图

在施工场地布置模拟与现场布置校核中，项目根据工期、机械投入量及场地情况对桩基进行分区、分段，初步确定区与区之间、段与段之间的施工先后顺序。利用Navisworks 的模拟功能对初定的布置方案进行动态模拟展示，充分听取不同分包对工作面、资源协调等方面的要求，优化布置方案直至形成最终的施工组织平面布置方案。在确定方案后可直接以截图或视频展示的方式对管理人员及现场工人进行技术交底，直观传递平面布置信息。

在工程桩模拟定位与现场测量定位中，在 Revit 软件中将工程桩位置的 CAD 图与场地模型进行基点重合后，自动生成工程桩坐标位置信息，为现场工程桩定位提供方便快捷的帮助。在场地平整后，根据模拟定位信息将工程桩在现场的位置进行放线定位，并将定位信息进行标记。

项目结合图纸要求及规范，分别考虑工程桩进入持力层的位置以及工程桩入岩深度达到要求时的位置，将工程桩模型通过"附着"功能自动延伸至岩层目标点，工程桩附着岩层示意图如图 4-65 所示；直接从工程桩属性栏中读取工程桩长度，工程桩长度自动读取示意图如图 4-66 所示，再根据场地标高确定是否有空桩，若有空桩，需将读出的工程桩模型长度与空桩长度加上后确定终孔深度，若没有空桩，则确定桩长即为终孔深度。

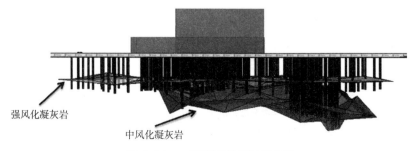

强风化凝灰岩

中风化凝灰岩

图 4-65　工程桩附着岩层示意图

图 4-66 工程桩长度自动读取示意图

项目利用 Revit 软件，参照配筋图将钢筋笼模型进行整体模型建立，根据现场钢筋笼堆场的大小及本身桩长的大小，对模型进行分节拆分，并将每节的连接处进行细部构件模型建立及优化，确保钢筋的位置、间距、根数、型号的准确。

模型建立后自带长度及体积等信息，Revit 的明细表功能可自动统计及分类。而通过明细表中"过滤关键字"功能可实现快速提取所需工程量的要求，例如需要桩的混凝土量或钢筋的重量时，可直接从明细表中筛选出体积选项来获取。

项目利用 Revit 软件的添加"项目参数"功能在工程桩构件中添加桩编号、桩直径、桩混凝土强度、桩的成孔深度、桩的成孔时间等属性栏，信息可直接填入属性栏，工程桩信息属性栏示意图如图 4-67 所示；工程资料的电子版可利用构件中的 URL 链接功能进行关联，实现通过构件属性栏找寻资料的功能，为项目过程控制资料完整性和最后竣工验收时档案归集提供帮助。工程桩信息归集示意图如图 4-68 所示。桩基施工完成后按照相关的规范要求进行桩基检测，过程资料可利用 BIM 模型中的信息进行复核和查找。

文字	
桩编号	T16-20
桩名称	ZH6a
桩的分区名称	展示区裙房
桩直径	1200mm
桩的混凝土强度	C30
桩的成孔深度	19.675m
桩的成孔时间	2013 年 7 月 5 日
桩的实际浇筑量	24m³
椭圆桩长	
材质和装饰	
结构材质	混凝土 - 现场…

图 4-67 工程桩信息属性栏示意图

〈结构基础明细表〉

分区名称	面积	混凝土	混凝土符号	桩长	基础厚度	基础尺寸	体积	基础名称	构件总数	桩的实际收浆量	桩的成孔时间
裙楼	7 ㎡	C40	C40		1500	1600*1600	3.84	CT-01			
裙楼	7 ㎡	C40	C40		1700	1600*1600	3.84	CT-01b			
裙楼	7 ㎡	C40	C40		1700	1600*1600	3.84	CT-01b			
裙楼	7 ㎡	C40	C40		1500	1600*1600	3.84	CT-01			
裙楼	8 ㎡	C40	C40		1500	1600*1600	3.73	CT-01			
裙楼	8 ㎡	C40	C40		1500	1600*1600	3.84	CT-01			
裙楼	8 ㎡	C60	C40		1500	1600*1600	3.73	CT-01			
裙楼	6 ㎡	C60	C40		1500	1600*1600	3.73	CT-01		▾	
裙楼	8 ㎡	C40	C40		1500	1600*1600	3.73	CT-01			
裙楼	8 ㎡	C40	C40		1500	1600*1600	3.73	CT-01			
裙楼	8 ㎡	C40	C40		1500	1600*1600	3.73	CT-01			
裙楼	7 ㎡	C40	C40		1700	1600*1600	3.73	CT-01			
裙楼	8 ㎡	C40	C40		1500	1600*1600	3.73	CT-01			
裙楼	6 ㎡	C40	C40		1700	1600*1600	4.24	CT-01b			
裙楼	9 ㎡	C40	C40		1600	1800*1800	5.03	CT-02			
裙楼	9 ㎡	C40	C40		1600	1800*1800	5.03	CT-02			
裙楼	9 ㎡	C40	C40		1600	1800*1800	5.09	CT-02			
裙楼	8 ㎡	C40	C40		1500	1600*1600	3.73	CT-01			
塔楼	8 ㎡	C40	C40		1500	1600*1600	3.73	CT-01			
塔楼	8 ㎡	C40	C40		1500	1600*1600	3.73	CT-01			
塔楼	8 ㎡	C40	C40		1500	1600*1600	3.73	CT-01			
塔楼	8 ㎡	C40	C40		1500	1600*1600	3.72	CT-01			

图 4-68　工程桩信息归集示意图

项目相关成果形成《BIM 技术辅助桩基础施工工法》湖北省工法，具有如下优点：

（1）有效降低人为因素影响的终孔错误；

（2）模拟技术降低施工组织难度，提高现场工作效率；

（3）信息自动集成，分类清晰，提取方便；

（4）工程量提取方便，快速判断变更合理性；

（5）平台沟通效果明显，信息传递损耗降低。

4.4.6　基于 BIM 的砌块砌体工程标准化技术

项目制作砌体 BIM 族库进行电子排版和施工模拟，实现砌体施工动态样板。族主要依据市场销售砌块的标准尺寸，以及施工中常用切割尺寸。同时，根据整个建筑模型，对相同的砌块砌筑区域进行单元划分，并进行编号，相同单元不仅尺寸要求相同而且对砌块砌筑的要求也应相同，相关参数相同的即可归为统一单元体，在大面积墙体砌筑过程中，以构造柱设立的位置来划分砌筑单元。尽量将大面积砌筑墙体进行分割为小的标准化砌筑单元体，划分如图 4-69 所示。

图 4-69　构造柱设置

在砌块布置布置过程中应该按照以下原则：

（1）砌块的排列应力求整齐，有规律，既考虑建筑物的立面要求，又要考虑施工方便；

（2）优先选用大砌块，以充分发挥吊装机具的能力；

（3）用砌块砌墙时，砌块之间要搭接，上下皮的垂直缝要错开；

（4）尽可能少镶砖，必须镶砖时，则尽量分散、对称，镶砖不宜侧砌或竖砌；

（5）当构件的布置与砌块发生矛盾时，应先满足构件的布置。在砌块砌体上搁置梁时，应尽量搁在砌块长度范围内；

（6）砌块墙在内纵墙与横墙相交处没有设置构造柱时，应相互搭接，如纵横墙不能搭接，必须用钢筋网片拉接，以满足墙体的强度和刚度的要求；

（7）在砌块布置过程中对于新增加的砌块族应该严格按照要求进行命名。

项目在利用 Revit 进行砌块布置过程中，严格按照以上原则进行。在三维布置过程中实时检查砌块布置的平整度、灰缝的设置，在项目中有多处参数相同的砌体墙时，完成其中一个单元的砌体布置之后，通过软件的成组功能，形成砌块布置的模块，在后续相同单元砌体布置时，直接选用砌块组进行布置即可，大大加快砌块布置的效率。如图 4-70 所示均可设置为砌块族，形成布置模块。

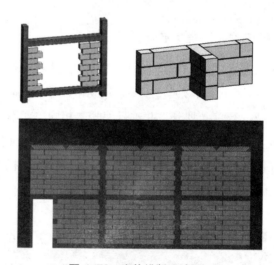

图 4-70　砌体排版设计图

在完成模型布置后，对模型布置情况进行校核，校核砌块布置是否满足相关开洞等要求，在满足相关要求的基础上，对砌块排版布置进行优化，尽量减少砌块切割加工，减少砌块浪费，提高砌块利用率。

对每个墙单元完成排版后，利用 Revit 导出明细表的功能，导出某个墙单元所需的各种规格的砌块的数目，还可选择建筑的某一层或者整栋建筑进行所需砌块数量的统计，以满足不同的需求，如图 4-71 所示。

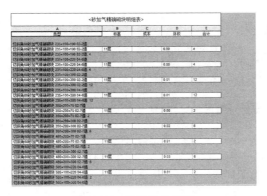

图 4-71　砌体构件料表

在砌块完成后，利用 Revit 软件通过对设置模型图元的尺寸标注以及注释说明，选择添加相关必要的数据信息，完成所有设置，而且命名正确，即可导出 CAD 文件或者直接将 BIM 模型用于指导车间加工和现场施工。

砌块运输可以以砌筑单元墙所需砌块为运输单元，根据 Revit 导出的所要砌筑的单元墙所需的砌块种类和数量进行调配然后进行运输，运输到楼层相应砌筑点进行集中堆放。砌块运输过程中应避免碰撞而导致砌块缺棱掉角，根据加工图就近堆放在要砌筑的墙附近。

砌块施工前，利用 CAD 图纸或者直接利用三维模型以及相应的交底动画对工人进行交底，工人在施工过程中应严格按照设计布置图纸施工，不得随意砌筑，在砌筑过程中可将砌块布置图纸粘贴于砌筑墙体附近，工人按图纸施工，边施工边进行对比校核，保证按图施工，确保施工质量，如图 4-72 所示。

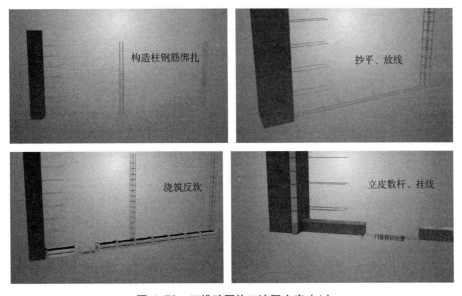

图 4-72　三维动画施工流程交底（1）

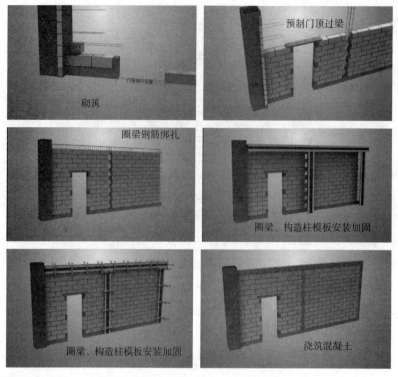

图 4-72　三维动画施工流程交底（2）

在进行验收时，检查现场砌块布置位置以及灰缝宽度等砌筑情况与三维模型砌块排版图布置是否一致，检查在转角位置布置的拉结钢筋是否符合要求，砂浆强度等级是否满足设计要求，如图 4-73 所示。

图 4-73　砌块质量验收

基于 BIM 的砌块车间式加工施工工艺的应用，可以消除长期以来砌体施工现场脏、乱、差等现象，并节约成本。该工法的应用可以给项目带来了 20% 以上显著的经济效益，其中在劳动力投入、材料投入及废料清运、加快施工速度方面节省成本，并且砌体施工观感优良，使得企业在砌体施工工艺方面取得领先位置，符合国家和行业的产业化建筑政策，为企业增添良好的社会效益。项目的研究成果形成《基于 BIM 的砌块砌体工程标准化施工工法》湖北省工法。

4.4.7　BIM 应用总结

BIM 作为一种信息管理的新技术，其价值点主要体现在三维可视化、仿真模拟、信息集成和提高管理效率上，给项目管理提供了一种全新的管理思路，但由于 BIM 效益大部分都无法量化或短期见效，故只能列举几项项目部在项目管理过程中的效益体会。

在技术层面：

（1）各专业模型建立及碰撞检查提前发现图纸问题，给业主最佳的深化设计方案，降低现场返工的概率。

（2）复杂节点、复杂方案进行模型建立并模拟，给项目提供了一种更直观更有效的交底方式，降低了传递信息的损耗。

（3）利用 BIM 模型信息归档及自动提取功能，完成工程信息的规范化归档，同时依据信息归集后的提取辅助现场快速的统计工程量，降低管理人员算量的工作量。

（4）三维设计能力显著，对于场地布置、形象设计都是很好的利用工具。

（5）资料电子化交付，最后交给业主的是一个完整的 BIM 模型，对于业主后期运营维护还是很有益处的。

在管理层面，BIM 技术要想有效的实施，必须有配套的管理标准，而且要与现有的管理流程有效地结合起来。为此项目部取得了如下成效：

（1）BIM 融入项目管理中的框架、流程等，编制了成套的管理标准，让 BIM 与项目真正结合，提高了项目管理的工作效率。

（2）将 BIM 模型、施工模拟画面应用到图纸会审、进度、平面布置等各种例会中，更直观形象地发现问题、解决问题，显著降低会议沟通成本。

（3）BIM 提高现场管理效率，通过 BIM 模型与实体对比、现场无纸化办公、云端传输等手段加快了现场查阅图纸与安排施工的效率，节省了沟通成本。

4.5　深圳华大基因中心 EPC 项目

4.5.1　项目概况

华大基因中心是深圳华大基因科技有限公司的生物科技研发基地建设项目。项目南北长约 470m，东西宽约 270m，总用地面积 102999.81m²，建设用地面积 92300.88m²，总建筑面积约 34.4 万 m²。项目总投资约 20 亿元，2016 年 4 月 1 日开工，计划 2019 年 6 月 30 日竣工投入使用。

本项目包括生物科技研发楼、3 座厂房、宿舍、会议中心以及各类配套设施。地下一层是停车和设备用房，局部设有人防地下室。生物科技研发楼为钢柱-钢梁框架结构体系，竖向受力构件为箱型钢柱，钢柱之间通过 H 型钢梁水平连接，使整个受力体系形成整体。钢柱截面自下而上逐渐缩小最大截面为 700mm×700mm×25mm×25mm，最小截面为 500mm×500mm×20mm×20mm。项目效果如图 4-74 所示。

图 4-74　项目效果图

本项目重难点在于：

（1）本项目为 EPC 联合体总承包，工程涉及强电、弱电、钢结构、精装修、消防、电梯、玻璃幕墙、空调、电气工程、制冷工程等众多专业项目施工，施工过程中存在多个专业的交叉施工，联合体内部的融合与运作模式是总承包管理的重点与难点。

（2）本工程机电系统复杂，机电专业分包多，各专业联系紧密，协调配合要求高。且机电系统设计先进，新技术、新设备多，调试工作量大，对各专业的调试精度要求高，对机电工程运行的可靠性要求高。

（3）本工程生物科技研发楼为 172m×172m 纯钢框架结构，钢结构体量大，在施工阶段，需要考虑由于温度变化引起的结构变形或附加应力。屋顶钢结构由 6 榀主桁架与 16 榀次桁架组成，结构跨度为 108m×108m，结构顶标高为 47.3m，结构高度 2.1m。钢结构高空拼装、焊接作业量大，拼装的精度要求高，安全防护难度大。

（4）本工程地下室面积大且结构复杂，地下室为钢结构-混凝土相结合的结构，钢-混梁柱节点的优化为本工程的重难点。

4.5.2　BIM 应用策划

本工程由施工总承包单位协调项目各方信息的整合，提高项目信息传递的有效性和准确性，提高施工质量，减少图纸中错漏碰缺的发生，使设计图纸切实符合施工现场操作的要求，并能进一步辅助施工管理，达到管理升级、降本增效、节约时间的目的。

在施工全过程中，在深化设计、施工工艺、工程进度、施工组织及协调配合等方面运用 BIM 技术，实现工程项目管理由 3D 向 4D、5D 发展，提高本工程信息化管理水平，提高工程管理工作效率，最终形成包含本工程全生命周期施工管理数字化信息的竣工模型。

本工程 BIM 技术应用的主要内容包括：三维场地平面布置、施工进度管理、施工平面组织和垂直运输管理、施工方案模拟、施工质量安全管理、机电管线深化设计、钢结构深化设计及构件加工等。具体应用点如表 4-7 所示。

BIM 策划应用点

表 4-7

序号	应用项	详细应用点	达到效果
1	施工方案模拟	特殊施工方案模拟 施工方案交底	利用 BIM 模型可视化特点，建立方案模型，模拟方案施工过程，找出可能存在的问题，可视化技术交底
2	深化设计	通过深化模型的建立，解决各专业的碰撞、设计不合理等问题，解决施工前期图纸错误	1. 检测建筑与结构板差标高、管井的位置是否存在问题。 2. 检测混凝土结构与钢构搭接是否存在问题。 3. 对结构钢筋与钢构、复杂混凝土柱、梁交差节点进行重点可视化优化和分析。 4. 对施工过程中出现的问题和复杂施工节点利用 BIM 模型进行讨论和交流。 5. 对楼梯间、坡道的空间进行检测。 6. 检查相应区域的门、窗能否正常开启，安装、开启方向是否正确，开启时与其他构筑物是否有碰撞。 7. 检查相应区域的门、窗能否正常开启，安装、开启方向是否正确，开启时与其他构筑物是否有碰撞。 8. 钢结构深化设计，导出钢构件深化图
3	总平面管理	现场机械定位管理 现场施工道路规划 现场堆场布置 现场施工阶段组织	提供场地施工组织三维模型图，对现场的机械布置、加工区、物料堆放、车辆进出、生活区、办公区临建搭建、临水、临电、排污等市政设施等进行可视化展现。利用 BIM 的总平面管理指导现场的施工组织合理有序
4	进度计划管理	项目整体进度计划模拟	1. 基于 BIM 模型和进度计划建立项目整体的施工进度 4D 模拟，可视化展示各个项目单体各个时间段进度情况，审查总进度计划的合理性（以楼层为单位，只是反映施工的先后顺序）。 2. 工程例会中的月进度汇报利用 BIM 进度动画模拟展示
		项目实时进度管理	1. 基于 BIM 模型和现场实际施工进度情况建立实时动态进度模型，便于总包、业主快速直观了解项目整体的进度情况，对滞后进度进行方案做出应对。 2. 工程例会中的周进度汇报（目前和计划）利用 BIM 进度动画模拟展示
5	碰撞冲突检查	检测安装各专业碰撞 检测安装与结构碰撞检查 出碰撞报告 预留洞口定位报告 净高检查	1. 优化工期，体检预知在设计中存在不合理的地方； 2. 提升质量：大幅减少施工，改善工程质量； 3. 提升安全：提前预知问题，减少危险因素，大幅提升工作效率

序号	应用项	详细应用点	达到效果
6	钢结构构件加工指导	对于在工厂加工的钢结构构件，利用 BIM 模型精确模拟指导预制加工	提供精确的尺寸，三维图纸，二维图纸
7	资源计划管理	利用 BIM 计算出的工程量调控现场进度计划、总平面、物资、人员调配问题	通过 BIM 模型拥有的信息，对于行工程、人机料的进度计划安排
8	可视化交底	利用 Navisworks Manage 或 BIM5D 软件制出施工演示动画	利用演示动画清晰的向业主或者其他单位展示出施工工艺流程
9	质量管理	施工流程管理	能够有效地控制施工流程、物料追踪从而提高施工质量
		物料追踪管理	
10	安全管理	现场危险源预测	能够在三维模型中提前预知危险源，危险因素，制定出相应应对措施
11	施工总承包管理	利用 BIM 模型数据源对项目进行综合管理	建立协同工作平台，将项目全专业各部门纳入到平台中进行管理
12	多项目扩展	建立公司 BIM 数据库	整理总结项目 BIM 实施内容，运用效果等，将项目运用经验放入 BIM 公司数据库，以利后期的 BIM 工作开展

项目成立由总包和分包单位人员组成的 BIM 管理团队，总包单位派 2 名 BIM 工程师长驻项目，指定一名专职 BIM 实施组长，一名土建 BIM 工程师，其他专业 BIM 人员由相应分包指定。在总承包管理体系下，设置建筑、结构、给排水、暖通、电气等相关专业工程师，作为 BIM 技术开展过程中的具体执行者，负责将 BIM 成果应用到具体的工作过程中。BIM 团队的人员安排及岗位职责如表 4-8 所示。

BIM 岗位职责

表 4-8

序号	岗位	职责	人	备注
1	BIM 实施组长	负责统筹整个 BIM 系统，包括系统的建立和实施管理，团队的组建、管理和调配，负责组织 BIM 相关培训，解决 BIM 实施过程中的技术问题，负责对接公司 BIM 管理部和总包业主，落实 BIM 管理规定	1	
2	土建 BIM 工程师	负责本工程建筑、结构专业 BIM 建模、模型应用、深化设计等工作，主要为提供建筑完整的墙、门窗、楼梯、屋顶等建筑信息 Revit 模型，以及主要的平面、立面、剖面视图和门窗明细表，以及建筑平面视图主要尺寸标注，方便施工沟通，对项目总平面、网络传输等进行管理	1	
3	钢构 BIM 工程师	对本工程钢构进行建模及深化设计，主要为提供完整的钢柱、钢梁、压型板等构件信息 BIM 模型，辅助工厂预制构件加工，提供主要的平面、立面、剖面视图，以及构件尺寸、重量表	1	
4	给排水 BIM 工程师	对本工程给排水、消防专业建立并运用 BIM 模型，管线综合深化设计、水泵等设备、管路的设计复核等工作，主要包括提供完整的给排水管道、阀门及管道附件的 Revit 管网模型，以及主要的平面、立面、剖面视图和管道及配件明细表，以及平面视图主要尺寸标注	2	

续表

序号	岗位	职责	人	备注
5	暖通 BIM 工程师	对本工程暖通专业建立并运用 BIM 模型，管线综合深化设计、空调设备、管路的设计复核等工作，主要包括提供完整的暖通管道、系统机柜等的 Revit 暖通管网模型，以及主要的平面、立面、剖面视图和管道及设备明细表，以及平面视图主要尺寸标注	2	
6	电气 BIM 工程师	对本工程给电气专业建立并运用 BIM 模型，管线综合深化设计、电气设备、线路的设计复核等工作，提供完整的电缆布线、线板、电气室设备、照明设备、桥架等的 Revit 电气信息模型，以及主要的平面、立面、剖面视图和设备明细表，以及平面视图主要尺寸标注	2	
7	幕墙 BIM 工程师	对本工程幕墙专业建立 BIM 模型，优化轻钢龙骨布置，开窗位置调整，材质选择等工作，提供完整的幕墙三维效果图，预埋点位布置图，提供完整 BIM 幕墙模型，以及主要轻钢、幕墙玻璃材质尺寸表	2	业主配合
8	装饰工程 BIM 工程师	装饰工程 BIM 模型的审核，装饰工程相关模拟的审核等，由分包提供人员进行管理	2	业主配合

在本工程 BIM 系统运用中，总承包 BIM 团队将协调管理整个工程参建单位的 BIM 系统建立、实施等一系列工作，各分包单位的 BIM 管理成员纳入总承包管理范畴，进行工程模型的共享，协同作业。总包组织各专业进行综合技术和工艺的协调，进度计划的协调，施工方案协调等工作。

在 BIM 项目实施过程中，为保证 BIM 工作有序无误的进行，项目制定了 BIM 工作流程。通过统一的工作流程，保证 BIM 模型、深化设计和现场施工，三者之间能够合理、高效的衔接和实施。根据本工程特点，制定 BIM 系统在施工管理阶段实施流程，如图 4-75 所示。

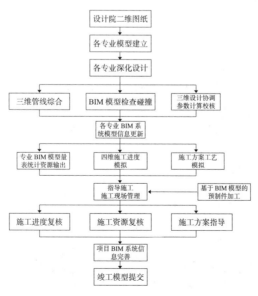

图 4-75　BIM 应用实施流程

4.5.3 深化设计 BIM 应用

项目按照制定好的 BIM 系统工作流程和 BIM 标准，进行施工图深化。总包在三维深化设计协调中，除了建筑和结构两大专业之间的协调外，还负责解决电梯井布置与其他设计布置及净空要求的协调、人防与其他设计布置的协调、地下排水布置与其他设计布置之协调等工作，做到全方位三维设计检测、协调，各专业模型如图 4-76 所示。

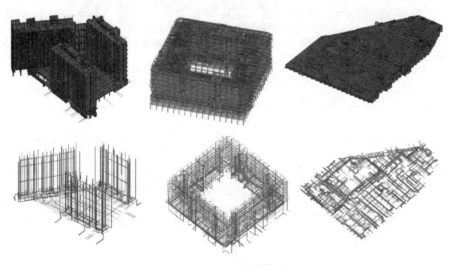

图 4-76　深化设计模型

设计阶段时，设计已碰撞检查、综合布线，但由于现场条件变化，设计阶段的管线排布不一定符合现场实际，这时就需要施工方根据现场进行二次管线排布，统一考虑支吊架的设置，机房的设备安装位置及方式，如图 4-77 所示。

图 4-77　施工管线二次排布

通过 BIM 模型，再结合施工经验，在施工图深化的过程中，对设计的合理性进行一个模拟检查（如图 4-78 所示），对设计变更的合理性和可行性进行模拟和判定，尽可能地保证施工在面对各种可能出现的变化因素时，不盲目、不反复，做到有的放矢，如图 4-79 所示。

AB区地下室BIM图纸检查报告.docx	2016/4/24 15:21	Microsoft Word ...	513 KB
A区地上部位BIM图纸检查报告.docx	2016/4/12 18:35	Microsoft Word ...	510 KB
C区BIM图纸检查报告.docx	2016/4/28 16:12	Microsoft Word ...	21 KB
E区BIM图纸检查报告.docx	2016/3/20 8:59	Microsoft Word ...	13 KB

图 4-78　审查记录

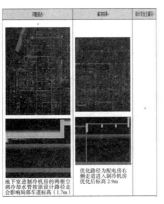
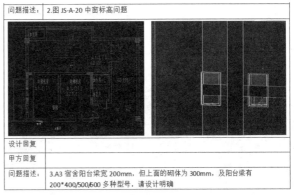

图 4-79　图纸问题

在 BIM 模型中可以直观地看到墙、梁、柱的尺寸、标高和定位是否合理，可以准确地表达建筑和结构完成后的空间关系外，为后期机电各专业的深化设计、各专业的管线综合做好充足的准备，保证 BIM 模型的准确性和延续性。项目通过 BIM 技术，整合水、电、暖通模型和结构模型，判断预留洞口的位置，通过详细报告，让施工人员提前预知预留位置，防止后期凿洞，破坏结构，如图 4-80 所示。

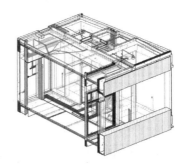

图 4-80　预留孔洞

通过土建与钢结构模型的整合，检查钢构件的预留预埋，翼缘板的位置、斜撑位置、钢柱钢梁尺寸等是否能与土建协调，存在矛盾，可及时调整，避免钢构件加工错误。

通过在 BIM 模型中进行协调、模拟、优化以后，项目可以为现场施工提供辅助的综合结构留洞图、建筑 - 结构 - 机电 - 装饰综合图等施工图纸。

4.5.4 施工方案优化 BIM 应用

1. 施工方案优化

项目利用 BIM 建模技术，按照钢骨柱与钢筋混凝土梁节点设计图纸及现场实际情况进行深化设计。模型信息包括加劲板厚度、焊接方式、焊接位置、加劲板开孔位置、两层加劲板间距、竖向隔板位置等。不同尺寸钢骨柱、不同型号钢筋混凝土梁所设置的加劲板并不完全相同，有差别的都需要分别建模，并进行针对性的设计，如图 4-81 所示。

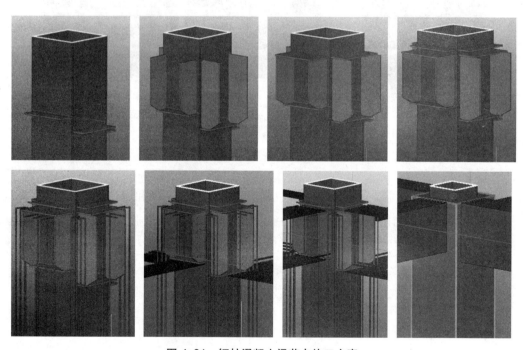

图 4-81　钢柱混凝土梁节点施工方案

2. 大跨度桁架屋盖整体提升方案优化模拟

研发楼钢结构屋盖为钢桁架和钢拉索组合结构体系，主要由屋盖桁架、屋盖檩条及钢拉索三部分结构组成。屋盖钢结构总重量 930t，研发楼将近 50m 高，高空焊接质量不易得到保障，为保证屋盖的安装质量，项目采取地面拼装，整体提升的方式，并利用 BIM 技术进行了验证，最后顺利吊装完成，如图 4-82 所示。

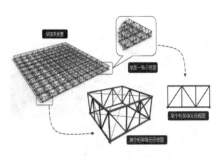

1. 整体建模，单元拆分

2.B 楼封顶，F 楼立柱及钢梁完成

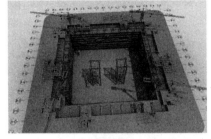

3. 预装区屋盖桁架安装 50%

4. 预装区屋盖桁架安装完成

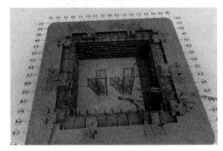

5.4#、5# 塔式起重机拆除，提升架体完成

6. 地面拼装完成 20%

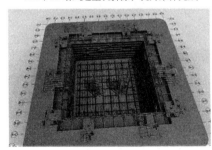

7. 桁架拼装完成及准备提升

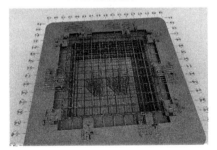

8. 屋盖施工完成

图 4-82　大跨度桁架屋盖整体提升方案

3. 复杂节点模拟并指导工厂化预制

项目对复杂节点建立模型，用来进行施工交底，如图 4-83 所示。另外，项目在 BIM 模型中通过三维技术进行钢结构深化设计，以保证尺寸能够完全吻合，设计完成后再将得到的数据交给工厂进行加工。幕墙单位的幕墙龙骨和幕墙玻璃也可在模型建立后到工厂加工预制。

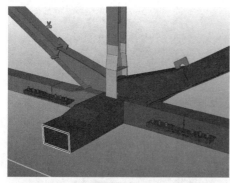
屋盖桁架拼接节点

屋盖桁架与 B 型支座节点

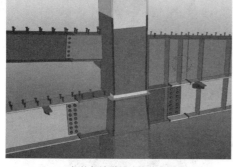
钢柱与坡道梁连接节点

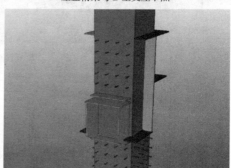
钢柱与混凝土梁连接节点

图 4-83　复杂节点模拟

4.5.5　施工现场管理

1. 施工现场平面管理

项目利用 BIM 的三维可视性，规划现场施工平面，主要包括临建的布置、大型机械的安拆、施工堆场的定位、施工道路的规划等。并在 Navisworks、BIM5D 中进行管理，根据施工的进度，将施工现场的部件进行更新和管理，使施工现场平面布置按施工进度进行更新，如图 4-84 所示。在水平交通管理中，在三维视图的可视性条件下，分不同施工阶段对道路进行合理规划和调整，使施工组织更加的有序。

图 4-84　现场布置效果图

2. 现场垂直水平运输管理

项目将塔式起重机的运行区域利用 BIM 技术进行准确定位，并用不同的色块标示出来，能够起到合理规划堆场、合理垂直运输的作用。并通过 Navisworks、BIM5D 模拟塔式起重机等设备的运行范围和路径。

3. 施工现场组织模拟管理

项目充分应用 BIM 系统三维模拟功能，对施工总调度进行规划，做到合理，确保施工顺利开展。施工平面规划，随施工进程的推进而调整变化，项目采取 BIM 系统动态管理，立足现场场地实际情况，根据施工进度安排，分阶段进行 BIM 三维模型建立模拟，借以呈现各主要阶段的交通组织规划、大型设备使用、材料堆场及加工场地、临建设施使用等是否合理。通过对周围环境、进场道路的位置、施工现场机械设备以及建筑材料的堆放、现场施工防火的布置等全方位模拟，更有效地对施工现场进行综合规划与管理，以保证工程施工合理有序地进行。

4. 大型机械应用可行性预演

在施工平面中演示大型机械运行，从而合理选型，合理布置，使施工方案最优。

4.5.6　进度计划管理

总包使用 Revit 软件对项目 BIM 模型进行完善，在此过程中，寻找和发现各种问题，从而指导施工图深化设计和现场施工，再通过自动统计功能，进行施工材料的自动统计。在 BIM 模型的建立、完善过程中，将模型转到 Navisworks 或 BIM5D 软件中对项目信息进行审阅、分析、仿真和协调。通过其 4D（三维模型加项目的发展时间）仿真、动画和照片级效果制作功能帮助对设计意图进行演示，对施工流程进行仿真，从而加深项目运作的理解，提高可预测性。实时漫游功能和校审工具集也提高了项目团队之间的协作效率。

项目利用 BIM5D 平台的进度管理模块，按照模型划分的流水段进行每周任务分配，发送至相应的责任人，相应责任人每天记录该地块的人、材、机、质量、安全情况并上传平台，平台利用数据分析进度偏差的原因，并反馈至责任人，责任人进行判断，采取相应的措施。项目通过计算出的工程量，对整个项目的资源做协调管理，对不同施工阶段的工程量实时计算，控制工程中的物料采购，劳动力配置，使施工资源达到最优利用，从而加快施工进度，如图 4-85 所示。

4.5.7　质量安全管理

项目通过 BIM 技术的三维可视性化优势，创建质量样板，进行施工交底，能够将施工流程表现得更具体，从而避免了很多因平面图纸表达不具体而造成的失误。利用 BIM 物料物理系统，对于特殊物料、构件进行信息追踪，保证从进场到安装施工的全

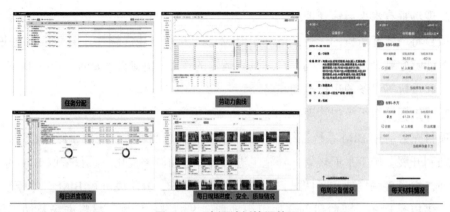

图 4-85　资源计划协调管理

过程监控，保证物料质量，从而提高施工质量。

项目日常质量检查的记录可随时录入到 BIM 信息管理平台中，自动分类为代提交、待处理、通过等不同状态，每日详细的信息可增强质量管理质量。利用 BIM5D 平台的质量管理模块，配合手机端、PC 端进行质量管控，手机端负责闭合流程，PC 端负责进行质量责任人、整改情况、质量问题类型、质量问题分区情况等统计分析，找出主要原因，采取措施进行质量管控，如图 4-86 所示。

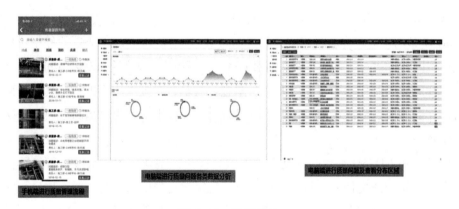

图 4-86　质量管理

项目利用 BIM 技术，对现场施工进行实时监测，预测施工过程中的风险因素，提前预防，消除安全隐患，提前判断出需要进行防护加固的施工构架体系，进行合理防护加固，将施工风险降到最低。

日常安全检查记录也可随时录入平台中，全项目人员共同监督整改，共同管理。项目利用 BIM5D 平台的安全管理模块，配合手机端、PC 端进行安全管控，手机端负责闭合流程，PC 端负责进行安全责任人、整改情况、安全问题类型、安全问题分区情况等统计分析，找出主要原因，采取措施进行安全管控，如图 4-87 所示。

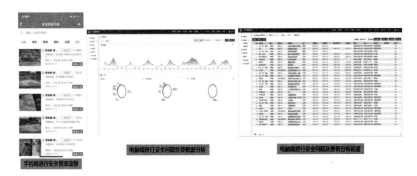

图 4-87　安全管理

4.5.8　BIM 应用总结

总承包团队应负责收集、管理本工程 BIM 应用所有信息，并保障 BIM 信息的准确。主要包括如下几点：

（1）总承包 BIM 工作小组是现场各类施工信息的汇总单位和总协调单位，各分包单位应按要求提供 BIM 应用所需的各类信息（原始数据）。收集的信息，除了 BIM 模型，还应该包括：深化设计信息、工程进度信息、日常检查信息、方案工艺信息、资源材料信息等工程动态信息。

（2）总承包 BIM 工作小组统筹各专业（包括建筑、结构、机电综合）图纸，并按要求向分包提供 BIM 应用所需的各类信息和原始数据。

（3）应充分运用 Revit、Navisworks 及 BIM5D 等软件，对工程各参建单位提供的信息完整性和精度进行审查，确保按施工要求的信息（包括所有过程变更信息）已全部提供并输入到模型中。

（4）总包应尽可能充分利用 BIM 模型和信息作为辅助手段，挖掘信息资源的价值，对施工进行管理。

第5章 文旅及市政工程 BIM 应用案例

景德镇御窑博物馆项目将各类智能设备、BIM 与物联网等信息技术深度结合，用于异形结构深化和施工，以及古建修缮和遗址保护中，具有一定的创新性和探索性，在项目实践中总结了多项有价值的经验，对其他类似项目具有很好的参考价值。

湘江欢乐城冰雪世界工程建造在采石形成的矿坑上，项目深入总结了大型复杂工程深化设计、大型设备运输安装和进度计划模拟等多项 BIM 应用，在钢结构专业 BIM 应用、三维实景技术的结合应用上具有一定的特色，对于地形和地质情况复杂下的工程施工 BIM 应用具有很好的借鉴价值。

在郑州新郑国际机场 T2 航站楼工程中，专业技术和管理人员与 BIM 应用人员高度配合，以解决问题和产生效益为出发点，不追求大而全，BIM 应用点丰富、合理，现场布置、图纸会审、方案模拟、虚拟样板、钢结构深化设计、机电深化设计和管线综合等方面都积累了很好的经验，以返工成本大小确定碰撞问题等级的划分方法，突破了以往定性评价 BIM 应用价值的惯例，有新意。

面对复杂海上施工作业环境，宁波舟山港主通道公路工程深入总结了大体量复杂形体钢筋建模和钢筋笼安装模拟 BIM 应用经验。同时，利用船舶二维电子地图等方法解决海上项目人员安全管理有创新性，这种问题处理前置、减少复杂环境现场问题处理数量的做法，对质量、安全、成本均有较大实际改善价值。

作为特大型城市综合改造工程，幸福林带项目包含景观绿化、地下空间、综合管廊、地铁工程、市政道路亮化工程等业态，实践了智慧建造、智慧运营、智慧服务的发展思路，其中 BIM 私有云搭建、双曲屋面设计和施工、土方精细化管控和电缆深化 BIM 应用充分体现了节约资源、降低能耗、保护环境、减少污染的宗旨，也是未来数字城市建设的样板。

5.1 景德镇御窑博物馆项目

5.1.1 项目概况

景德镇御窑博物馆项目位于江西省景德镇市珠山区胜利路御窑厂遗址周边，与始建于唐朝的龙珠阁隔街相望，如图 5-1 所示。

项目位于历史悠久的中国传统陶瓷工艺中心"景德镇御窑厂"遗址周边，建设内

图 5-1　景德镇御窑博物馆项目效果图

容包括：新建御窑厂遗址博物馆、遗址展示房屋设施、游客服务接待中心、新建停车场、历史建筑修缮、古排水渠修缮、围墙修缮及市政道路改造等，因此本工程有以下与众不同的工程特点：

1. 异形结构

本项目博物馆主体设计理念采用了窑洞的元素，均为不规则拱形结构，一共 8 个拱形展馆互相交叠、围合，内外全面满挂窑砖幕墙，这对模板技术、钢筋工程技术和混凝土工程、幕墙工程技术及窑砖砌筑工艺带来了挑战，如图 5-2 和图 5-3 所示。

图 5-2　博物馆完成效果图

图 5-3　实际完成效果

2.古建保护修缮

本项目位于景德镇御窑遗址上，一方面施工过程中要对遗址进行保护，另一方面工程内容也包括部分历史街区建筑修缮、景德镇古街改造、古排水渠修缮及围墙修缮等。

5.1.2　BIM 应用策划

针对项目存在的大量南派木结构古建民居和重要历史文物建筑修缮技术，不管是从工程技术本身还是从 BIM 技术辅助的角度，都是本项目团队乃至公司层面首次接触，需要一边摸索一边制定对策。

针对以上工程实际需求，并结合自身主观问题，项目团队梳理了 BIM 应用思路（如图 5-4 所示），围绕 BIM 模型＋智能设备，前后分别延伸至模型数据交互、虚实模型比对，并基于 PDCA 循环逻辑来达到整个工程的技术质量控制目的。

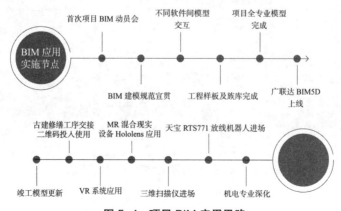

图 5-4　项目 BIM 应用思路

针对本项目中两个主要工程内容"异形混凝土结构"和"古建保护修缮"在技术管理上难度较大的工程需求，提出如下 BIM 应用目标：

1. 工程可视化模拟

通过建立三维模型，达到直观、形象的项目展示效果。对全专业进行三维建模，并二三维结合进行技术交底，让施工班组能更加清晰地理解设计意图和完成效果。通过 AR、VR 和 MR 技术，多方位沉浸式展示项目情况，对工艺进行动态模拟，让业主、设计和施工人员进行虚拟样板演示和更改，通过预先在模型中满足业主和设计的要求，来减少样板施工后的返工拆改。

2. 异形结构质量控制

基于 BIM 模型，结合施工智能设备和技术，从前期交底到异形放线，提高施工效率。利用无人机航拍实景生成技术，快速进行现有街区场地实景建模，快速了解场地情况，辅助场地布置和使用规划。利用三维扫描仪对室内完成空间进行精准扫描，与模型叠合进行质量偏差管控等。

3. 大面积历史街区现场管理

工程的修缮区域内有 360 多栋民居及数十条巷弄，且房屋、院落错综复杂、非常密集。施工区域内无法保障大规模的堆料场及加工场，许多木材加工只能在场外进行，大量的渣土无处堆放。现场 360 栋修缮单位，共计 13.1 公顷施工作业面，需每天进行巡查及人、材、机具统计，同时施工人数高峰期可达 400 余人。由于古建专业工程师稀缺，修缮工程专业负责人一共仅 3 位，为提高信息沟通效率，采用移动端＋云平台进行现场数据的快速记录，管理及储存每日巡检记录。为解决在错综复杂、身处其中难以分辨方位的巷弄中，难以发现代替路径解决材料进出路径的问题，通过利用无人机对周边街巷进行航拍，建立了该部位的三维 BIM 实景模型。

4. 重要历史文物建筑快速测绘

项目中有多个省市级文物保护建筑单位，以及 300 余栋穿斗式木结构修缮单体工程，工程量大且精度需求高，利用三维激光扫描技术帮助经验丰富的古建工程师对修缮的老旧砖木建筑进行快速的点云扫描，然后基于点云对修缮的墙面歪闪、梁柱替换等重要工序进行校核，制定更精准的修缮方案。

5. 双曲面异型拱体模型转换

由于该双曲面结构没有具体曲率参数，无法通过参数建模的方法进行 BIM 建模，因此需要从设计模型里提炼出需要的模型部分进行深化和导入智能设备，需要一系列手段保证对应的信息不丢失。

6. 对异型结构施工的实际指导

BIM 在前期深化和风险预判方面的应用已经较为成熟，但如果实地指导施工队伍，仅靠模型交底还达不到能够解决异型现浇结构施工的问题，需要多个智能设备将模型带入施工现场。

5.1.3 异形模型建模

在建模技术方面，单一的 Revit 模型已经无法满足一个异形建筑项目 BIM 技术的需求，因此，项目部针对不同技术难点采用了不同的软件配置。比如结构专业，主要利用设计方提供的 Rhino 模型，通过 3dmax 和 Sketchup 软件的互导，得到 dwg 格式文件，再导入 Revit 中建立双曲面拱体模型，结合机电模型，在 Revit 中进行碰撞综合，修改得到了结构深化模型，如图 5-5 所示。

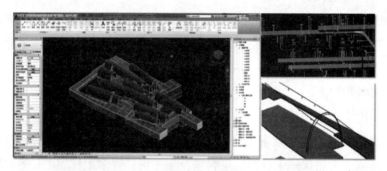

图 5-5　结构、支吊架深化模型及双曲弧形喷淋管模型

项目部采用了多种模型软件，从特殊幕墙节点构造、异形模架体系，到对现场临建规划，施工展示样板区均进行了可视化的模拟和交底。当模型完成之后，将模型导出了 dwg、skp、ifc 等多种格式后，导入不同设备和软件中进行其他应用，保证了本项目技术应用模型的统一和可传递性，避免多次建模产生的误差和人工劳动。

1. 御窑双曲拱体深化建模

本工程包含全球首创的干挂窑砖幕墙体系，其依附于结构的多曲率龙骨和干挂工艺均难以用二维设计进行深化工作，项目部技术员采用 Rhino 和 Revit 进行了三维节点深化工作，指导窑砖和幕墙的生产及安装，如图 5-6 所示。

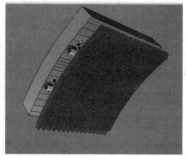

图 5-6　窑砖幕墙节点模型

项目团队的专利技术"滑轨式可调模架体系"是一种现浇多向曲率拱体结构的模架体系，在研发过程中均在 Revit 中进行了节点可视化模拟和优化，如图 5-7 所示。

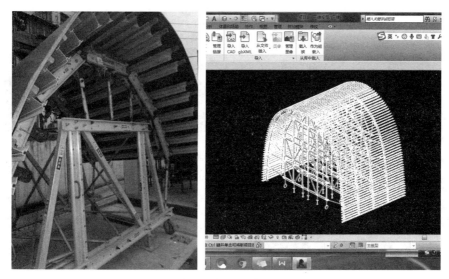

图 5-7　滑轨可调模架单元

2.南派穿斗式砖木结构模型深化建模

根据御窑遗址周边民居调研情况，项目方案主要分为徽派建筑、穿斗式木架建筑、现代结合传统民居建筑、景德镇赣东风貌等几大类型方案，项目组直接接收了设计方提供的方案模型进行标准设计交底，如图 5-8 所示。

图 5-8　设计要求效果

本项目为 EPC 项目，各类修缮单位众多且均不相同，同时现场环境复杂，方案图纸仅能代表部分类型修缮完成效果，实际修缮过程的施工图纸模型均为总包工程师同设计方设计师在施工过程中共同商定，如图 5-9 所示。

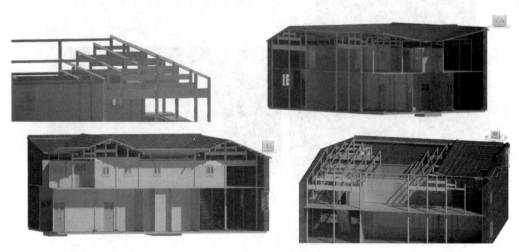

图 5-9　穿斗式木架建模

由于施工队伍有部分班组之前未从事过古建营造的工程施工，因此修缮工程的图纸的交底效率并不高。在模型中对穿斗式木架构、木架构及砖墙交接及部分徽派风火墙的节点进行了详细建模，作为强化图纸交底的手段，如图 5-10 所示。

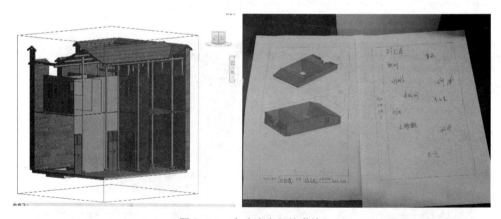

图 5-10　穿斗式木架构节点

砖木混合结构中，本工程中极具当地特色的材料——窑砖用量巨大，因此采用广联达 BIM5D 进行精细化排砖，如图 5-11 所示。

3. 异形建模经验总结

在窑体设计模型从 Rhino 导出的过程中，由于设计模型构件数过多，以至于无法

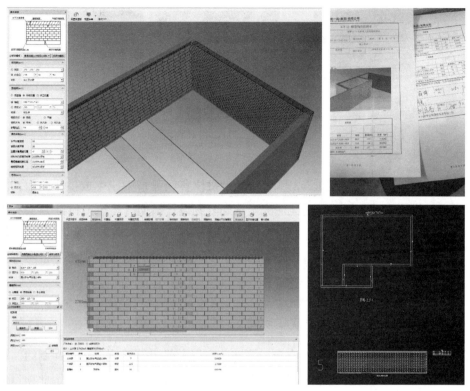

图 5-11 砖木混合结构排砖情况

完全绑定至 Revit 中，造成无规则的构件缺失和破面，如图 5-12 所示。

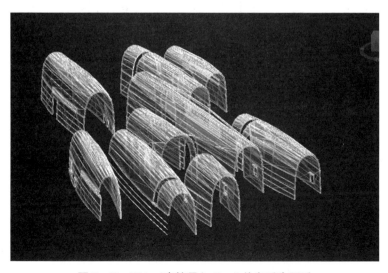

图 5-12 Rhino 直接导入 Revit 信息丢失严重

基于不同的软件分析生成模型的质量，最终确定以 CAD 的 dwg 的导入格式，其几何与非几何信息保存最为完善，如图 5-13 所示。

图 5-13　异形模型导入过程

（1）深化设计模型采用 Revit 体量功能沿拱体各项弧形中线生成拱体曲面，能够形成平滑的拱体模型，但缺点是无法完全准确复刻设计模型，在端头和 -1 层会有轻微内扣，能够作为机电、幕墙专业的深化设计依据，但无法作为商务算量依据；

（2）商务数据直接从 Rhino 模型自带的几何参数中进行提取，混凝土量参考几何体积，模板量参考几何表面积，经商务工程师处理后作为成本内控数据。

5.1.4　基于 MR 设备的技术交底和协同

在双曲面拱体结构中，拱体本身、幕墙节点以及机电管线因异形空间制约，也呈现出双曲效果，使得传统的 BIM 交底无法很好地将施工节点展示出来，因此项目借助了 Hololens 全息眼镜来表达以上模型的施工做法。

1. 基于 MR 设备技术交底

项目团队将深化后的 BIM 模型，通过 Sketchup 插件导入 Hololens 设备之中，然后佩戴 Hololens 通过"夹取"手势操作，即可将模型呈现在视野里，并通过手势对齐进行尺度、位置及方向的改变，还可对齐进行构件信息读取，如图 5-14 所示。

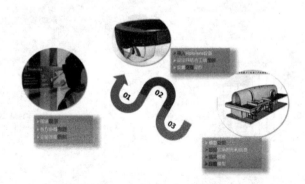

图 5-14　BIM+MR 技术应用流程原理

项目部专业工程师利用 Hololens，将重要的施工 BIM 节点模型导入设备中，同时通过电脑同屏功能，将相关技术交底内容结合文件形式交底给在场其他施工分包，并可以做详细讲解，免去施工分包自行想象异形空间施工做法的误差。

在应用 Hololens 设备过程中，项目部发挥了另一个优势就是用 1 ∶ 1 等大模型与施工现场结合。项目部将拱体模型、幕墙施工节点模型以及机电支吊架模型在施工现场等比例显示，找到模型与现场的重合角点，让施工现场与模型重合。使用 Hololens 的业主、工程师、施工班组在施工现场直接进入了已完成的建筑模型中，直观检查异形拱形结构、幕墙施工节点以及机电支吊架完成的情况，总包工程师对模型直接进行位置，尺寸以及体积等信息的讲解，将模型与现实混合起来，真正达到了所见即所得的效果。同时在应用过程中，项目工程师还发现了多处拱体连接小拱券钢结构模型贴合不密实的问题，及时反馈给了幕墙专业分包进行了模型修改。这种交底方式相当于将施工交底内置在这个智能可穿戴装置中，大幅提高了信息传递的效率。

应用过程中也发现，当在室外使用时，如果日光太强，Hololens 佩戴者的呈现效果将模糊不清，可配合电脑同屏使用，可以达到更好现实混合效果；另外由于目前设备的硬件限制，对于外部 BIM 模型的承载能力有限，根据相关技术交底的内容，需将模型分别分割为多个拱体，多个专业，导入设备，以保证其正常流畅显示。

2. 远程协同功能

Hololens 的远程协同功能可以让身处异地的设计师与工程师同步看到模型情况，并通过语音模块参与进行讨论，如图 5-15 所示。各专业的 BIM 模型在 Hololens 的全息混合显示技术中更加生动立体。项目技术部、工程部及机电部成员利用 Hololens，将重要的施工节点一一呈现在工程师面前，通过手势操作进行构件选取、缩放、移动和构件 BIM 信息查看，这样形式的梳理和讨论，同时通过电脑同屏功能，将相关技术交底内容结合文件形式交底给在场其他施工分包做了详细讲解，免去了施工分包自行想象异形空间施工做法的困难，同时 Hololens 的远程协同功能也让身处异地的设计师与工程师同步看到模型情况，并通过语音模块参与进行讨论。

图 5-15　Hololens+ 扩展屏辅助方案讨论

3.MR 设备应用经验

（1）MR 设备承载能力有限，对于面数较多的模型，导入十分困难，需花费较长时间，甚至出现错误提示无法导入，项目采取的办法是对模型进行分割然后以图层的形式进行；

（2）协同交流对 wifi 要求较高，而且需要提前将位置做好定位，以免参会人与模型偏离太远；

（3）Hololens 里的建筑 BIM 模型展示目前用的是由天宝公司开发的 SKP 插件，里面的功能多倾向于浏览模型和一些简单的模型信息如构件名称、尺寸等，但是无法完全读取 Revit 中的信息；

（4）对于虚拟模型和现实环境的结合方面，Hololens 的快速扫描技术可以准确地定位大的水平面，但是无法精准的与现场坐标控制点结合，只能通过手指拖拽模型的方式，达到一个近似（偏差略大）位置，做粗略的混合现实对比查看。

5.1.5　放样机器人应用

放样机器人实质上是一个能够利用 BIM 模型进行三维空间放样的智能型全站仪，主要由几部分组成：智能触控手簿、智能全站仪本体、反光棱镜等。

项目基于 Trimble Realworks 插件，在深化调整后的 BIM 模型上，通过抓取控制点生成控制点清单，同模型一并导入手簿中，即可遥控操作机器人进行放线测量工作，如图 5-16 所示。上述工作只需要一个测量工程师，就可以对建筑的任何部位进行抓点、放样及完成面校核工作。

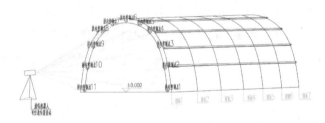

图 5-16　放线机器人测量示意图

由于曲面造型放样控制点密集，首先需要编制项目级的放样基点编号列表并确定命名规则。将双曲面拱体 BIM 模型在天宝 T.O.P 插件处理完成之后，将模型导入放样机器人的手簿中，手簿自动读取三维模型和抓取的放样控制点列表。

在施工现场，测量工程师使用 BIM 放样机器人捕捉场地控制点，便于放样机器人自动建立现场坐标系，如图 5-17 所示。然后，通过手簿选取 BIM 模型中所需放样点，机器人即发射可见激光射向模型中的指定点位，激光射程在 100m 以内均能满足精度要求，因此对于单个拱体的任何部位，尤其是拱顶，悬空侧窗等人力无法达到或危险系数较高的地方，都可以进行激光放线和测量工作，解决了在二维模式下难以完成的双曲面拱体结构放线难题。

图 5-17　拱体模板验收检查

　　在已通过审批的深化 BIM 模型中，用 CAD 中插件处理完成之后，仅保留控制点，将模型导入放样机器人的手簿中，手簿自动读取模型及抓取的放样控制点列表。进入现场，使用 BIM 放样机器人对现场放样控制点进行数据采集，即刻定位放样机器人的现场坐标。通过手簿选取 BIM 模型中所需放样点，指挥机器人发射红外激光自动照准现实点位，实现"所见点即所得"，从而将 BIM 模型精确的反映到施工现场，如图 5-18 和图 5-19 所示。

图 5-18　拱体模板放线

图 5-19　拱体结构校核

　　项目部使用过程中还在不断总结放样机器人在这样的异形结构中的应用情况。总体来说，对比传统放线方式，基于 BIM 的智能型放样机器人的方式，有着直接读取多曲面拱体三维模型信息、自动存储放样及校核报告、自动化程度高等优势，这个设备在项目的结构施工阶段起到了非常重要的作用。主要应用经验包括：

1. 对操作人员的经验要求

首先在机器人的使用操作方面，该项设备要求操作人员需要具有一定测量工作的经验，对于现场定位，放线流程和模型精准度都需要足够敏感和专业技能。另一方面，需要前期多次进行试验，验证这个设备的可靠性和快捷性，并对现场人员做好培训工作。

2. 设备要求

该设备在模型处理阶段需要安装设备商开发的插件 Realworks，有 CAD/Revit 版本，但需要注意，该插件只能绑定一台电脑，如果要更改需要向美国总部提出申请，因此需要谨慎选择模型处理的电脑。在机器人使用完成后，要及时检查仪器情况，尤其是天线部位，容易在取出和放入箱子时碰坏，造成使用时操作手簿与机器链接出现中断，影响工作效率。

3. 控制点的选择

由于项目多曲率的特点，需要对 400 多个剖面，14000 多个控制点进行放样，在开始的时候就因为点数众多，电脑卡顿严重，造成实验拱体放线抓点错乱，而且在手簿中对这么多点进行修改是非常麻烦的工作，因此就需要工程师经常来回现场和办公室反复修正，浪费了很多时间。

项目采取的解决方法是编制一个放样点命名规则表（如图 5-20 所示），按照设计给定控制剖面编号，按照顺时针放线依次给所有的控制点命名，这样在模型抓点时就对每个控制点进行编号，以免放线时混乱，在现场放样时也可以一目了然。

景德镇御窑博物馆项目BIM放样机器人模型导入及放样校核点命名规则表

序号	类型	项目	单体	专业	编号	模型抓点命名	现场取点
1				STR			
2			G1	MEP	201X-XX-XX		
3				CW			
4				STR			
5			G2	MEP	201X-XX-XX		
6				CW			
7				STR			
8			G3	MEP	201X-XX-XX		
9				CW			
10				STR			
11			G4	MEP	201X-XX-XX		
12				CW			
13		BWG		STR		剖面编号+顺时针	剖面编号+顺时针位
14	导入模型		G5	MEP	201X-XX-XX	位数	数+R
15				CW		Pxx-00x	Pxx-00xR
16				STR			
17			G6	MEP	201X-XX-XX		
18				CW			
19				STR			
20			G7	MEP	201X-XX-XX		
21				CW			
22				STR			
23			G8	MEP	201X-XX-XX		
24				CW			
25				STR			
26		MO	MO	MEP	201X-XX-XX		
27				CW			

例：博物馆2#拱结构2017年5月26日导入模型　BWG-G2-STR-2017.05.26

模型剖面2顺时针第5点：P2-015

现场实体取点剖面3顺时针第6点：P3-016R

放线报告：模型名称+Report

校验报告：模型名称+check

图 5-20　放样校核点命名规则

4. 模板对反射率的影响

施工中，为保证拱体混凝土浇筑的表面效果，拱体部分使用的是特殊双侧覆膜多层板，其模板表面反射率较高，经常会出现激光测距无法反馈数据的情况，需要不断调整机器人点位，通过改变反射角来避免该情况发生。

5. 效能评估

放样机器人能够导入三维模型，对异形构造、复杂机电管线定位十分有价值。相对于普通全站仪在放线工作中的人为操作环节减少了，提高了工作效率，一般一天能测 130 个点，相对于普通全站仪，平均每天节省 2 个人工。

5.1.6　三维激光扫描辅助施工与古建测绘

三维激光扫描具有非接触性、实时性、数字化程度高、高分辨率、适应性好等特点。三维激光扫描赋予点云三维坐标值，数据经过简单的处理就可以直接使用，无需复杂的费时费力的数据后期处理，可以在很多复杂环境下应用，如图 5-21 所示。

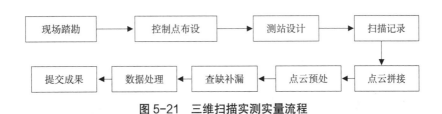

图 5-21　三维扫描实测实量流程

本工程范围除了异形博物馆之外，还涵盖数百栋古建筑民居及历史文物建筑，南方古建筑民居采用穿斗式梁架结构，其体量小，构件尺寸无规律。建筑物年久失修且梁架构件尺寸小，属于危型建筑物。从人身安全及文物保护的角度出发若选用传统人工测量则会加重建筑物的破坏，考虑对文物的保护故此采用三维激光扫描仪对其进行测量，如图 5-22 所示。

图 5-22　御窑厂周边市级文物保护单位——方文峰故居三维点云测量模型

对于双曲面拱形结构的实测实量技术，目前在行业内尚无可寻的参考方法与规范，而三维扫描进行实测实量是一个能全面体现拱体施工质量精度的方法，如图 5-23 所示。

图 5-23　三维扫描对拱体实测实量流程

1. 控制点布设

以 1# 拱为例。在扫描工作开始之前，项目部成员先对扫描拱体周围环境进行了勘察，确定了拱体周围的遮挡物及内部空间情况，在拱体东西两头、内部及地下部分一共设立 7 站。然后在拱体内部标高、平面不同的 4 处张贴了标靶纸，并利用放样机器人测出每个标靶纸的三维坐标，作为后期点云与 BIM 模型拟合的结合点，如图 5-24 和图 5-25 所示。

图 5-24　三维扫描仪定位

图 5-25　标靶纸设置

2. 现场扫描

首先器架设好每站扫描所需的架设站点，确保最大范围扫描到目标，避免死角，如图 5-26 和图 5-27 所示。架设好之后需对仪器进行调平，保证后期点云模型的水平对正，由于 1# 拱为较小拱体，因此扫描模式设置为室内 10m。

图 5-26　三维扫描仪设置

图 5-27　三维扫描仪自动扫描

3. 数据处理

用扫描仪对已完成的双曲面结构进行三维扫描之后，在 Trimble Realworks 中自动将多站点云模型进行拼接调整，然后将得到的完整拱体点云模型与 BIM 模型叠合，生成了实测矢量色块偏差图等，如图 5-28 ~ 图 5-30 所示。

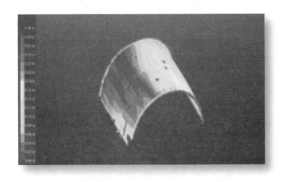

图 5-28　色差偏差图

图 5-29　在点云中对屋面挠度进行检测

图 5-30　在点云中对墙体歪闪程度进行检查

本项目在结构施工过程中，共使用过三个型号的扫描仪：TX5、TX6、TX8，型号越高，点云密度越大，精度也就越大，但同时数据量也更大，项目应根据自身情况选择，对于本项目结构难度虽大，但形体简约不复杂，TX5 级别的扫描仪即可满足要求。

目前点云拼接和对比均可用 Realworks 插件自动完成，能够节省大量人工，但是对对比结果的分析专业度较高，仍需要由专门的测量人员和质量人员主导完成，如图 5-31 所示。

图 5-31　对比报告示意

5.1.7　无人机实景建模辅助历史街区临时道路规划

工程的修缮区域内有大量的民居及巷弄，且房屋、院落错综复杂、非常密集，如图 5-32 所示。施工区域内无法保障大规模的堆料场及加工场。许多木材加工只能在场外进行，大量的渣土无处堆放。其中，御窑遗址街区的迎瑞上弄内现存多个需降层拆除的与传统风貌不协调的建筑单位，降层拆除量大。

图 5-32　周边巷弄密集复杂航拍

由于该街巷历史悠久，街巷部分区域狭窄仅能容 2 人通过，加之周围建筑古老，密集，工程师行走其中难以辨别路径走向，难以规划物料进退场方案。如果直接开始拆除作业，设备及大量建筑废料无法运输。

在错综复杂，身处其中难以分辨方位的巷弄中难以发现代替路径解决材料进出问题，通过利用无人机对周边街巷进行航拍（如图 5-33 所示），建立了该部位的三维 BIM 实景模型。

图 5-33　无人机及实景航拍自动路径规划

无人机实景建模技术的模型精度主要有以下几个因素：无人机（拍摄器质量、飞行续航能力）、飞行方位、照片重叠率等参数。在无人机选型方面，实景建模技术主要依据照片进行分析建模，因此对于无人机搭载的相机要求较高，本项目采用的是大疆精灵 4 Advanced 型号，属于非专业航拍器，且飞行时间较短（一块电池可支持 20min 左右），导致支持无法一次性拍摄重叠率较高的、多方位、多高度路线的拍摄任务，因此建立的模型精度并不高，但在大面积的管理区域可以用来做粗略的测量（如街道长度、居民区面积等），如图 5-34 所示。

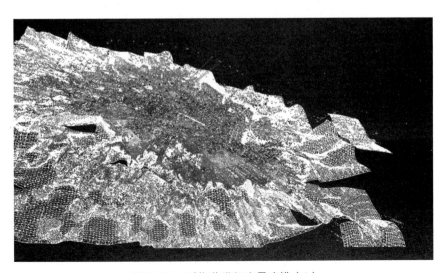

图 5-34　对街巷进行实景建模（1）

图 5-34　对街巷进行实景建模（2）

　　对于实景建模航拍一定要选择自动航拍规划软件，既节省人力，提高拍摄精度，也可以减少过多操作对续航能力的削减。本工程使用的是 Altizure 航拍 APP，可直接读取大疆 DJIAPP 的账号信息，包括解禁证书。航拍过程中注意塔式起重机、高压线等有强辐射的设施，很可能会造成控制信号中断，飞机自动返航甚至盲飞炸机。

　　项目组发现，在距迎瑞上弄不远的新当铺上弄里，内部可以打通一条运输路线，供物料及设备进出。同时，也通过该方式从多个街巷中，确定了彭家下弄、斗富弄、义思弄共四条主要运输路线，如图 5-35 所示。

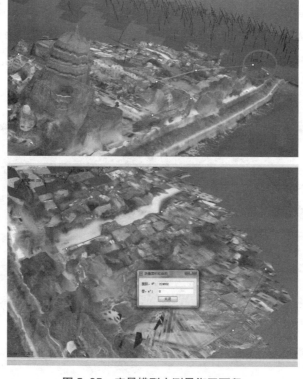

图 5-35　实景模型中测量街区面积

实景建模目前市场上有众多软件，本项目用的是国产的 Photometric 和 Photoscan 试用版，从同样质量的照片建模成型的对比来看，还是国产 Photometric 精度更高，如图 5-36 所示。

图 5-36 photoscan（左）与 photometric（右）对比

总的来说，在错综复杂，身处其中难以分辨方位的巷弄中，通过利用无人机对周边街巷进行航拍，建立三维 BIM 实景模型确实能够很大程度帮助确定现场材料进出路径以及现场管理规划工作。

5.1.8 BIM 应用总结

经过项目实践，总结出如下经验：

1. 以人为本

对于许多项目来说，BIM 实施的主体和中心仍旧是——人。BIM 实施的质量和效果跟使用 BIM 技术的工程师们密不可分，本工程涉及大量新的软件硬件和 BIM 相关的新技术，从建模、数据转换到各种智能设备，都是基础为零的工程师通过不断自我学习、外部培训来获取这些实操的能力，因此，团队负责人需要对 BIM 团队的成员进行充分的了解，对工程师在生产中的角色和工作内容有足够的把握，才能利用 BIM 及相关信息化技术来促成他原本的工作而不是施加额外的压力，否则会引起强烈的抵触和消极心理。

2. 一模多用

随着各类建模插件和族库的丰富完善，对于大部分项目来说，建模已经不再是最困难的工作环节，而且随着 BIM+ 技术的发展，BIM 延伸的其他技术可以直接利用这个模型进行更进一步的施工指导，因此在前期就要对模型的利用进行合理的规划，尽量一模多用，避免多次重复建模，并且还可以保证多个应用之间的一致性和连贯性。

3. 逐步引入智慧建造设备和技术

本项目利用各种智能设备的智慧建造技术，在基于 BIM 技术的基础上，利用了 BIM 中的模型几何信息和模型中包含的非几何且结构化的储存在各个构件里的数据，再根据不同需求利用不同软硬件实现相应的技术和管理的提升。

　　提升是相对于传统的施工方式而言。首先，一个建筑项目中往往有数以百计的人员参与其中，非智能的建造方式是基于平面图纸、文字说明、线下会议等方式进行沟通，而现场施工也是更多依靠作业人员经验和大量的劳动资源堆砌来进行的，对于工程量巨大或者技术难度高的项目，其技术和管理都难以完成工程既定目标。

　　而在智能建造的理想情况下，云技术的沟通协同软件平台，充分利用移动端、云端和计算机终端的数据联合，能够快速搜集、处理并自动储存和梳理在项目实施过程中的所有信息，节省大量人力协调记录和整理的工作，而基于 BIM 技术，不仅能提前在计算机中进行技术风险预判模拟，还大大提升了技术信息传递效率。

　　同时随着各种可以直接利用模型进行现场作业的智能化设备，极大地提高了施工精度及效率，在计算机技术的辅助下，并不需要经验十分丰富的工程师和大量的劳动力，也可以快速地完成施工任务，同时 BIM 中不断增加的结构化数据以及云协同的工作方式，对于改变传统建筑业凭借经验、技巧和密集劳动进行生产的老旧模式，智慧建造为其提供了更高效的施工解决方法。

5.2　湘江欢乐城－冰雪世界工程

5.2.1　项目概况

　　湘江欢乐城项目地处长、株、潭地理几何中心，占地 1.6km²，由欢乐水寨、欢乐雪域、欢乐天街、欢乐广场和欢乐丛林等五部分组成，建成后将成为长沙市旅游文化产业的核心驱动力之一，如图 5-37 所示。

图 5-37　项目效果图

　　冰雪世界项目为湘江欢乐城的核心工程，由屋顶水乐园、上区水乐园、室内雪乐园、下区水乐园、消防桥组成，将建造在采石形成的矿坑上。矿坑深达百米，长 440m，宽

350m，上口面积 18 万 m²，岩壁坡度 80° ～ 90°，用地呈不规则多边形状，地形复杂，溶蚀孔洞不良地质情况繁多。

冰雪世界的设计与建造是基于矿坑改造的大胆创新之作，也是世界唯一架立于矿坑之中的冰雪游乐项目，工程主要包含室内雪乐园及室外水乐园两大功能。其中雪乐园项目主体功能为单层通高的滑雪及活动空间，含配套及停车场，雪乐园总建筑面积 79394 ㎡。室外水乐园包括屋顶水乐园、入口上区水乐园以及坑底下区水乐园三大区域，建筑面积 17797.41 ㎡。

工程利用坑底 48 根大直径墩柱和 18 面剪力墙组成混凝土竖向受力体系，支撑 16m 滑雪平台（该平台近 3 万 m²，距离坑底近 60m 高，距离坑面 40m 高）。主体结构平台采用大跨度混凝土结构横跨矿坑，最大跨度达 222m，屋面采用大型钢桁架混凝土结构，如图 5-38 所示。超高大跨的结构体系使得本项目独一无二。

图 5-38　冰雪世界建筑模型

冰雪世界项目施工区域为废弃的采石场所形成的工矿区，深度约 100m，故称之为百米深坑。生态原貌图如图 5-39 所示，矿坑地形图如图 5-40 所示。由于平台距离坑底最深达 60m，施工难度极大。

图 5-39　生态原貌图

图 5-40　矿坑地形图

5.2.2 BIM 应用策划

本项目的 BIM 技术应用总体思路是：将设计模型、算量模型、成本模型、施工模拟模型和进度模型等集成到同一平台，为施工过程中的技术、进度、成本、现场协调等提供关键信息，帮助项目管理人员进行精确管理，为竣工维护提供支撑。技术架构如图 5-41 所示。

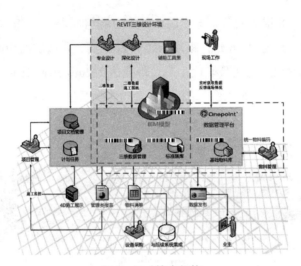

图 5-41 技术架构

工程难点及 BIM 应用方案如下：

1. 施工部署

项目建设用地地形复杂，面积超大，空间资源较多，如何高效地利用现有的空间资源来有序地组织施工是本项目的一大难点。项目采用 BIM 技术结合无人机倾斜摄影，将现场的实际情况同结构模型结合起来。

2. 进度管理

由于结构特殊，在保证总控进度计划按时完成的前提下，进度管理必须结合现场动态调整。项目在宏观进度调控方面，采用 BIM5D 技术将进度计划与 BIM 模型相关联，与实际进度作对比分析，来宏观调控资源，确保工程项目按期完成。

3. 交叉施工工序布置

本项目在同一垂直作业面上，常有 5 ~ 6 道工序，施工组织难度大。针对本工程交叉施工较多的问题，通过 BIM 建模，发现工序穿插过程中可能出现的问题。

4. 设备及附件参数优化

本工程设备种类繁多，在设计阶段、施工之前，通过 BIM 对设备的参数进行深化设计和优化，加强游乐设备分包管理，加强深化设计管理。

5. 大型机房、设备房的深化

为充分利用空间，使设备运输通畅，设备机房空间紧凑，检修操作方便，整体美观。通过设备房二次砌体施工时，在相应位置预留运输通道，设备进场后再进行砌筑施工。通过 BIM 深化设备房布局，合理布置设备管线，使之便于安装检修。

6. 地下室综合管线布置

地下室机房承载冰雪世界造雪以及室外水乐园的主要设备，优化管线、合理布置管道、尽最大可能压缩空间是工程的主要任务。通过 BIM 应用，提高净空，使其布局美观，便于施工及后期运维。

为确保 BIM 信息技术的应用，项目成立专门的 BIM 团队，公司 BIM 中心主任担任本项目 BIM 顾问，BIM 中心各专业 BIM 工程师指导项目实施。项目部成立涵盖项目部各相关部门人员的 BIM 工作室，设立 BIM 工作室站长来主管各专业 BIM，以便更好地为项目施工提供信息化管理。项目 BIM 应用组织架构如图 5-42 所示，岗位或部门职责分工如表 5-1 所示。

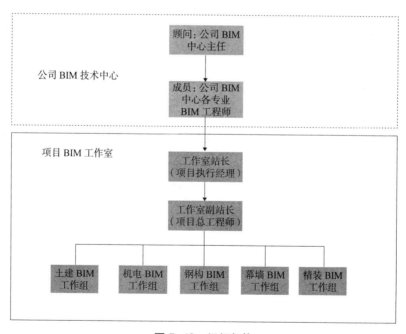

图 5-42　组织架构

BIM 职责分工　　　　　　　　　　　　　　表 5-1

岗位 / 部门	职责
公司 BIM 中心主任	（1）监督和检查施工单位建立健全 BIM 管理体系，确保 BIM 技术在项目上实施； （2）指导项目全体 BIM 工程师做好 BIM 管理工作； （3）组织制定、审核、审查参建各方的 BIM 管理体系及有关 BIM 制度、文件等
公司 BIM 工程师	负责解决项目各专业 BIM 工作中存在的问题

岗位 / 部门	职责
BIM 工作室站长	（1）BIM 工作室站长是公司派驻现场进行 BIM 管理的直接责任人，全权执行所辖工程项目范围内的 BIM 管理工作； （2）督促参建各方建立健全 BIM 管理体系（或自控体系），落实各项 BIM 管理制度，监督检查 BIM 管理体系运行的情况
BIM 工作室副站长	（1）全程参与所辖 BIM 施工交付以及竣工交付的验收工作，资料及时签证并进行影像录制，配合内业管理人员保存 BIM 模型资料档案； （2）组织或参与所辖 BIM 有关管理例会，督促落实有关 BIM 管理方针、政策； （3）BIM 工作站副站长主要负责 BIM 模型数据的维护与更新，以及 BIM 模型的施工管理；负责项目 BIM 总体实施方案，BIM 相关施工方案以及实施计划的编制； （4）负责形成不同施工阶段的三维场地布置的构建以及大型设备进场线路的优化； （5）对设计院提交的设计阶段的交付模型进行审核，保证模型的精准性； （6）负责整合设计模型，商务模型和总体进度计划，形成以施工进度为核心的管理体系； （7）将现场质量安全数据集成于 BIM 模型中，形成以模型数据为核心的质量安全管理体系； （9）负责针对各施工阶段利用 BIM 技术实现危险源的判定与识别，健全安全管理体系； （9）联动商务部，物资部，依据现场实际情况完成对构件工程量的提取，制定详细的物资采购计划； （10）联动安全部门，根据现场实际环境和 BIM 模型制定各施工阶段灾害模拟方案。 （11）组织项目部管理人员、BIM 任务团队对本工程的 BIM 方案进行评审，确定具体实施方案； （12）BIM 技术应用跟踪总结管理，组织编制工程竣工总结报告
土建 BIM 工作组	（1）负责土建 BIM 模型的深化设计，更新与维护； （2）协助项目 BIM 工作站站长的日常管理工作； （3）负责施工阶段过程中利用 BIM 技术优化土建工程中的施工方案（不限于高支模方案，二次砌砖排砖方案，混凝土浇筑施工机械布置方案）； （4）根据模型交付前的综合评审意见和建议，组织对工程模型图纸进行修改，并组织将修改后的 BIM 模型按照需要分专业转换成平面图、立面图和剖面图等用于指导施工的图纸； （5）负责组织办理图纸移交和技术交底。对本工程建设的全过程进行跟踪，对 BIM 模型进行同步维护，对施工过程中出现的变更及时做出更新处理，始终保持 BIM 模型为最新版本； （6）负责将设计变更整合至 BIM 模型数据中，完成对变更过程中工程量变化的统计； （7）负责专业 BIM 方案实施过程中影像，视频，模型等数字信息的归档
机电 BIM 工作组	（1）负责机电 BIM 模型的深化设计，更新与维护； （2）接收自身合约范围内的施工图设计模型，检查各个机电专业间综合管线碰撞的同时，复核整体管线净高，并进行必要的校核和调整； （3）对于涉及其他承包单位的问题，向项目 BIM 团队提交相关碰撞检查报告、机电管线综合优化报告。在项目施工阶段配合项目 BIM 团队完成相关 BIM 工作； （4）负责将设计变更整合至 BIM 模型数据中，完成对变更过程中工程量变化的统计； （5）负责专业 BIM 方案实施过程中影像，视频，模型等数字信息的归档
精装、幕墙 BIM 工作组	（1）负责精装 BIM 模型的深化设计，更新与维护； （2）内外装项目应按照装饰装修工程合同及本策划方案中规定的信息模型成果交付要求进行履约，并对相关参与方进行信息模型的交底； （3）幕墙及精装工程师在提交装饰装修工程 BIM 成果时，应保证相关数据信息的准确性、一致性、完整性和时效性； （4）精装工程师对交付的信息模型文件进行轻量化处理，删除信息模型中的冗余信息，避免信息模型过于庞大； （5）负责将设计变更整合至 BIM 模型数据中，完成对变更过程中工程量变化的统计； （6）负责专业 BIM 方案实施过程中影像，视频，模型等数字信息的归档

5.2.3　深化设计 BIM 应用

1. 复杂节点深化设计

项目应用 Revit 软件，分专业、分系统创建 BIM 模型，采用中心文件及工作集方式，对于项目施工过程中的关键部位或节点进行深化设计，主要针对复杂节点钢筋（如图 5-43 所示）、预应力钢筋（如图 5-44 所示）、锚索（如图 5-45 所示）、桩基础（如图 5-46 所示）、钢模板配模（如图 5-47 所示）、钢结构节点（如图 5-48 所示）进行深化。深化部分钢筋混凝土复杂节点，增加结构层次，材质等信息，说明详细的技术原理，通过可视化及碰撞检测等手段，预判可能会产生的实际问题，指导现场施工。

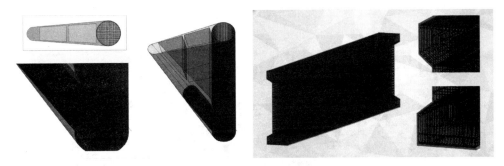

图 5-43　复杂节点钢筋深化

图 5-44　预应力钢筋深化

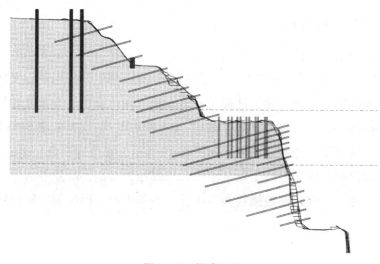

图 5-45　锚索深化

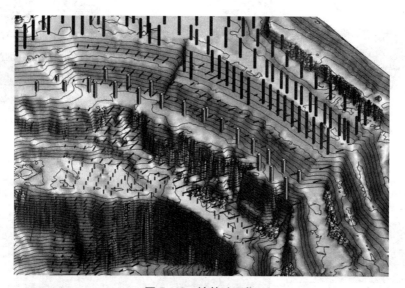

图 5-46　桩基础深化

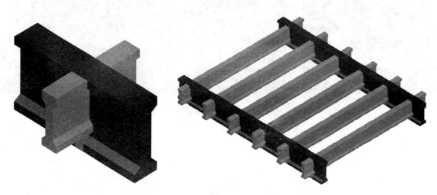

图 5-47　钢模板配模深化

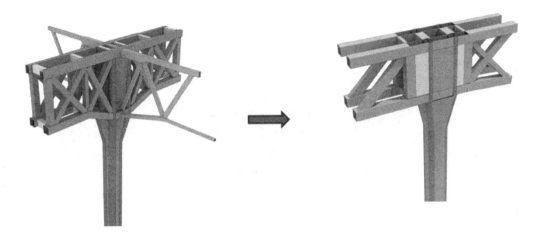

图 5-48　钢结构节点深化

　　通过在复杂节点深化设计中的 BIM 技术应用，直观表达深化设计人员的设计意图，便于各专业间的沟通，有效实现信息共享、协同工作，也实现了准确指导加工。

　　2. 钢结构深化设计

　　冰雪世界项目总建筑面积约 22 万 m²，主要包含屋顶水乐园、室内雪乐园、上区水乐园、下区水乐园、消防桥等区域，其中主要包含钢结构形式为钢桁架屋盖结构、框架结构、异形网壳结构等，如图 5-49、图 5-50 所示。

图 5-49　冰雪世界钢结构模型

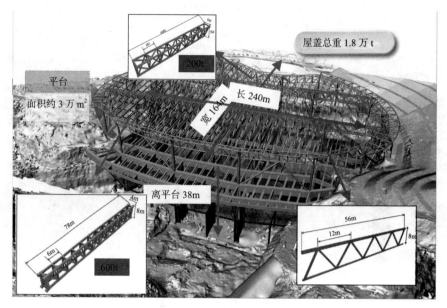

图 5-50　冰雪世界钢结构模型

　　钢结构深化设计 BIM 小组首先根据设计图建立 3D 结构模型,接着深化钢结构连接节点。项目综合考虑构件制作、运输及安装等多个环节,以及和其他专业的联系与配合,对复杂节点进行深化设计,同时对部分节点进行优化,最终生成可直接用于工厂加工的深化设计图,并生成构件清单,便于工厂加工及现场吊装。

　　(1)根据原设计图建立 3D 结构模型

　　项目体量大,图纸繁多(如图 5-51 所示),土建、机电、钢结构、幕墙等专业交叉密集,如何从"先天有问题"的结构图纸建立精准的三维模型是一件繁重而又艰巨的工作,项目钢结构模型如图 5-52、图 5-53 所示。

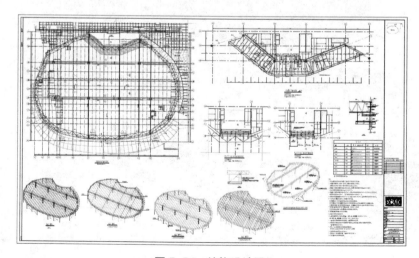

图 5-51　结构设计图

图 5-52　下沉广场及吊挂餐厅模型视图

图 5-53　雪乐园钢桁架屋盖模型视图

（2）深化设计复杂节点

雪乐园为钢桁架屋盖结构体系，工程体量大，组合圆管柱与钢桁架连接节点复杂，钢构 BIM 小组人员考虑工厂制作与运输、现场实际安装等多个环节及时与项目部其他专业人员及设计进行沟通协调，对复杂节点进行深化设计，同时合理分段分节，如图 5-54 所示。

图 5-54　组合柱与桁架连接节点

雪乐园屋盖钢结构分段节点多，现场焊接量大，施工难度大。钢构 BIM 技术人员对复杂构件拼接节点进行深化，在钢构件上预留吊耳及箱形构件焊接封板，便于安装与施焊时操作，现场施工反应良好并达到创效的目的，如图 5-55 所示。

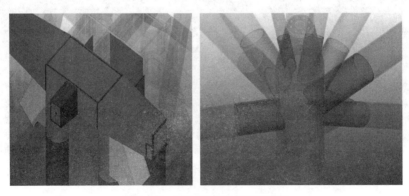

图 5-55　复杂焊接节点深化设计

（3）深化成果输出

当所有结构连接节点深化完成后，钢构 BIM 小组人员通过 BIM 软件生成直接指导构件加工的深化图（如图 5-56 所示），并生成方便加工和现场施工及商务结算的构件清单。

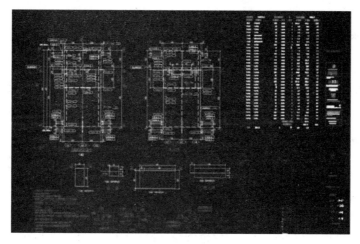

图 5-56　深化图纸

（4）碰撞检查

施工过程中涉及钢构件与机电管道碰撞的问题，为此，钢构 BIM 小组人员在建模时综合考虑机电管道的布置，提前对碰撞部位采取预留洞口的处理方法，保证机电管道能顺利通过。

通过搭建各专业的 BIM 模型，在虚拟的三维环境下方便快捷地发现设计中的碰撞冲突（如图 5-57 所示），及时进行土建、机电、钢结构等专业间的专业协调，显著减少由此产生的变更申请单，提高了施工现场的生产效率，降低了由于施工协调造成的成本增长和工期延误。

图 5-57　3D 检验碰撞

5.2.4 大型设备运输及安装 BIM 应用

在施工过程中如何有效的组织大型设备进场，协调场地内各个设备的资源调配一直是施工行业的一大难题。传统做法中，对于大型设备运输路径的检查都仅仅依靠对施工现场的主观理解和经验判断来进行，在具体实施时往往会出现大量的问题，比如场内临时道路转弯半径过小，场内空间过于狭小，设备与已有构筑物的碰撞问题等。另外，如果等到设备进场后，再开始规划设备在场内的运转，将会在现场出现大量不可控的事件，使得整个项目的资源组织计划的风险大大提高，从而影响整个项目的施工进度。

利用 BIM 可视化技术针对大型设备的运输路径提前做好规划和检查，可以客观的对设备的资源组织计划做出正确的评价。因此，项目部为了更好地高生产效率，节约建造成本，在主体结完工前，就确定好了现场施工环境的限制因素以及大型设备的规格参数等要求，通过对 BIM 技术模拟出大型设备在进场过程中可能会发生的问题，提出针对性的解决方案，如图 5-58 所示。

图 5-58 大型设备进场

基于 BIM 进行大型设备运输路径检查，首先要确保场地模型精准无误，关键在于施工准备阶段场地模型与施工现场几何信息一致，大型设备模型与实际进场设备几何信息一致。

1. 确保场地模型的准确性

场地模型的几何信息，指的是场地模型在设备进场前期趋于稳定的某个时间段内的位置状态等参数。在保证场地模型各构件本身参数正确的同时，综合考虑设备进场当天其他临时设施的相对位置关系，比如挖掘机、汽车吊、物资材料的临时码放等问题。使得大型设备运输起来的更有效率，同时降低了资源组织关系的风险，达到了确保项目正常施工的目的。

2. 确保大型设备规格参数等信息的准确性

相比于场地模型而言，大型设备具有更大的机动性，比如正式进场的时间，台班费用等内容。项目选定大型设备后，严格按照大型设备运输路线设计图和选定设备执行，给 BIM 模型添加正确的信息。

项目针对设备进场各阶段，输出具体运输路线过程的平面图、立面图、轴测效果图，集成至技术交底文件中。形成过程中的交底记录。首先，理出设备清单，找出大型设备位置，确定设备尺寸、参数及重量。然后进行设备运输路线、运输方案设定，确定设备运输路线、运输所需要的空间尺寸。利用 BIM 模型，根据确定的运输路线与运输方案进行运输场景模拟施工，找出运输路线上的砌体障碍以及对运输设备有阻碍的机电安装区域。最后，根据模拟结果调整完善运输方案，在 BIM 图上对运输设备有阻碍的砌体进行标注，并在图上预留后砌墙体洞口位置大小；在 BIM 图上标注对设备运输有阻碍的桥架、风管、水管等安装内容，标注不能满足要求的区域，待设备运输完毕后再进行施工。

调整好 BIM 图纸后，导出平面图、砌体预留洞图、后续机电施工区域清单等，进行交底，应用到现场，确保设备顺利运输到指定位置，如图 5-59 所示。

图 5-59　大型设备运输及进场模拟

5.2.5　实景建模 BIM 应用

项目的土建 BIM 模型基于 Revit 分专业分系统创建，地质模型基于 Civil 3D 平台创建，实景三维模型基于 Context Capture 平台，根据生产工艺分层分区创建。所有模型在 Pointtools 中整合后，进行可视化校验及汇总。通过可视化及碰撞检测等手段，预判可能会产生的实际问题，对项目精细化实施提供帮助。

本项目以土建专业为主导，协同钢结构、机电各专业紧密配合，模型数据和现场施工数据同步进行，其中土建专业模型包含所有建筑、结构专业模型包含所有主要构件，机电模型为所有干管及重要支管，钢结构模型包含所有主要构件，地质模型包含各类岩土层，实景模型为不同施工阶段的施工环境。其中，实景三维建模主要解决结构以及设备与百米深坑岩壁之间的碰撞干涉和合理布置问题。利用实景建模技术构建的溶洞模型如图 5-60 所示，BIM 技术构建的钢结构屋盖模型如图 5-61 所示。

图 5-60 溶洞模型

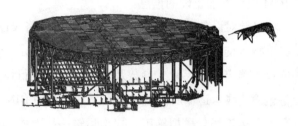
图 5-61 钢结构屋盖模型

实景三维模型主要应用包括：

1. 优化工艺流程

由于冰雪世界项目各工序穿插紧密且工作面交叉频繁，因此在项目初期，需要利用 BIM 技术，针对复杂的工序及工艺形成可视化方案，重构复杂的施工环境，从而优化施工工艺流程。这种方式的前提是必须具有成熟稳定的前期施工方案，多个施工方案在可视化平台中动态展示，按照提高工作效率，节约建造成本，缩短建设周期的要求来优化相应的工艺流程。预应力施工工艺优化如图 5-62 所示。

图 5-62 预应力工艺优化

图 5-63 贝雷架模型

2.BIM 标准设定

根据复杂建筑物，地形地质的功能及特性，依据相对应的需求，如支模架体系需要进行结构仿真计算和工程量统计，在模型建设过程中需要绘制主要承重结构，计量构件（按照工程量计算规则设定的构件），依据 BIM 标准建立的贝雷架模型如图 5-63 所示。项目依据涵盖领域定制了参数化企业标准族库和实景三维模型族库，族文件不仅包含几何信息，同时包含非几何信息以及二维表达符号，符合工程设计及建设需要，提高了模型搭建、后续设计变更以及后期出图的效率。

3. 岩壁变形监测

在地形地质复杂的废弃矿坑修筑冰雪世界工程中，需要实时的对矿坑周边 80° ～ 90° 的岩壁拱脚区进行实时监测。项目岩壁某区域变形云图如图 5-64 所示。采用传统的边坡检测很难直观地反映出岩壁的变化趋势。本项目利用三维激光扫描仪和放样机器人来完成对岩壁变形的实时监测。不仅大大地减轻了监测人员的工作量，还能有效地提高岩壁变形的风险抵抗能力。

图 5-64　岩壁变形云图

图 5-65　土方实景模型

4. 无人机土石方算量

本项目地形地势复杂，土石方开挖原地面和成型面测绘难度极大。如果采用传统地面数据测绘形式，不仅测绘精度低，误差大，而且工作效率也不高，工作环境也极不安全。利用倾斜摄影测绘无人机来获取地形数据就是一个很好的解决方案。利用计算机来完成土石方体积的计算过程大大提高了作业人员的工作效率。土方实景模型如图 5-65 所示。

5. 实景三维布置

针对施工场地部署，利用实景建模技术快速重构施工现场环境，构建实景三维模型库，大大地降低了建模人员的工作量，破除传统场地布置与施工现场不一致的弊端。实景三维场布如图 5-66 所示。

图 5-66　实景三维布置

5.2.6 基于 BIM 技术的总进度计划模拟

应用 BIM 技术进行施工模拟可以让项目管理人员在施工之前，提前预测项目建造过程中每个关键节点的施工现场布置、大型机械及措施布置方案，还可以预测每个月、每一周所需的资金、材料、劳动力情况，提前发现问题并进行优化。BIM 施工模拟可应用于项目整个建造阶段，真正地做到前期指导施工、过程把控施工、结果校核施工，实现项目的精细化管理。

在计划安排中规避施工现场的工作面冲突是生产管理的重要内容。通过流水段划分等方式将模型划分为可以管理的工作面，并且将进度计划、分包合同、甲方清单、图纸等信息按照客户工作面进行组织及管理，可以清晰地看到各个流水段的进度时间、钢筋工程量、构件工程量、图纸、清单工程量、所需的物资量、定额劳动力量等，帮助生产管理人员合理安排生产计划，提前规避工作面冲突，如图 5-67 所示。

图 5-67　流水段管理截图

5.2.7 BIM 应用总结

项目 BIM 应用的前期组织与策划是项目能否全生命周期应用 BIM 技术解决实际问题成功与否的关键，通过制定企业、项目 BIM 标准，以规范 BIM 管理人员，对模型的深入利用至关重要。

本项目通过运用实景 +BIM 技术，在模型的应用过程中针对施工中的重点、难点进行模拟，寻找更加合理的施工解决方案。三维模型为二维图纸提供了审核与校验，并为二维图纸的深化设计提供帮助。本项目 BIM 应用，将 BIM 技术和施工工艺相结合，解决了多道工序交织梳理的问题；将 BIM 技术与结构仿真技术以及工程量计算技术相结合，实现了 BIM 模型一模多用的目的；将实景三维模型与 BIM 模型相结合，解决了复杂施工现场的碰撞问题。

项目通过将 BIM 模型与施工工艺相结合，有效打破多工序组织梳理问题，包括通过实景三维模型技术应用于场地三维布置，打破传统施工部署瓶颈；无人机倾斜摄影测量技术应用于土石方工程量计算，打破测绘精度瓶颈，提高了工作效率。

5.3　郑州新郑国际机场 T2 航站楼工程

5.3.1　项目概况

郑州新郑国际机场二期扩建工程 T2 航站楼工程 T2SG-05 标段工程项目 (以下简称 "T2 航站楼") 是由河南省机场集团有限公司投资建设，中国建筑第八工程局有限公司承建的大型交通枢纽工程。T2 航站楼平面呈 "X" 布置，分别由航站楼主楼、东南、东北、西南、西北四个指廊以及内、外连廊几部分组成，如图 5-68 所示。

图 5-68　郑州新郑国际机场 T2 航站楼效果图

本项目标段总建筑面积 141374.23m²，建筑高度 39.530m。建筑结构形式为框架支撑钢屋盖结构，主体局部地下二层，地上四层，局部设餐饮夹层，指廊部位两层。T2 航站楼东面为机场空侧机坪区，西面通过西侧高架与航站楼到达层衔接，西侧通过空中连廊与现有 T1 航站楼连接。T2 航站楼南北两面为四个机场指廊，地下城铁、地铁横穿而过，T2 航站楼与 GTC 轨道交通站厅层平层连接，实现了地铁、城铁、公路的无缝换乘。航站楼采用 "三层式" 旅客流程，航站楼自上而下分别为出发层、候机层、达到层、行李处理层和地下机房共同构成，实景如图 5-69 所示。

图 5-69　郑州新郑国际机场 T2 航站楼完工照片

5.3.2　BIM 应用策划

基于本工程结构设计复杂、涉及专业及系统较多、专业分包单位较多等工程特点，项目部在项目开工阶段，有针对性地制定了 BIM 应用计划，对项目 BIM 应用范围、应用目标、应用流程、软硬件以及时间阶段等进行了策划。主要工程难点及应对策略如下：

1. 动态管理难度大

整个工程涉及单体工程及各专业工程众多，单层施工面积大、区域多，基坑开挖造成施工现场临时道路多变，材料运输困难。项目基于 BIM 平台创建各阶段平面布置模型，根据施工进度情况对施工现场材料堆场、临时道路、大型机械等进行规划和布置，并对复杂环境下材料运输通道进行三维动态模拟分析，适时调整平面布置，实施动态管理。

2. 管线排布复杂

运用 BIM 软件进行管线冲突及碰撞检查，找出位置冲突及标高重叠位置，然后联合设计及各机电安装单位，进行管线综合排布，解决位置冲突，避免现场返工。

3. 预留洞定位不准

机电安装专业涵盖专业众多，各专业管线错综复杂，墙地面预留洞准确预留困难，依据 BIM 综合管线排布模型，直接导出机电安装施工图和土建墙地面预留洞图。

4. 二维图纸审图难度大

在工程开工前期绘制 BIM 结构及机电安装模型，将图纸中错误及冲突的地方在模型绘制中统计出来，而后借助 BIM 平台进行图纸会审及图纸交底，解决了传统二维图纸发现问题难的问题。

5. 装饰空间难以保证

一层办公区域设计管线众多，单层结构空间有限，对后期吊顶影响大。根据吊顶设计标高核对管线安装标高，对标高不足部位进行空间调整、优化排布，抬高管线安装高度，从而节省上部空间，达到吊顶设计标高，避免后期管线无法修改而影响整体装饰效果。

6. 三维空间定位难度大

主楼大空间吊顶设计为双曲面翻板吊顶，吊顶板材下料及施工空间点位控制难度大。每个板块的外形尺寸都不相同，相应的设计、加工、安装难度极大，同时因施工过程变形等因素影响，造成螺栓球实际空间位置与设计模型数据存在误差。运用 Rhino 软件平台，通过模拟设计、样板段试验，将现场实测数据与设计数据注入模型进行偏差计算，编程自动匹配，实现吊顶曲面顺滑、美观效果。

7. 关键工序技术难度高

对关键施工技术及难以理解的施工过程，项目运用 BIM 软件，进行三维动态施工模拟分析，优化施工工序流程及施工流水节拍，从而合理安排现场施工，节省施工成本与工期。

项目应用软件见表 5-2 所示。

项目应用 BIM 软件一览表　　　　　　　　　　　　表 5-2

序号	软件名称	功能
1	AutoCAD	二维看图，为三维建模提供二维平面图纸
2	Revit	结构及机电安装三维模型的建立
3	Navisworks	模型间碰撞检测、工序施工模拟等
4	Rhinoceros	双曲面模型建立、数据分析及材料下单
5	tekal	钢结构模型建立、细部节点深化设计
6	3Dmax	场景渲染、动画及视觉效果处理
7	BIM5D	模型间数据衔接、安全质量商务管控
8	Glodon	模型工程量提取，合约商务管控

为充分保障 BIM 技术所需软件的正常运行，项目使用的计算机硬件平台为 Dell T5600 Precision 台式图形工作站或更高配置，并要求各分包商计算机硬件平台不低于该配置。业主和 BIM 咨询单位应用 Dell T7600 Precision 台式图形工作站和 Dell Precision M6700 移动图形工作站，方便检查 BIM 应用情况。另外，配备一台 Dell PowerEdge R520 机架式服务器，为 BIM 数据的协同管理系统提供硬件基础。硬件设备的详细配备情况如表 5-3 所示。图形工作站主要硬件配置如表 5-4 所示。

BIM 小组硬件设备配备情况 表 5-3

设备名称	单位	数量	分配情况
Dell T5600 Precision 台式工作站	台	6	工作室 6 台
Dell T7600 Precision 台式工作站	台	4	业主和咨询各 1 台；工作室 2 台
Dell PowerEdge R520 机架式服务器	台	1	工作室 1 台
Dell Precision M6700 移动工作站	台	2	工作室和业主各 1 台

图形工作站主要硬件配置表 表 5-4

	Dell T5600	Dell T7600	Dell M6700
CPU（处理器）	Intel 至强处理器 E5-2643（4 核，3.30GHz）×2	双 Intel 至强处理器 E5-2687w（8 核，3.10GHz）×2	Intel i7-3540M（4 核，3.0GHz）
内存	16G DDR3 RDIMM 1600MHz,ECC	32G DDR3 RDIMM 1600MHz ECC	16GB DDR3 SDRAM1866MHz
硬盘	256GB SSD+2TB 机械硬盘	256GB SSD+2TB 机械硬盘	256GBmsata+ 1TB 机械硬盘
显卡	NVIDIA Quadro K4000	NVIDIA Quadro 6000	NVIDIA QuadroK5000M
显示器	双 DellUltraSharp U2412M 24 LED 显示器	双 DellUltraSharp U2412M 24 LED 显示器	17.3"UltraSharp FHD(1920x1080)

根据项目 BIM 实施策划，项目 BIM 应用工分为五个阶段，第一阶段为 BIM 准备工作阶段、第二阶段为施工图设计模型阶段、第三阶段为施工深化设计模型阶段、第四阶段为施工过程模型阶段、第五阶段为 BIM 应用总结阶段，具体应用流程如图 5-70 所示。

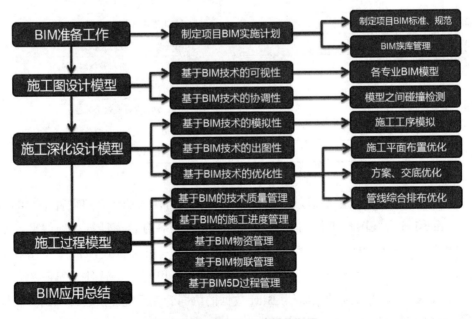

图 5-70 项目 BIM 应用流程图

BIM 实施管理监督检查措施包含过程检查控制与成果交付控制，过程检查控制措施如表 5-5 所示，成果交付控制措施如表 5-6 所示。

过程检查控制 表 5-5

阶段	检查内容	检查单位	检查要点	检查结果
设计阶段	施工基础模型	设计院	模型与图纸的一致性、模型的完整性	模型是否符合要求
施工阶段	深化模型更新	业主、监理	是否按照进度进行模型更新	模型是否符合要求
	设计变更	业主、监理	设计变更是否得到确认	模型是否符合要求
	变工程量计量	业主、监理	变更工程量是否正确	模型是否符合要求
	专业深化设计复核	业主、监理	深化设计模型是否复核要求	模型是否符合要求
	材料设备信息录入	业主、监理	信息录入是否齐全	模型是否符合要求

成果交付控制措施 表 5-6

阶段	检查内容	检查单位	检查要点	检查结果
设计阶段	施工基础模型	设计院	模型与图纸的一致性	接受成果
设计阶段	碰撞检测	设计院	模型与图纸的一致性	接受成果
施工阶段	机电管线综合和结构留洞图	设计院	图纸符合性	接受成果
	设计变更评估	业主、监理	评估是否需要进行设计变更	参与研讨是否需要进行设计变更
施工阶段	深化模型	业主、监理	模型是否与实体保持一致	接受成果
竣工阶段	竣工模型	业主、监理	模型是否与实体保持一致	接受成果

5.3.3 施工现场平面布置与协调

新郑机场 T2 航站楼工程施工总占地面积约 1400 万 m^2，且涉及周边工程和施工单位较多，在施工阶段前期，项目先对现场进行实地勘察，收集施工现场周边环境信息，为平面布置做现场资料支撑。而后召开现场平面布置协调会，汇总相关方平面布置需求，形成书面及平面布置初步材料。

项目 BIM 工程师根据收集的资料，运用 Revit2014 绘制各阶段平面布置模型（如图 5 71 所示），再根据周边工程施工情况、施工进度情况对施工现场材料堆场、临时道路、大型机械等进行规划和布置，并对复杂环境下材料运输通道进行三维动态模拟分析，输出动态模拟分析数据，提供给项目平面管理工程师。平面管理工程师根据模拟分析数据，提出合理化平面布置修改意见，反馈 BIM 工程师，对现场平面布置模型实施动态的调整，最终反馈现场实施。通过对材料运输、施工工序穿插等进行模型模拟分析，对现场临时道路、材料堆场及大型机械运行进行实时调整，实施动态的管理，使现场平面布置高效运转。

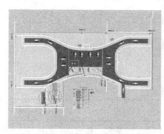
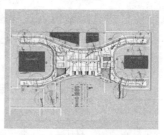

土方开挖阶段平面布置图　　　　　主体施工阶段平面布置图

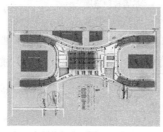
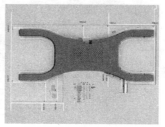

钢结构施工阶段平面布置图　　　　幕墙及装饰施工阶段平面布置图

图 5-71　各阶段平面布置模型

5.3.4　基于 BIM 技术的图纸会审

本工程涉及土建、机电安装等各专业图纸 4000 余张，图纸会审工作如采用传统二维平面（AutoCAD）图纸和纸质图纸的图审方式，不但工作量大、图审周期长，而且很难满足工期要求。施工前期整理由业主方提供的施工蓝图及 AutoCAD 电子版图纸，与设计单位一一核对，图纸数量核对无误后，再进行蓝图与电子版图纸核对，确保电子版图纸与施工蓝图的一致性。而后分发各专业图纸，由各专业 BIM 工程师绘制本专业模型文件。模型绘制完成后，由各专业技术人员在三维可视化模式下对本专业模型进行自审，形成自审报告。最后，在总包单位协调下，各专业交换模型，将本专业模型与各专业模型通过 Revit 进行链接，进行专业间互审，查找专业间图纸问题并形成互审报告。将图纸自审报告及专业互审报告提交业主、设计及监理单位，由业主单位组织图纸会审。通过各专业现场模型展示，由设计单位对图纸问题进行一一解答。

基于 BIM 技术的图纸会审，打破了传统施工图会审的工作流程，解决了会审效率低、时间长的问题，尤其对专业间互审，图纸问题更是一目了然。如 C4 区一层走廊，采用传统图审方式，在各专业图纸中均未发现问题，然而将各专业模型链接到一个模型中就会发现，走廊内各专业管线层层叠加，不但会给施工带来极大的困难，而且施工完成后标高也无法满足吊顶标高的设计要求（如图 5-72 所示）。通过采用这种基于 BIM 技术的三维可视化图纸会审方式，作为项目各参与方之间进行沟通和交流的平台，使图纸会审内容更直接，使会审结果有了质的飞跃。

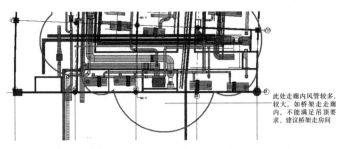

图 5-72 C4区一层走廊局部模型

此处走廊内风管较多，较大，如桥架走走廊内，不能满足吊顶要求，建议桥架走房间

5.3.5 施工方案和工序模拟

T2航站楼工程结构设计复杂，施工技术要求高，施工难度也越大，这就对施工方案编制提出了更高的要求。为此，项目在编制重要的施工方案或关键的工序施工前，由项目总工牵头组织技术人员，对施工图纸进行核对，确定出切实可行的施工方案（或工序），BIM工程师根据施工图纸运用Revit软件绘制方案所需模型，在模型中输入工序穿插时间信息，模拟施工内容，输出模拟动画，并挖掘施工过程中可能会遇到的施工技术难题以及可能会发生的安全质量问题，再由技术人员提出切实可行的解决方案或防治措施。

技术员在传统方案编制的基础上，通过插入三维效果图片，以及关键部分或关键工序模型截图，编制出基于BIM技术的专项施工方案。采用可视化施工模拟动画的方式，配合基于BIM技术编制专项施工方案（如图5-73所示），对施工技术人员和施工操作人员进行方案交底，可精确地描述其施工工艺流程，使方案更生动形象、易于理解，也使施工安全质量保证措施的制定，更直观，更具有可操作性，现场实施效果良好，例如混凝土斜柱施工，保证了混凝土斜柱的倾斜度和架体搭设施工安全。

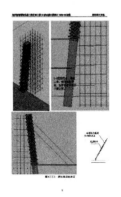 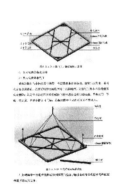 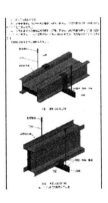

混凝土斜柱施工方案　　　斜面吊顶施工方案　　　机电施工方案

图 5-73 基于BIM技术的专项施工方案

对一些影响施工工期和施工质量的关键部位的关键工序，如独立柱混凝土浇筑、楼层混凝土浇筑、钢结构吊装、登机桥吊装安装等，项目运用 BIM 软件平台，对施工过程进行三维动态施工模拟分析，优化施工工序流程及施工流水节拍，从而合理安排现场施工，提高工作效率，节省施工成本与工期，如图 5-74 所示。

独立柱混凝土浇筑

指廊楼层混凝土浇筑

指廊钢结构吊装

登机桥吊装安装

图 5-74　施工工序模拟

5.3.6　虚拟样板间（段）制作

为确定建筑施工材料、制定施工质量标准，施工现场往往会制作大量的展示样板，但这样的展示样板一旦验收不能通过就必须拆除重做，既费时费力，又不利于成本控制。项目根据施工需求，合理选取施工样板间（段），通过 Revit 绘制虚拟样板间（段）模型，绘制过程中，对于确认的材料赋予材质及颜色等信息，通过 Revit 或 Navisworks 的漫游功能，输出漫游展示视频（如图 5-75 所示）并导出样板间（段）施工图纸（如图 5-76 所示）。通过模型展示、漫游展示等方式，组织业主、设计及监理单位进行虚拟样板间（段）验收，验收通过后进行实体样板施工（如图 5-77 所示）。现场实体样板验收通过后组织大面积施工。通过这种先制作虚拟样板间（段），后制作实体样板间（段）的方式，既达到样板引路效果，提高了样板间（段）验收通过率，又减少了样板间施工的投入，节省了工期和施工成本。

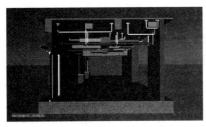 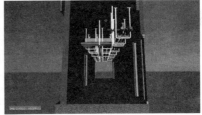

C1 区业务用房样板模型视频展示截图　　　　C1 区走廊样板模型视频展示截图

图 5-75　样板间（段）漫游展示视频截图

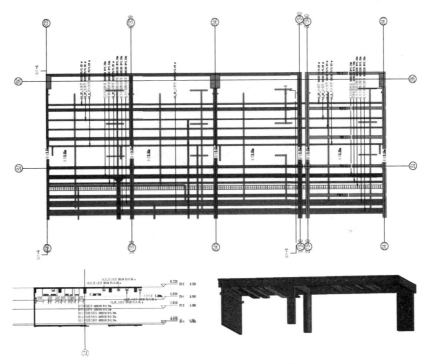

图 5-76　C1 区实体模型 BIM 设计图

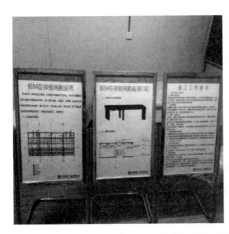 

图 5-77　现场 BIM 样板展示与验收

5.3.7 钢结构深化设计

在钢结构施工前，为提高构件加工精度及安装精度，由项目技术人员首先对施工图纸进行核对，核对无误后交由 BIM 工程师运用 Tekal 软件绘制钢结构模型（如图 5-78、图 5-79 所示），对各构件及节点进行深化设计，输入精确的数据信息；模型绘制完组织技术人员进行核对，核对无误导出深化设计图及构件加工材料料单，用于工厂加工及现场施工。项目通过提前绘制 BIM 模型，对构件节点进行深化，确保了构件加工一次成优，避免钢结构加工偏差，现场施工通过模型跟踪控制，确保了工程施工质量。

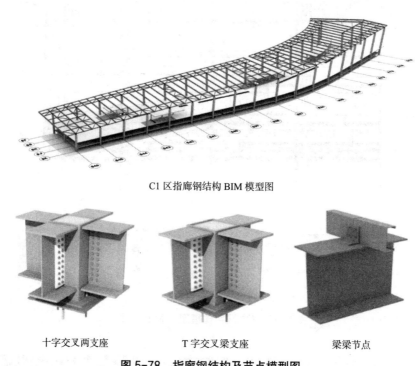

C1 区指廊钢结构 BIM 模型图

十字交叉两支座　　　　　　T 字交叉梁支座　　　　　　梁梁节点

图 5-78　指廊钢结构及节点模型图

5.3.8 机电深化设计和综合管线排布

核对图纸及模型绘制工作在图纸会审前已完成，该处只需对图纸会审内容在模型中进行调整即可，此部分工作由各专业 BIM 工程师自行完成。模型调整完成后，由总部单位牵头，将 Revit 模型文件转换成 Navisworks 文件，运用 Navisworks 对模型进行碰撞检测并导出碰撞检测报告（如图 5-80 所示），对预留洞、预埋件现偏差、遗漏、管线碰撞，综合标高过低而未达到建筑空间使用要求等情况问题在 Revit 软件工作环境下进行修改与调整，而后将各专业模型链接到一起，完成综合管线排布（如图 5-81

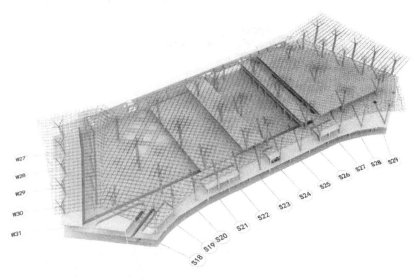

主楼部分网架结构 BIM 模型图

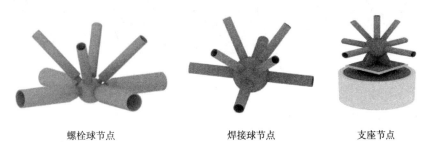

螺栓球节点　　　　　　　　焊接球节点　　　　　　　　支座节点

图 5-79　主楼网架结构及节点模型图

所示），最后按需求输出施工所需平立剖图纸，用于现场施工（如图 5-82 所示）。

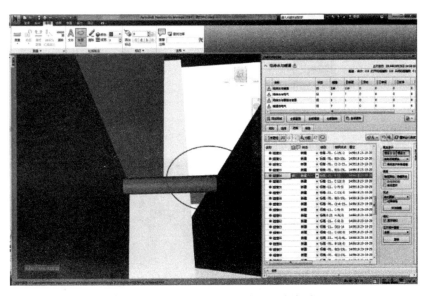

图 5-80　NavisWorks 软件硬碰撞检测

图 5-81　管线综合排布模型

图 5-82　BIM 模型与现场施工效果对比图

根据管线综合排布模型，收集走廊管线密集且上部空间狭小位置的管线排布信息，对支吊架进行综合设计，绘制模型，输出节点模型及料单，现场严格按料单尺寸进行加工并安装（如图 5-83 所示），从而节省材料用量，降低施工成本，且很好地利用了上部有限空间。

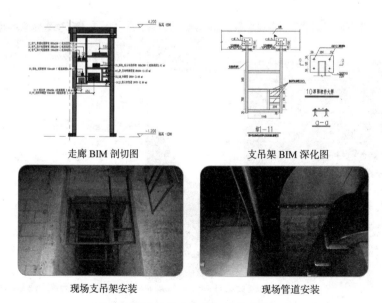

图 5-83　综合支吊架深化设计

对复杂的安装节点，截取出来绘制节点模型（如图 5-84 所示），通过机电模型展示给操作工人进行交底，避免安装过程中发生错误。

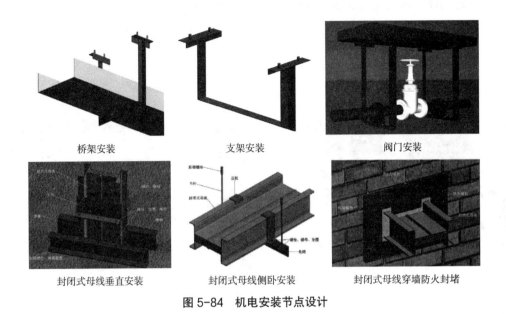

桥架安装　　　　　　　　　支架安装　　　　　　　　阀门安装

封闭式母线垂直安装　　　　封闭式母线侧卧安装　　　封闭式母线穿墙防火封堵

图 5-84　机电安装节点设计

5.3.9　设计变更跟踪管理

设计变更也是在工程中需要协调配合的重要因素。设计变更的原因有很多，例如，设计的错误、各专业间协同的不及时、建筑信息的流转缺失、各方人员的理解偏差、业主新的需求等。现场协同因各专业的立场和人员自身能力的差异，往往非常困难，如果能够利用 BIM 技术模型提前模拟可行的方案及造成的影响，然后在现场利用手持终端（如图 5-85 所示）将方案模拟结果导入，随时随地进行可视化沟通交流，会让协调组织工作更加容易。

图 5-85　手持终端现场跟踪设计变更情况

通过智慧图纸手机 APP，让 BIM 技术进一步落地，如图 5-86 所示。项目管理工程师及劳务分包班组人员只需要扫描图纸，就能看到对应设计内容的 BIM 模型信息，此外还能查看施工、验收标准规范，查看 BIM 模型对的标杆项目或者样板间中的 360° 建造实景，形成图纸、模型、标准、实景 4 维同步指导施工，目的是让正确的施工方式、方法唾手可得。

图 5-86　智慧图纸

此外，为了避开施工现场手机信号差实际情况，智慧图纸把 BIM 模型等一系列的内容全部开发到了 APP 里面，解决了现场因没有信号而不能用的问题。同时，为了实现工人在施工现场，不用带图纸就能施工这一目的，智慧图纸在八局一公司二维码云计算系统的基础上，设计出了扫码就能显示 BIM 模型等其他建造信息的现场施工新方式，如图 5-87 ~ 图 5-90 所示。这样一来，工人去了现场，甚至不需要施工员交底，打开智慧图纸软件，扫描张贴在施工区域的二维码，直接用 BIM 指导施工，还能随时查看标准、规范、样板 360° 实景进行质量把控及自检。智慧图纸也使 BIM 技术在行业里面真正实现了落地，把 BIM 用到了劳务分包手里面来帮助其智慧建造。

图 5-87　二维码云计算平台

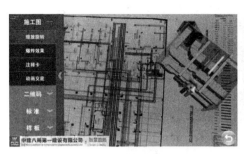

图 5-88 施工图模块

图 5-89 智慧码   图 5-90 样板规范模块

5.3.10 BIDA 一体化施工体系

以往机电设备机房的施工主要以现场加工、现场安装为主，安全隐患较大、声光污染严重、材料浪费较多。针对这些问题，项目以三大创新为切入点，围绕五方面的应用理念，以七化为研究重点，全面研发应用集 BIM 化深化设计、工业化生产、定位配送、装配式施工为一体的"BIDA 一体化"施工体系，如图 5-91 所示。

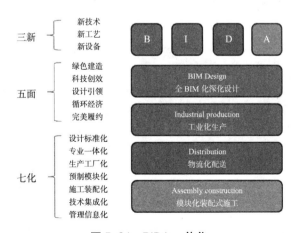

图 5-91 BIDA 一体化

项目利用 BIM 模型，根据样本构建精细化族库，搭建 BIM 模型进行深化设计、预制加工分段分组、绘制加工详图、工厂预制加工、现场组装、调试验收。全过程采用 BIM 技术指导应用，如图 5-92 所示。

收集资料

MM 级精细化建族

全 BIM 化深化设计（B）

零件加工图

工业化预制加工（I）

物流化定位配送（D）

族群模块化装配（A）

调试验收

图 5-92　BIDA 一体化施工流程

前期收集机房内设备样本资料，根据厂家提供的产品样本对机房内的机械设备、阀部件等进行 1:1 毫米级真实产品族群的建立，并不断积累扩充形成企业级装配式机房的标准族库如图 5-93 所示。

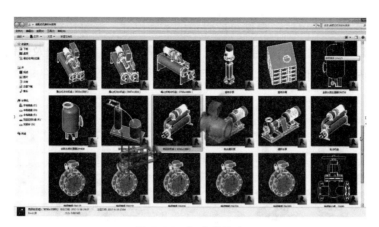

图 5-93　标准化族库

　　根据设计院提供图纸、业主及设计院确认后的优化建议、设备选型样本、现场实际情况、施工验收规范等，进行 BIM 深化设计及管线优化布置。在机房 BIM 模型深化设计的过程中，综合考虑机房检修空间、常规操作空间、管线综合布置、支吊架综合布置、机房设备布置、基础布置、排水沟布置、机房整体观感等，如图 5-94、图 5-95所示。

图 5-94　支吊架综合布置

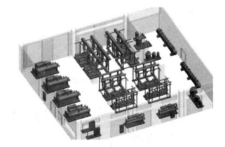

图 5-95　设备基础综合布置

　　根据机房内的管道综合布置情况，主要考虑预制加工成品管组运输、就位、安装等条件限制，结合管道材质、连接方式等，对优化后的机房综合管线进行合理的分段及预制模块的分组，如图 5-96、图 5-97 所示。

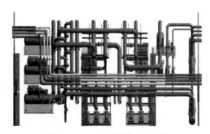

图 5-96　预制管组分段

图 5-97　预制模块分组

在管道分段方案确定后，根据每段管道的实际尺寸、安装位置、支吊架设置情况，直接利用 BIM 模型进行施工综合布置图、分段预制管组、预制模块及预制支吊架的加工详图的绘制导出，如图 5-98、图 5-99 所示。

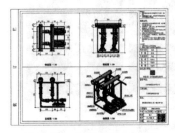 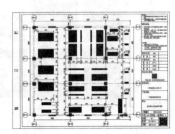

图 5-98　预制模块加工图　　　　　图 5-99　设备基础布置图

根据高精度的 BIM 模型导出的分段预制加工图，在预制工厂进行流水化数控加工。同时项目对管段预制厂家技术负责人及现场预制工人进行预制交底，确保管段预制尺寸准确度。利用 BIM 技术，进行预制构件的装车运输模拟分析，充分利用运输车的空间，最大限度提升运输效率。运输至施工现场后，提前根据各预制管段的装配顺序进行合理的预制构件堆放平面规划，确保施工环节"随装随取"，实现物料的高效转运，如图 5-100 所示。

图 5-100　物流化配送

现场装配阶段，利用 BIM 技术进行模拟分析，合理确定预制管段的装配顺序，并编制《BIM+ 模块化装配式机电安装施工专项方案》，对现场操作工人进行三维技术交底。

5.3.11　大空间吊顶综合施工技术

超大空间斜面屋盖网架结构空间结构复杂，网格尺寸、球节点位置存在着一定的施工误差；吊顶吊点三维空间坐标点位测量、定位困难。故需要高精度空间三维定位技术辅助。项目部以严格的工程测量为依据，通过对基层曲面网架的螺栓球节点进行三维位置测量，应用 Rhino 软件对测量数据进行研究、分析、计算，建立实测数据模型与设计模型进行配对分析，而后遵循一定的曲面重建规则及模型重建光滑度标准重新生成光滑吊顶曲面，消除 Z 轴坐标误差。将网架螺栓球节点二维平面坐标点投影至吊顶曲面，对螺栓球节点坐标误差进行分析与调整，得出单元铝板四角点三维空间坐标及单元板块模型，消除 XOY 平面坐标误差，然后通过 BIM 平台生成指定格式的料单，实现吊顶构件工厂批量预制加工。

　　通过 BIM 软件平台进行吊顶铝板分割，直接导出吊顶铝板与吊顶龙骨材料料单，指导工厂提前预制加工，运至现场直接进行装配作业，提高了施工速度。

　　1. 数据采集与分析

　　主楼钢结构网架是蛋壳双曲面造型，因施工过程变形等因素影响造成螺栓球实际空间位置与设计模型数据存在误差，设计曲面模型已不能满足现场施工要求，需根据现场实际数据进行曲面模型调整。项目使用无棱镜全站仪 Leica TCRA1201 实施现场精准测量（如图 5-101 所示），得出钢结构网架螺栓球节点三维坐标，采用 Rhino 软件建立螺栓球节点坐标模型（如图 5-102 所示），为 BIM 深化提供数据支持。

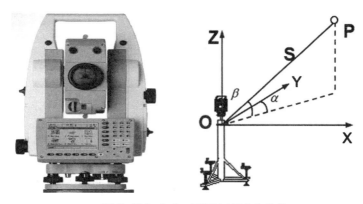

图 5-101　Leica TCRA1201 全站仪

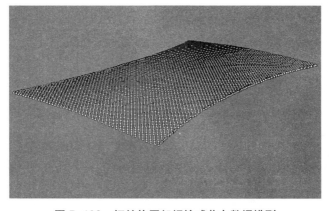

图 5-102　钢结构网架螺栓球节点数据模型

采用 BIM 平台软件将绘制的实测球节点三维模型链接至设计吊顶三维模型中，采用 ICP 自动模型比对算法,对吊顶点三维空间坐标数据进行比对分析(如图 5-103 所示),自动生成比对偏差分析表。通过对比分析，实测数据与设计模型数据不吻合，需对曲面模型进行重建。

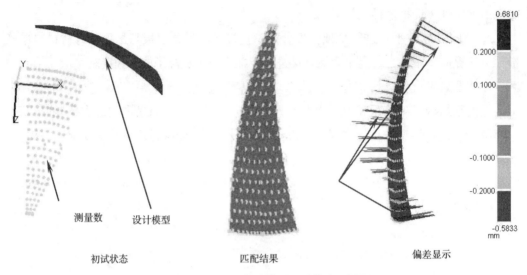

测量数　　设计模型

初试状态　　　　　　　　　匹配结果　　　　　　　　偏差显示

图 5-103　ICP 自动模型比对算法示例图

2. 模型重建

为了满足曲面重建的需要，测量的点云数据需要进行预处理，主要过程包括: 去除噪音点、数据插补、多视拼合、点云数据优化和数据平滑、光顺等。曲面模型重建过程主要是为了消除球节点 Z 轴坐标数据偏差对曲面曲率及光滑度的影响，调整过程中遵循以下原则，对球节点 Z 轴坐标进行微调，使得吊顶曲面模型曲率及光滑度满足设计及视觉效果要求。

模型重建规则及模型重建的光滑度标准如下:

（1）曲线按照曲面的特征方向构造，尽量达到使用最少的曲线且曲线的曲率变化最为平缓的目的。同一方向的曲线要有相似的曲率变化趋势。

（2)曲线在曲面上分布的密度在允许偏差范围内应尽量降低,增加曲面的可调整性。曲面曲率变化大处，布置较密的曲线，曲面曲率变化平缓处，布置较少的曲线。

（3）曲线主要是通过样条线描述，在保证精度的前提下，尽量降低样条线的段数和阶数，同一方向的曲线应具有相同的段数和阶数。一般建议生成 3 阶或 4 阶曲线。

（4）曲线的光顺性调节是非常重要的，利用软件的相关功能模块进行调节。曲线经过光顺处理后,在数学上保证 G2 连续,没有多余拐点,曲率变化均匀,如图 5-104 ～图 5-107 所示。

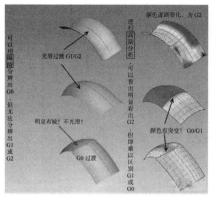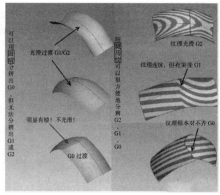

图 5-104　模型重建的光滑度标准

图 5-105　重建吊顶模型图

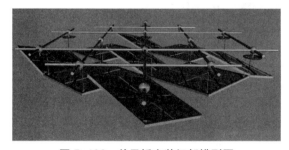

图 5-106　单元板安装细部模型图

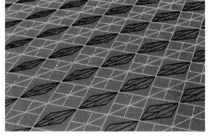

图 5-107　鱼鳞状双曲面吊顶细部结构

3. 双曲面吊顶排版分割与下料

在修正曲面模型的基础上出铝板料单也是非常难，也是非常重要的一步，因为此步骤要消除球节点 XOY 平面坐标数据偏差对吊顶吊点设置的影响，并在此基础上，导出单元模型吊点三维坐标数据及单元板块数据模型。将实测球节点 XOY 平面坐标数据投射至重建吊顶曲面模型中，完成对曲面模型初步分割，如图 5-108 所示。

图 5-108　双曲面模型初步分割图

在分割线同时满足曲面光滑性要求和单元板外观形态要求的条件下，曲面分格直接影响铝板的加工难度和成型后的外观效果，因此曲面分格线的形成必须同时满足两个条件：

（1）曲面分格线符合光滑性要求，曲率变化均匀；

（2）曲面分格线满足单元外观形态。

只考虑条件（1），简单地将平面分格投影到模型上，分格线十分光顺，外观形状无法保证；只考虑条件（2），保证单元形状，小单元内边缘光顺，整体光滑性不能保证；同时考虑条件（1）、（2），曲面分格需调整为双曲线，才能保证外观形状及光顺性。通过调整完成双曲面吊顶排板，如图 5-109 所示。

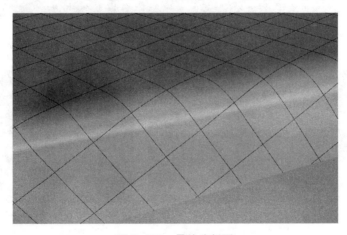

图 5-109　最终分割图

曲面分格形成后，如果依靠手工量取每个平板单元的深化信息，将耗费大量人力，时间上不能保证，出错难以检查，因此必须借助 BIM 系统中相关软件（Rhinoceros，Autocad,cadassis,excel 等）编制程序自动对每个单元信息分析计算检查，从而提高了深化设计工作的效率和准确度。单元板块下料流程如图 5-110 所示。

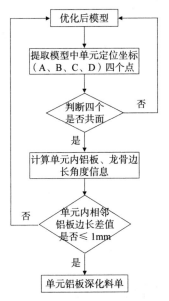

图 5-110　单元板块下料流程图

通过 BIM 平台对吊顶模型不断重建与调整，最后导出单元板块指定料单，料单主要包含三部分内容，如图 5-111 所示。

（1）单元信息：主要是编号、位置及空间定位信息；

（2）单元内铝板信息：供铝板加工使用；

（3）单元内龙骨信息：供现场龙骨加工使用。

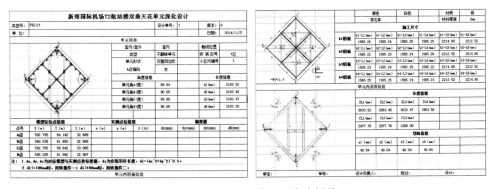

图 5-111　单元板块指定格式料单

双曲面弧形单元及收口单元深化信息繁多，为了避免信息的遗漏和损失，不能再以表格的形式罗列有限的数据，必须利用三维软件（如：Rhinoceros）对每个双曲面弧形单元出 1：1 的三维模型图。模型中能够直接量取点位坐标、曲线的弧长、半径、弯曲方向等其他相关信息。这种全信息的表达形式直观形象，可量性好，信息准确全面，是加工双曲铝板的前提条件，如图 5-112 ~ 图 5-114 所示。

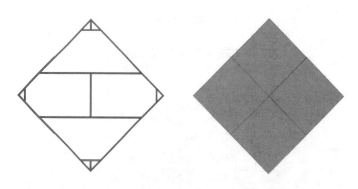

图 5-112　平板单元全信息深化内容

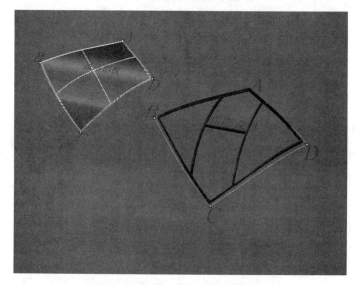

图 5-113　双曲面单元全信息深化内容

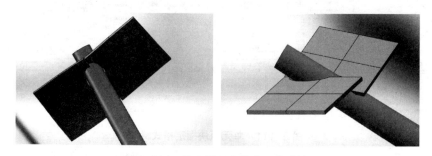

图 5-114　收口单元全信息深化内容

单元板块模型吊点深化：通过在分割后模型中单元板块 A、B、C、D 点进行非均匀有理 B 样条插值计算，对每块单元铝板吊点 XOY 平面坐标进行微调，而后得出施工吊点坐标数据。将单元板块加工料单数据表提供给材料加工厂进行加工，而后将生产出来的单元板块与单元板块模型进行匹对，确保加工的精度。

4. 吊顶安装跟踪

铝板安装过程中，用全站仪对每块单元铝板四角吊点三维空间坐标进行实时测量，得出安装坐标数据，提供与模型设计技术人员进行校核，如图 5-115 所示。

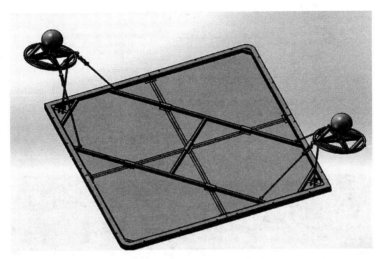

图 5-115　单元铝板安装模型

将现场实测单元铝板四角吊点安装坐标数据导入曲面施工模型中，进行偏差对比计算，得出每块单元铝板四角吊点安装误差数据。方法同 IPC 对比算法。

项目依据原设计要求，本斜面吊顶铝板翻转角度为 7° ～ 25°，通过调节单元铝板四角吊杆予以实现。现场安装过程中，测量控制人员根据安装坐标偏差计算值，对安装完成的单元铝板四角进行测量控制，指导现场操作人员对吊杆长度进行调节，直至消除坐标误差，达到与模型匹配，如图 5-116 ～图 5-120 所示。

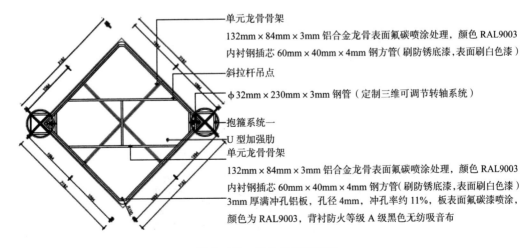

图 5-116　旋转单元平面图

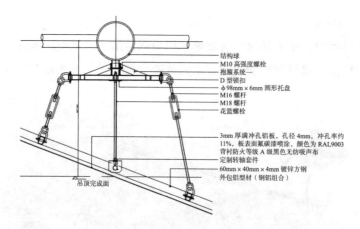

结构球
M10 高强度螺栓
抱箍系统一
D 型锁扣
φ98mm×6mm 圆形托盘
M16 螺杆
M18 螺杆
花篮螺栓

3mm 厚满冲孔铝板，孔径 4mm，冲孔率约 11%，板表面氟碳漆喷涂，颜色为 RAL9003
背衬防火等级 A 级黑色无纺吸声布
定制转轴套件
60mm×40mm×4mm 镀锌方钢
外包铝型材（钢铝组合）

吊顶完成面

图 5-117　旋转单元节点

未调整效果

调整后效果

图 5-118　单元板块现场调整

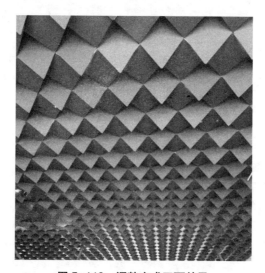

图 5-119　调整完成正面效果

图 5-120 现场整体施工效果

5.3.12 BIM 应用总结

新郑机场T2航站楼项目BIM技术的应用,有效提升了总承包管理能力及管理水平,同时优化了管理效率和管理流程,节省了工期,降低了施工成本。通过施工进度模拟,提前发现施工中可能出现的平面布置、施工组织、安全文明等易错点,进而优化场平方案;利用三维模型和视频进行技术交底,更为直观、易懂;施工管理内部协同载体,促进部门间协作;可实现施工管理经验的可视化传承;节约工期和成本,辅助商务算量,指导物资进场计划。

BIM技术在机场航站楼施工中的成功应用,不仅取得良好的经济效益(累计经济效益达到1400万元),同时很好地为机场二期工程建设缩短了工期,节约了成本,受到郑州机场二期建设指挥部及设计、监理单位一致好评,大大提升了公司在行业内的口碑及影响力。

通过项目实施,积累的经验与教训如表5-7所示。

BIM 技术推广的经验与教训 表 5-7

序号	应用点	推广经验	不足之处	建议
1	场地平面布置	1. 应用前提前收集现场周边环境信息,掌握第一手现场资料; 2. 根据专业需求规划现场道路及材料堆场; 3. 过程中实时收集现场管理信息,实时反映到模型中,运用Revit软件对材料运输、大型机械运转等进行模拟分析,实时调整现场平面布置	1. 周边环境较为复杂,信息收集较为困难; 2. 专业分包较多,多现场施工道路和材料堆场需求量大; 3. 过程信息收集较为困难	1. 建议提前向业主方提出需求,由业主方帮助收集现场周边环境信息; 2. 由总包单位牵头召开平面布置专题会议,各专业分包单位提出需求并进行方案讨论; 3. 过程中指定专人对现场实时信息进行收集,统一分析

序号	应用点	推广经验	不足之处	建议
2	图纸会审与交底	在工程开工前期绘制 BIM 结构及建筑模型，将图纸中错误及冲突的地方在模型绘制中统计出来，而后借助 BIM 平台进行图纸会审及图纸交底，解决了传统二维图纸会审效率低、时间长、发现问题难的问题	1. 模型绘制工作量大，项目前期 BIM 人员较少，模型绘制较为困难； 2. 模型绘制较快，模型精度及准确度难以保证，错误较多； 3. 各专业图纸熟悉程度有限，配合默契度也达不到预期效果	1. 由公司技术中心帮助项目前期建模，迅速建立项目模型； 2. 组织人员对模型进行会审，找出错漏之处，及时修改； 3. 定期组织专业分包单位一起查阅图纸，培养专业间配合默契度
3	施工方案 BIM 化交底	对关键施工技术及难以理解的施工过程，利用 BIM 技术辅助建模，三维模拟施工方案，编制基于 BIM 技术的施工专项方案，通过 BIM 软件平台进行方案交底	一些复杂节点绘制较为困难，对软件运用能力要求较高	提高技术人员对 BIM 相关软件的熟练程度，掌握多款软件的应用，根据不同需求选择合适的软件进行模型绘制
4	施工工序模拟分析	无需绘制精度较高的模型，能正确表达施工内容即可；对关键部位的关键工序，进行三维动态施工模拟分析，优化施工工序流程及施工流水节拍，从而合理安排现场施工，节省施工成本与工期	动画制作过程较为繁杂，工作量较大	培养专业人才，多人协作共同制作
5	钢结构深化设计	1. 在签订专业分包（含甲指分包）合同时，明确 BIM 应用要求； 2. 过程中专业分包 BIM 应用纳入总包管理，过程跟踪指导，提高应用效益； 3. 对构件节点进行深化，然后根据 BIM 模型进行钢结构预制件的加工制作，确保钢结构加工一次成优，避免钢结构加工偏差，影响工程质量的现象发生	1. 对甲指分包需要业主支持，否则很难在合同中进行约定； 2. 对钢结构建模软件，项目技术人员运用较少，跟踪管理难度大	1. 给业主普及 BIM 知识，阐述 BIM 技术对建筑施工的重要性，从业主方给分包施加压力； 2. 自主培训专业分包建模相关软件，提升总承包管理能力
6	机电深化设计	1. 由总包单位牵头绘制各机电安装专业 BIM 模型，通过 Navisworks 进行专业间碰撞检测，导出碰撞检测冲突报告，找出位置冲突及标高重叠等问题，在施工前进行深化与调整； 2. 联合设计及各机电安装单位，从优化管线排布，将错综复杂的管线和设备排布得更加协调与美观，避免施工返工； 3. 对办公用房区域走廊上部空间狭小部位，进行综合支吊架设计，节省材料用量，且能很好地利用了上部有限空间	专业涵盖较多，专业间碰撞检测工作量大	各专业分区分块建模并进行综合排布，而后再进行模型整合

续表

序号	应用点	推广经验	不足之处	建议
7	装饰深化设计	1. 装饰模型根据工程需求建模，无需将复杂的装饰模型全部细化； 2. 为确定装饰用材料的材质及颜色，或确定装饰设计方案，对装饰部分进行细化与处理，通过模型想设计单位进行展示，确定方案	需建立装饰族库，节点深化较为复杂	根据工程需求及工艺难度适当选取，建立项目装饰族元库
8	虚拟样板间制作	1. 选取实体工程中的某一段，在对应模型部分建立虚拟样板，对模型进行细化，通过漫游向业主、设计及监理单位展示； 2. 虚拟样板可根据业主需求实时调整，直至获得业主满意； 3. 由模型直接导出平立剖面图，可直接指导现场实体样板间施工，避免返工	无	1. 建模不能脱离工程实体，虚拟样板间选取一定是工程中的某一段或某一间房子； 2. 虚拟样板间不能代替实体样板，这只是在实体样板实施前的虚拟，为的是减少实体样板间的返工量
9	基于 BIM 技术的大空间斜面吊顶施工	1. 通过对钢结构网架球节点三维数据测量，消除了安装误差，建立了可供现场施工的模型； 2. 通过 Rhino 软件完成了吊顶板的排板设计，出具了材料料单，方便工厂加工与材料编码； 3. 通过模型跟踪测量，指导现场完成吊顶板安装与角度调整，实现了模型的现场复原	通过传统的测量仪器对网架球节点进行三维坐标测量，工作量大	1. 建议采用三维扫描技术，直接扫描网架球节点三维坐标，节省劳动力，提高工作效率； 2. 对施工模型进行设计时，要建立与设计单位的紧密沟通，确保施工模型能一次通过原设计单位的确认
10	与设计单位及专业分包单位沟通协调	1. 定期召开模型评审会，对建模进度、模型质量、专业协调等进行评审与指导； 2. 建立项目建模规则，对建模细度、模型拆分原则、色彩规则等进行统一策划，保证各专业模型统一协调； 3. 各专业建模人员定期集中办公，培养专业间协调默契度	无。	1. 借助公司力量及公司 BIM 作业指导手册，完成项目建模规则； 2. 指定专人定期与设计单位沟通，保证深化设计部分在原设计意图轨道上，避免设计偏离造成返工

5.4 宁波舟山港主通道公路工程 DSSG02 标段

5.4.1 项目概况

宁波舟山港主通道工程（鱼山石化疏港公路）是贯彻落实国家"一带一路"计划与区域一体化发展的大型跨海核心工程，全长约 31km，如图 5-121 所示。项目跨越灰鳖洋海域，南接舟山大陆连岛工程，北接岱山岛，远期与北向大通道连接，成为连接宁波、舟山、上海的海上大通道，是连接 21 世纪海上丝绸之路的重要渠道和门户。项目是舟山历史意义上第一个海上的互通枢纽，也是国内装配化程度最高的海上互通立交桥，包含 2 座隧道、5 处互通立交、3 座斜拉桥、跨越 5 条航道、连接 5 个岛屿，项目总投资 168 亿人民币。

图 5-121　项目主通航孔桥概览图

DSSSG02 标段主线长 5.345km，包含南通航孔桥（半座）、南非通航孔桥、长白互通三大部分，于 2017 年正式开工，计划于 2021 年全线建成，总工期达 42 个月。该标段拥有世界跨海大桥中整根卷制、打设最长的管桩，中国海上装配式程度最高、中建海上最重钢套箱、最重承台、最大跨径斜拉桥等多项纪录，建成后将成为世界最长的连岛高速公路和最大的跨海桥梁群。

DSSSG02 标段是全线最复杂标段，为深海区域跨海桥梁建设工程，国内该类型工程可借鉴施工经验较少。从技术角度来看，项目结构设计复杂，超长水下钻孔桩施工、超长斜插钢管桩插打、超大海上承台钢筋预制吊装、复杂多曲面混凝土变形控制、连续钢箱梁吊装等诸多技术难点，施工精度及质量要求极高，使得施工单位面临着较大技术困难。从生产角度看，108m 长钢管桩、119m 长海上钻孔灌注桩、160m 高索塔、30m×25m×4.5m 的混凝土承台均打破了施工单位生产记录，挑战生产作业极限。从管理角度看，其施工区域绝大部分位于海上，且施工区域海床地形起伏大，地处浙江沿海高风速带，施工海域作业环境恶劣，频繁遭受极端灾害天气影响，台风、季风高发，最大风力在 12 级以上，海上施工作业年有效时间仅为计划工期的 60%，年平均有效工作日不足 180d。大部分作业区域无栈桥连通，需要大量船舶运输作业，导致施工难度倍增，海上施工交叉作业频繁，作业线长、水下管线众多、通航环境复杂，运输及资源调配难度极高，这也极度考验着施工组织管理水平。

5.4.2　BIM 应用策划

项目计划利用 BIM 实现项目设计成果、施工过程、竣工交付及运营维护的全方位三维模型表达，全面实现基于模型的可视化信息交互。通过模型的数据关联，实现精确的统计和计算，实现工程投资的精细化管理。利用 BIM 技术实现复杂施工过程、施工工艺的模拟，提升建筑工程品质。具备 BIM 应用目标包括：

（1）在设计优化方面，提升工作效率；

（2）在质量安全管理方面，提高预见性，大幅减少返工，改善工程质量，减少危险因素；

（3）在项目进度管理方面，保证参建各方按照计划进度如期完成，通过监控及时上报进度信息；

（4）在项目成本管理方面，提升预算控制能力，减少签证变更数量。

项目部在施工前期依据 BIM 实施目标组建了项目 BIM 实施团队，以完成 BIM 的实施，抽调各部门骨干成员联合攻关，与项目信息部门在工程一线，发现问题、分析问题、提出方案、制定方案以及实施操作，将 BIM 技术应用融合到既有建造方案中，为大型跨海桥梁施工全过程 BIM 深化应用积累实践经验。

本项目 BIM 团队以项目 BIM 负责人作为带头人，由项目 BIM 负责人负责 BIM 小组管理，以及协调 BIM 各相关方，下设专业 BIM 小组，如图 5-122 所示。

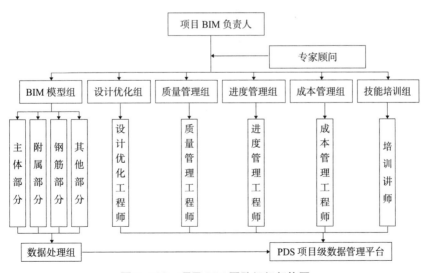

图 5-122　项目 BIM 团队组织架构图

针对 BIM 应用实施具体情况，项目对 BIM 实施应用人员职责及工作内容给予明确的定义，确保项目 BIM 应用实施能够高效、顺利完成，具体如表 5-8 所示。

BIM 应用实施人员岗位职责 表 5-8

序号	岗位	职责
1	项目 BIM 负责人	（1）全面负责本项目 BIM 服务的管理和运作，确保制度和流程有效执行，审查项目计划进度、质量，保证服务目标的实现； （2）参与项目初期的研究、方案选择、技术论证，主持项目初期沟通协调会； （3）对下属各专业负责人的管理工作，及时对工作进行总结和监督； （4）参与 BIM 项目决策，制订 BIM 工作计划； （5）管理项目 BIM 咨询方，确定各角色人员职责与权限，并定期进行考核、评价和奖惩； （6）负责 BIM 设计环境的保障监督，监督并协调 IT 服务人员完成项目 BIM 软、硬件及网络环境的建立； （7）确定项目中的各类 BIM 标准及规范，如项目切分原则、构件使用规范、建模原则、专业内协同设计模式、专业间协同设计模式等； （8）组织协调人员进行各专业 BIM 模型的搭建、建筑分析等工作； （9）负责各专业的综合协调工作（阶段性管线综合控制、专业协调等）； （10）负责 BIM 交付成果的质量管理，包括阶段性检查及交付检查等，组织解决存在的问题； （11）负责对外数据接收或交付，配合建设方及其他相关合作方检验，并完成数据和文件的对接或交付
2	专家顾问	（1）对项目遇到的问题进行诊断分析，提供咨询方案和建议； （2）参与构建本项目 BIM 全过程应用咨询体系的方法论和相关研究； （3）根据项目应用，实现专业领域与 BIM 咨询领域的知识创新； （4）负责收集并了解现有和新兴的与 BIM 相关的软、硬件前沿技术，完成应用价值及优劣势分析； （5）为项目整体信息化发展决策提供依据，根据项目信息化决策及实际业务需求提供可采用的技术方案； （6）对拟采用的技术方案及软、硬件环境进行技术测试与评估
3	各专业 BIM 工程师	（1）负责 BIM 模型的建立，专业技术协调管理，涉及 BIM 技术服务内容的实施和沟通； （2）应熟悉与项目相关的规范图集，主持承担各阶段的工作，并对项目技术应用承担全面责任； （3）协助设计院进行设计深化工作，按照既定的工作计划完成相关工作，保证按计划高质量交付成果； （4）协助建设方及其他项目参与方进行 BIM 辅助应用工作，按照既定的工作计划完成相关工作，按时完成高质量交付相关成果； （5）认真研究建设方及相关反馈方审批意见，并对审批意见逐条落实
4	BIM 培训讲师	（1）根据项目工作内容，组织涉及 BIM 技术应用相关人员的培训工作； （2）根据实际培训内容，制定相关培训方案；培训方案应以结果为导向，对项目参训人员制定适合的课程体系； （3）按照制定的培训方案，对相关人员进行培训工作，使参训人员具备相应软件操作能力

5.4.3 搭建基于 BIM 的施工管理平台

本项目属于大型基础设施建设项目，项目施工现场处于海底，具有海上作业环境，环境因素对施工技术及质量具有较大影响，针对此情况，基于 Bentley 软件平台，搭建了宁波舟山港主通道工程项目智慧管理平台，实现图形平台、数据格式、软件架构的统一，如图 5-123 所示。

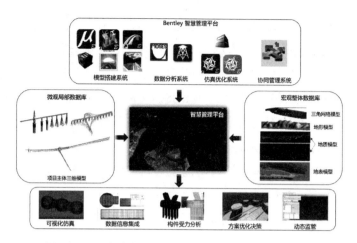

图 5-123　宁波舟山港主通道工程项目智慧管理平台

其中 MicroStation、Open Bridge Modeler、Geo Pak、Power Civil、Context Capture、Pro structures 作为整个项目三维模型搭建的基础平台，创建钢管桩、栈桥、主体及附属构件等模型，承载项目数据信息；SACS、Moses 对项目承重构件进行内部和外部受力的分析；Lumen RT、Navigator 整合项目模型，进行冲突检测、施工进度模拟、动画制作以及移动端查阅项目模型；鲁班 PDS 系统作为协同管理平台，对接模型和进行项目管理工作。

基于 BIM + Bentley 技术搭建的智慧管理平台，是三维空间模型和动态信息的数字化集成，在三维可视化环境中提供动态信息交互，实现跨组织信息共享，避免建设、运营管理过程中信息化建设的重复进行，真正实现一体化管理。此平台可应用于大型基建项目的整个生命周期，包括从数据准备到运维阶段的一整套 BIM 应用流程，如图 5-124 所示。

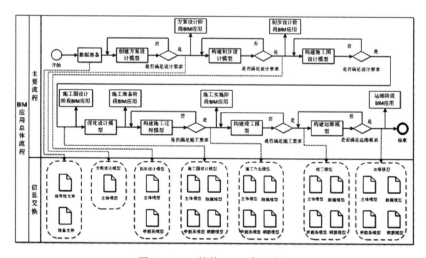

图 5-124　整体 BIM 应用流程

为规范项目 BIM 技术实施，从设计、施工到移交阶段，对项目实施方案、标准、制度、流程进行确定，包括各参与方的工作内容、职责、实施过程标准、实施流程方案、交付成果等内容，以保障项目 BIM 的顺利实施。项目的 BIM 规范包括：《宁波舟山港主通道（鱼山石化疏港公路）公路工程第 DSSG02 标段施工阶段 BIM 应用操作手册》、《宁波舟山港主通道（鱼山石化疏港公路）公路工程第 DSSG02 标段施工阶段 BIM 应用管理制度》、《宁波舟山港主通道（鱼山石化疏港公路）公路工程第 DSSG02 标段施工阶段 BIM 应用实施方案》、《宁波舟山港主通道（鱼山石化疏港公路）公路工程第 DSSG02 标段施工阶段 BIM 应用统一标准》等。

项目通过搭建 BIM 协同平台实现施工信息的流动与管理工作，利用手机端应用采集现场数据，包括图片、文字及视频，上传至云端，然后云端数据经过后台管理员处理后发送至各项目参与方，各项目参与方据此作出决策向施工现场发出指令与资料，指导施工。这些指令包括图纸、施工方案、施工动画、精细化节点模型等，如图 5-125 所示。

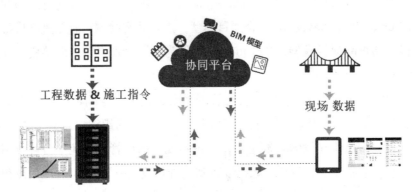

图 5-125　BIM 协同工作流程图

除此之外，项目基于动态监测、GPS 定位、GIS 系统等一类互联网技术和软件，形成海上项目大场景智慧化施工监测及管理体系，实现施工数字化、信息化、一体化的智慧管理，以规避海上作业风险，辅助施工方精准施工，确保工程安全质量。

5.4.4　三维信息模型

1. 基础建模

结合项目施工阶段特点，本项目施工基础模型精度达到 LOD300，部分模型如钢锚梁、钢爬梯等达到 LOD400 精度。

施工阶段建立模型主要遵从以下原则：

（1）一致性

模型必须与二维设计图纸一致，模型中无多余、重复、冲突构件。模型要随着深化设计及时更新。各专业模型属性需全面反映图纸及工程信息,包括二维设计图纸及设计说明中涉及的基本信息,如几何信息、对象名称、材料信息、系统信息、型号信息等,以及加工、安装所需要的详细信息、并根据项目提供的相应数据添加时间及造价信息、质量验收资料等。

（2）合理性

模型的构件要符合实际情况,结合项目实际施工情况,对模型的细度及精度作明确要求。建模内容遵循主要设计规范;大多数构件达到LOD300的等级,以便于指导施工,局部重要构件达到LOD400等级,方便直接进行构件加工;项目建立模型将运用到现场施工管理过程中,模型颗粒度按照工序进行划分,建模前应该对施工工序进行讨论,例如墩柱浇筑次数和单次浇筑高度。

（3）准确性

本项目BIM应用包含模型工程量统计应用,因此施工阶段模型需参考《建设工程工程量清单计价规范》GB50500及其附录工程量计算规则进行建模;建模内容以建设方确定的电子版图纸为准,图纸可以CAD或者PDF形式（考虑到建模效率,不建议以纸质版图纸为准);模型误差率承诺控制在0.9%以下,模型能做到出图指导现场施工,模型数据导出复核现场数据（如坐标）。

基于以上建模原则,确定的模型细度和建模精度如表5-9所示,模型拆分标准如表5-10所示。

建模精度表		表 5-9
构件名称	精度	包含信息
索塔	LOD300	几何信息、工程量信息、材质信息等
钢箱梁	LOD300	几何信息、工程量信息、材质信息等
斜拉索	LOD300	几何信息、工程量信息、材质信息等
索塔承台	LOD300	几何信息、工程量信息、材质信息等
桩基础	LOD300	几何信息、工程量信息、材质信息等
风障	LOD300	几何信息、工程量信息、材质信息等
桥面铺装	LOD200	几何信息等
桥面防撞护栏	LOD200	几何信息等
排水沟及泄水槽	LOD200	几何信息等
钢结构爬梯	LOD200	几何信息等
桥上消防平台	LOD200	几何信息等
索塔检修楼梯	LOD200	几何信息等
钢箱梁	LOD200	几何信息等
桥墩	LOD300	几何信息、工程量信息、材质信息等

构件名称	精度	包含信息
承台	LOD300	几何信息、工程量信息、材质信息等
桩基础	LOD300	几何信息、工程量信息、材质信息等
桥面	LOD300	几何信息、工程量信息、材质信息等
墩身	LOD300	几何信息、工程量信息、材质信息等
承台	LOD300	几何信息、工程量信息、材质信息等
桩基础	LOD300	几何信息、工程量信息、材质信息等
交通标志、交通标线、视线诱导设施、防眩设施	LOD300	几何信息、工程量信息、材质信息等
交通数据采集系统、气象监测子系统、交通诱导标志子系统	LOD200	几何信息等
道路 / 桥梁照明，不含检修照明	LOD200	几何信息等
紧急电话系统、广播系统	LOD200	几何信息等
供水系统、排水系统	LOD200	几何信息等
变电站、配电柜	LOD200	几何信息等

模型拆分表 表 5-10

工作内容	主体划分	详细划分
主体结构建模	南通航孔桥	桩基 + 承台
		索塔塔柱
		索塔钢锚梁 + 钢牛腿
		辅助墩 + 过渡墩墩身
		桥面系
		索塔附属工程
		斜拉索
	70m 非通航孔桥	钢管桩 + 承台
		墩身
	长白互通	桩基 + 承台
		A ~ F 匝道墩身
		F 匝道等宽段上部结构
		A ~ E 匝道上部结构
配套模型建模	临建设施	钢栈桥
		钢套箱
		液压模板
		临建设施模型
附属设施建模	南通航孔桥	索塔附属设施

通过 BIM 建模，发现图纸问题 120 处，结构碰撞点 624 个，施工方案验证时间缩

减一半。通过建立参数化钢筋模型，承台钢筋笼返工率大大降低，钢筋废料率减少，使得施工人员效率提升约 20%。

　　2. 可视化编程建模

　　本项目桩基、承台数量众多，构件定位困难，BIM 建模过程中面临着巨大工作量与工作时长，为提高建模效率与建模精度，本项目采用可视化编程的方法，利用 Dynamo 完成构件定位与建模。然后利用格式转化插件对模型进行转化，转化为 Microstation 所能应用的模型，通过自主编制的可视化编程节点，实现软件读取坐标后自动布置构件，完成桩基、承台建模，大大提高建模效率，降低人工建模出错率。可视化编程见面及桩模型如图 5-126 和图 5-127 所示。

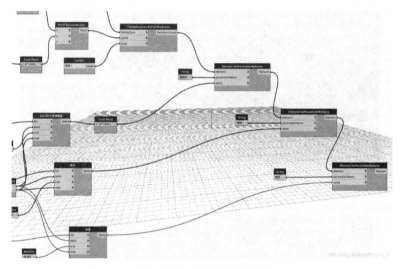

图 5-126　可视化编程建模

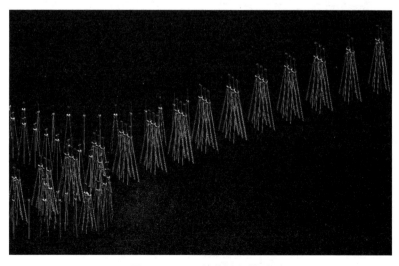

图 5-127　可视化编程模型

利用 Dynamo 进行可视化编程建模，相对于传统建模手段，建模效率提升达 50% 以上，模型修改工作量降低 80% 以上。

3. 数字地形建模

本项目通过地形建模软件，实现高程点文件（坐标）到三维数字地形的转换（如图 5-128 所示），利用 Geopak 系列软件间的数据交换，实现地形模型与 BIM 桥梁模型的无缝结合，高效利用已有资源的同时，降低重复工作率，节省建模时间。数字地形模型如图 5-129 所示。

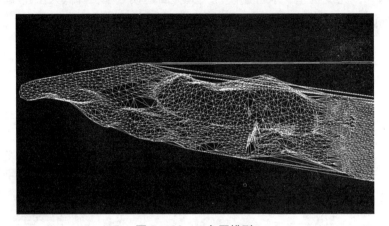

图 5-128　三角网模型

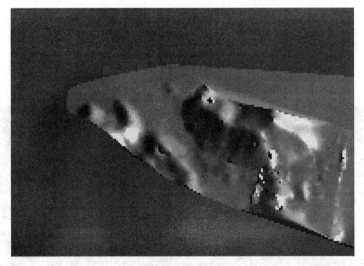

图 5-129　地形模型

4. 实景建模

本项目位于深海区域，距离海岸线较远，海上施工监控及测量困难，施工段之间跨度较大，人工测量费时费力。通过捕捉施工现场的真实场景图片，基于倾斜摄影技术，进行实景建模，并转化为三维模型。实景三维模型的建立，可以实现相关数据测量，及时发现已完工程偏差。实景模型还可载入 BIM 设计软件，与数字模型进行对比，及时发现已完工程偏差，反映形象进度。实景模型如图 5-130 所示。

图 5-130　高分辨率实景模型

5. 场地建模

本项目地处舟山群岛，地形复杂海岸线蜿蜒曲折，场地规划及空间布置成为一大难题。本项目基于 Autodesk 平台的 Infraworks 软件，利用其云端模型库及地理信息系统后台，实现模型的自动搭建。通过经纬度对施工区域进行定位，并基于地理信息数据库，对施工区域场地环境进行最大程度还原，真实反映所在区域道路、桥梁、建筑物的真实分布及高程位置。利用 BIM 软件快速建立了施工区域场地模型，还原施工区域道路、河流以及已有建筑物分布情况，结合桥梁 BIM 模型，实现场地快速布置和规划，如图 5-131 所示。

图 5-131　场地模型

通过云端建立场地模型，降低了 90% 的场地建模时间，基于 Infraworks 进行场地规划，节约了 50% 以上的场地方案规划时间。

5.4.5 钢筋笼方案验证

本项目海上承台钢筋为环氧钢筋，原计划采取工人现场绑扎，但海上施工作业面狭窄，风浪大，钢筋绑扎施工安全风险高，为此需要工厂预制承台钢筋笼，运输至现场整体吊装的施工方案，以此代替人工绑扎施工。本项目利用 Microstation 建立精细化承台钢筋笼模型，将模型导入 Navigator 后，模拟工厂预制钢筋笼海上整体吊装过程，优化运输路线及吊装方案。并通过不断调节钢筋笼的下放高度，利用 Navigator 中的碰撞检查功能查找不同下放高度钢筋碰撞情况，导出碰撞报告并给出相应的作业指导意见。

本工程钢筋笼构造复杂，精度要求较高，因此采用专业钢筋建模软件 Prostructure 进行精细化建模，模型精确到每一根钢筋的长度、间距、直径、弯折角度，保证完全符合设计图纸要求，并达到 LOD400 的模型精度，如图 5-132 所示。

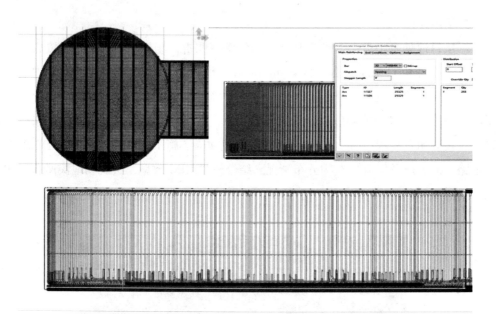

图 5-132　精细化钢筋笼模型

本工程利用 Navigator 软件去验证海上吊装预制钢筋笼的可行性（如图 5-133 所示），在模拟钢筋笼下放过程中，发现钢筋与钢管桩及钢套箱碰撞点。通过设置钢筋笼的吊装路径，可近乎真实的模拟钢筋笼吊装的每一个过程，钢筋笼吊装模拟过程中，可基于 Navigator 逐帧查看的功能进行碰撞检查，不放过吊装过程的任意一个碰撞点，如图 5-134 所示。

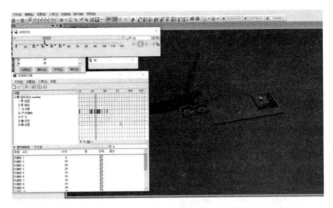

图 5-133 Navigator 预制钢筋笼吊装模拟施工界面

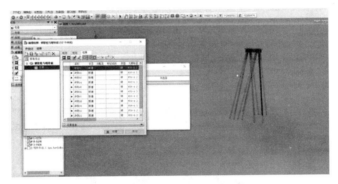

图 5-134 钢筋笼下放过程碰撞检查界面

通过以上方式，每个钢筋笼平均发现钢筋碰撞达 21 处，为吊装过程中的钢筋碰撞提供相应的操作方案，前置化推演，减少现场因不可预见问题而造成的工期延误。与传统方法相比，利用 BIM 施工模拟软件进行模拟，预先发现施工风险及困难，前置化的验证各种解决方案，大大减少了现场施工问题的出现率，同时提高了施工方案可靠性，降低了由返工造成的经济损失。

由于钢管桩插打过程中可能造成钢管桩移位，因此钢筋笼模型的建立在参照设计图纸的同时，仍需不断修正，以符合现场实际施工状况。

5.4.6 钢筋下料指导

本工程钢筋设计图纸精度不足，工人无法根据图纸开展钢筋下料工作。技术人员通过汇总图纸、现场数据、标准、施工方案等资料利用 Prostructure 建立精细化承台钢筋三维模型（如图 5-135 所示），通过参数设置使得钢筋保护层厚度、钢筋搭接以及布置间距均满足设计及施工要求。建模过程中不用再单独为每一根钢筋设置保护层厚度等参数，软件自动进行处理，大大提高建模效率，钢筋模型也更加符合实际施工要求，模型细度达 LOD400 以上。

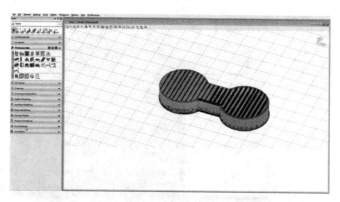

图 5-135　双哑铃承台 Prostructure 钢筋模型

本项目利用 Microstation 建立的承台混凝土模型，导入 Prostructure 软件中，设置好相关参数后即可进行钢筋模型建立，减少了重复建模的工作量。模型建立完毕后，还可利用 Navigator 进行钢筋碰撞检查，并对钢筋模型进行优化，如图 5-136 所示。

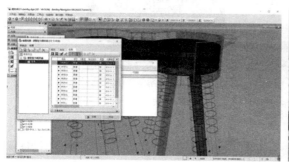

图 5-136　钢筋碰撞检查与优化

本工程利用 Prostructure 建立精细化承台钢筋三维模型，然后利用 Prostructure 导出钢筋明细表功能，自动导出每根钢筋下料长度，施工工人根据明细表开展钢筋下料工作。通过查看 BIM 模型，能够清楚知道每一根钢筋位置及间距，精确指导工人制作钢筋笼。

利用 Prostructure 软件建立精细化钢筋笼模型，一方面可以导入 Navigator 进行吊装模拟，提前发现钢筋碰撞问题；另一方面，精细化的钢筋模型导出下料表，可指导工人进行钢筋加工，不同于传统进行钢筋放样来确定下料长度方法，下料精度不降低的同时，下料长度确定时间得到了巨大提升。

5.4.7　施工场景全过程可视化模拟

由于海上作业区域广阔，施工作业线长，施工组织困难，无法实现项目施工全过程监管，项目通过施工场景全过程可视化模拟，实现实景模型、BIM 模型与云平台实时监控系统协同，以辅助进度、方案调整及决策。

本项目为真实还原施工场景，依据项目情况建立两种模型，一是利用无人机倾斜摄影技术采集施工现场数据，建立高分辨率施工现场实景模型；二是项目的 BIM 模型，依据于三维信息模型的建立方法和标准进行建立，保证项目模型的数据信息的完整性和统一性。并将两个模型进行整合上传至项目管理平台，作为基础模型数据库。

实景模型的数据处理软件使用 Bentley 公司的 ContextCapture，数据编辑、修复软件使用 Bentley 公司的 Pointools，数据应用软件使用 Bentley 公司的 Lumen RT、MicroStation、Descartes，以及进行施工场景全过程可视化模拟应用的云平台，如表 5-11 所示。

应用工具列表   表 5-11

序号	应用	硬件	软件
1	数据采集	无人机	—
2	数据处理	工作站、服务器	ContextCapture
3	数据编辑 / 修复	工作站、服务器	Pointools
4	数据应用	工作站、服务器	Lumen RT MicroStation Descartes 云平台

由于施工现场各种因素的不确定性，施工规划是一个动态调整的长期工作。通过无人机采集施工现场数据信息，利用 Context Capture 创建实景三维模型，并整合建立的 BIM 模型，统一上传至云平台，建立可视化施工场地动态规划交互协同平台。通过定期将现场实况制作成实景模型，结合实景模型和各阶段的 BIM 施工推演模型，进行实时的比对，以实现项目施工全过程管控。

通过云平台把无人机镜头画面实时回传至各参建方移动终端及电脑屏幕，实现工程全过程进度实时协同监控，将大场景 BM4D 模型与现场实际情况进行周期性协同调整，实现模型与现场实际的实时一致，从而辅助进度、方案调整及决策，如图 5-137 所示。

图 5-137　施工场景全过程可视化模拟

在此基础上，实景模型在施工阶段还实现了以下应用。

1. 工程进度款的申请凭证

通常工程进度款是按照项目实施的实际情况来付款，通过阶段性的实景建模能够最真实的展示施工进度，以作为工程进度款的申请凭证。

2. 现场施工进度管理

对施工现场进行实景建模，根据模型反馈出的每个月的实际施工进度情况与施工计划进行对比，并汇报给业主方，便于控制施工进度。

3. 作为影像资料记录保存

通常竣工资料是刻光盘和纸质资料。传统的光盘资料多为 CAD 图纸和照片。若将前期建的阶段性的实景模型保存下来，便于以后建筑物的维护和作为工程质量保证的依据。

4. 工程实际进度的汇报

通过对工地定期的实景建模可以非常清晰直观的把握施工进度。特别是在用工成本不断增加的情况下，如果工期滞后，提前提出改善方案，可以很大程度上降低成本。

5. 安全方案报审

将实景模型与 BIM 模型进行整合，可以模拟施工过程，以提出更安全、更合理的施工方案。

5.4.8　船舶人员定位安全管理

本项目的施工作业区域在海上，交通运输工具也多采用船舶，海上环境极其恶劣，施工人员进行海上作业，人身安全风险极高，为保障施工人员安全，本项目使用海上船舶人员定位系统。

通过建立船舶二维电子地图，创建海上船舶人员定位基础模型，保证施工人员定位的准确性和真实性。在船舶固定位置设立定位引擎，并对人员、设备、资产等设定唯一标签，用于区别和定位识别，通过数据采集器进行定位信息采集，上传至定位数据库，并对危险区域设定红外监控警报器，利用物联网技术对接管理平台和移动终端，搭建海上船舶人员定位系统，如图 5-138 所示。

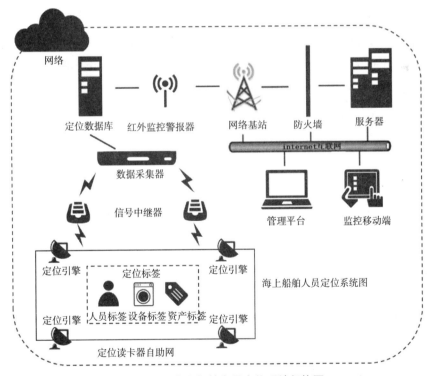

图 5-138　海上船舶人员定位系统架构图

在船边缘或者特定功能区域指定位置处，设置触发装置，船上人员佩戴感应装置，靠近触发装置时，可以自动感知。通过平台电子地图，可实现施工船的可视化人员定位，实时获取施工船上的人员分布情况及位置信息。对人员坠落，进入危险区域进行报警，在智慧管理平台上可以查看报警动态及人员分布，如图 5-139 所示。

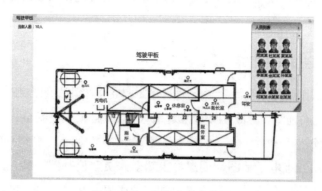

图 5-139　船舶人员定位图

通过建立海上船舶人员定位系统，实现了施工人员的人员信息管理、实时监控定位和安全违规预警。在确保船舶施工人员的人身安全的同时，提升了船舶的服务能力和海洋应急能力，提升了船舶施工人员的信息化管理水平。

1. 人员信息管理

通过建立施工班组人员信息数据库，可设定人员标签的信息、异常情况的警告规划管理，设定工作人员的工作范围，设定警戒线，根据人员的职责进行权限设定，通过系统可进行施工人员历史运动路径记录查询。

2. 人员监控定位管理

可实时采集施工人员的定位信息，在管理平台上，对定位人员进行监控定位，第一时间掌握施工人员位置信息。

3. 安全违规预警

通过设定危险区域标签，一旦踏入或超出范围，进行安全预警提示，保障施工人员人身安全。

5.4.9　BIM 应用总结

大型基础设施建设项目是一个集合多专业、多组织、多流程的系统工程，在项目管理过程中具有组织协调和信息共享困难的特点。本项目通过将 BIM 技术与 Bentley 平台相结合，建立了大型基建项目智慧管理平台，以一种新型管理模式辅助项目实施人员进行项目管理工作，有利于各参与方节约资金成本和时间成本，实现效益全方面提升。

本项目搭建的智慧管理平台是三维空间模型和动态信息的数字化集成，在三维可视化环境中提供动态信息交互，实现跨组织信息共享，避免建设、运营管理过程中信息化建设的重复进行，实现一体化管理，如图 5-140 所示。此平台可应用于大型基建项目的整个生命周期，可实现方案模拟、设计建模、漫游巡航、施工交底、竣工模型、运维模型等可视化应用，性能分析、冲突与优化、方案优化、施工交底、应急避险模拟、空间管理等仿真优化应用，以及投资分析、估算、预算、概算、4D、5D 管理、竣工结算、资产管理等投资管控应用。

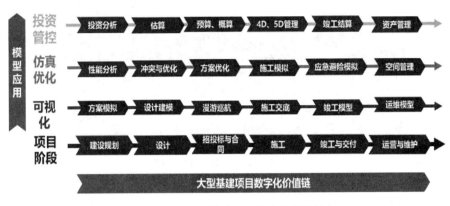

图 5-140　大型基建项目数字化价值链条

  BIM 技术作为一种新技术和新的管理理念，在宁波舟山港主通道工程项目实施过程中，发挥了其在安全、环境、质量、效率、进度、成本六大方面的优势和特征。在三维模型的建立、钢管桩精准施工、钢筋冲突检查与优化、海上船舶人员定位以及施工全线视频监控等方面取得了一定成果，实现了绿色施工、降低返工率、提高工作效率、节约成本等项目目标。

  由于工程建设项目具有设计单一性、施工单件性、组织管理一次性，尚难以形成统一的 BIM 技术应用实施方案、管理制度与标准，更难以形成通用型软件解决所有问题，但并不妨碍 BIM 技术数字化、可视化、集成化三大特性在工程一线发挥作用，产生实际价值。

5.5　幸福林带项目

5.5.1　项目概况

  幸福林带项目作为幸福路地区综合改造的核心工程，是中华人民共和国成立以来西安市最大的市政、绿化和生态工程，也是全国最大的城市林带建设项目、全球目前最大的地下空间综合体。幸福林带位于西安城东幸福路与万寿路之间，南北长约 5.85km，东西宽约 200m，总占地面积 117 万 m^2，总投资额超 200 亿人民币。工程自 2016 年 11 月开工，建设期 4 年，建设内容主要包括景观绿化、地下空间、综合管廊、地铁工程、市政道路亮化工程六大业态，如图 5-141 所示。

图 5-141　幸福林带项目效果图

幸福林带建设伊始，便确立了践行"四个智慧"新理念的发展思路。

1. 智慧设计

综合考虑海绵城市、多建设业态集成、绿色节能等智慧设计因素，最大限制地节约资源、降低能耗、保护环境、减少污染，实现幸福林带人居环境与自然生态的和谐共生。

2. 智慧建造

通过绿色建造、智慧工地、全生命周期 BIM 技术应用、五位一体建设模式、PPP+EPC 管理模式等先进技术，用智慧建造未来。

3. 智慧运营

利用物联网、云计算两项先进科技，打造资产可视化管理、火灾自动报警、能源管理、客流统计等九大管理系统，以智慧化运营提高效率，降低成本。

4. 智慧服务

以智慧运营管理平台为基础，达到信息化建设程度高的智慧管理空间，进而实现智慧安全管理、智慧能源综合监控、智慧停车等智慧服务。

5.5.2　BIM 应用策划

2017 年 1 月 16 日，中建成功中标西安市幸福林带建设工程 PPP 项目，并采用 EPC 建设模式，包含七个设计单位、七个工程局、三个运营单位。幸福林带 BIM 应用从全生命期角度出发，结合"时效性"与"专人专事"要求，建立"PPP+EPC"模式下 BIM 全生命期应用的树状架构体系，各子项各阶段各部门人员以不同的 BIM 深度在同一个 BIM 体系中分阶段分步骤实施，模型信息逐步向后传递。通过将施工深化前移，使设计与施工深度结合，充分发挥设计源头控制作用，利用各阶段逐步完善 BIM 模型，最终提交一个真正的"数字化幸福林带"，为数字化城市打下基础。

项目组建幸福林带 BIM 团队，制定总体应用流程，模型将由设计、施工、运维各参与方共同完成，组织架构如图 5-142 所示，BIM 应用流程如图 5-143 所示。

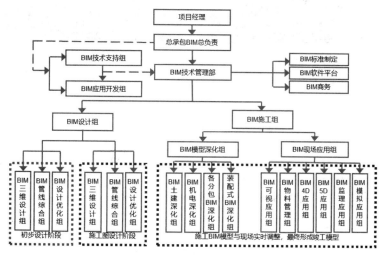

图 5-142　幸福林带 BIM 组织架构

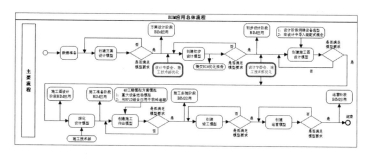

图 5-143　BIM 应用总体流程

根据幸福林带建设项目的整体进度安排，对整个林带模型进行必要的阶段拆分，以各阶段基本需求为原则，制定各阶段模型细度，并保持模型的一致性与唯一性，如图 5-144 所示。将整个模型主体分为设计模型、施工模型及运维模型，后续模型在前序模型基础上进行深化，最终得到完整的 BIM 模型。设计 BIM 需求：满足设计方案比选需求，对设计进行错碰漏核查，通过 BIM 模型结合施工及业主需求，对设计进行优化。施工 BIM 需求：指导现场施工，利用 BIM 模型对施工组织进行模拟，对重难点进行深化，并进行三维交底；通过 BIM 模型进行管综排布、机房深化、工厂化预制构件拆分。运维 BIM 需求：完成的施工 BIM 模型将包含设计及施工过程需要的几何及非几何信息，在运维过程中，根据运维方提供的需求继续完善 BIM 模型。

设计 BIM   施工 BIM

需求：核查设计错碰漏、优化净高   需求：指导现场施工

水暖主管及桥架   构造柱、施工缝、支吊架、末端等

图 5-144　设计 BIM 与施工 BIM 模型细度拆分

幸福林带作为 EPC 项目，设计和施工 BIM 团队提前对 BIM 模型细度划分进行了充分的商讨，从项目的"时效性"和"专人专事"角度出发，由各阶段需求确定模型细度，具体定义每个构件几何及非几何信息细度，合理划分模型细度，极大程度上避免了过度建模，减轻了大量的重复建模工作，如图 5-145、图 5-146 所示。

给排水

建模细度	初步设计	施工图
管道	建立 ≥ DN80 的管道（湿式报警阀前自喷管道），含管道类型、管材、管径、标高、定位	除卫生间内管道外，所有的平面管道（水流指示器后 ≥ DN80 的自喷管道），含管道类型、管材、管径、标高、定位
	1. 需严格按照设计采用正确的管材及连接管件； 2. DN70 的消防管道均按 DN65 建模； 3. 卫生间给水、中水、真空排水预留进卫生间的主干管，重力排水及通气从外墙处开始建立	
阀门、附件、仪表	不表示	基于设计说明按类别、材质添加阀门、附件和仪表，管件弯头原则上为 45° 或其整数倍
机械设备	有长宽高体量、定位	有长宽高体量、定位、设备参数，按照图纸添加对应编号。设备参数举例；水泵：流量、扬程、功率

图 5-145　设计 BIM 模型细度示例

建筑、结构

施工 BIM	建模细度	技术要求
建筑地面及顶面	添加设备用房地面所有构件，铺装地面实际分格，吊顶按实际分格	保证使用、检修方便及整齐美观，综合土建、机电深化排布
建筑墙体	添加构造柱、圈梁、过梁、二次结构预留洞。墙面，按照深化图分格	考虑管线综合排布的影响，机电提供二次结构预留洞图。天花按照深化图分格
防火卷帘门	梁底净高过大时防火卷帘上部封堵构件添加梁底有设备管道，净高不够时实际构造添加	需考虑梁底有管道穿过情况
屋顶	添加设备基础及支墩	从结构生根，顶面由设备控制

图 5-146　施工 BIM 模型细度示例（1）

设备基础	添加设备基础	综合地面排布深化、机电深化
幕墙	对板面进行分格	按二次设计图纸及深化后实际尺寸进行分格及门洞口布置
基础	后浇带（位置有变动的）修改、在施工缝处添加止水带	施工缝处模型不用分开

图 5-146　施工 BIM 模型细度示例（2）

同时，由造价部门针对计价要求，对 BIM 模型几何及非几何信息提出相应要求，以满足造价 BIM 需求，如图 5-147 所示。

机电安装各专业 BIM 制图设置规则					
制定本规则说明：					
随着 BIM 时代的到来，BIM 图纸的普及已指日可待，作为造价行业要解决的问题是在 BIM 图纸上快速提取计价所需的带有特征需求的工作量，而且这个工程量必须在满足计价规则的要求下分别汇总。为了后续工作的有序高效开展，特做此 BIM 制图要求。					
序号	计价计算规则	分类统计条件	BIM 制图设置要求		BIM 制图设置要求说明	工程量汇总要求
			属性设置	族名内容		
一、管道类						
1	按设计图示尺寸以长度计算，不扣除阀门、管件及各种组件所占长度（m）	系统类型	√		各种系统所用管道	分层、分系统统计
					给水、压力排水、雨水、污水、空调冷凝水、热水、中水、废水；自喷、消火栓、气体灭火；采暖；空调冷冻水、空调冷却水、空调冷凝水、多联机气/液管等	
2		管材名称		√		
3		管道材质	√			
4		管道连接形式		√	螺纹、焊接、法兰、卡箍、专用管件、热熔、电熔、粘接等	
		压力等级		√		

图 5-147　造价提 BIM 模型规则

5.5.3　BIM 私有云信息化管理平台搭建

为解决项目资料传递、沟通交流、进度管控、责权混乱等问题，项目对传统服务器与云服务器进行了对比分析，最终确定搭建基于 EBIM 私有云平台，采用云+端的模式，通过项目部内网、外网两种方式访问平台数据，BIM 数据和项目工程数据均存储于云服务器，保证数据安全性和数据交换、管理便捷性。

项目自主研发多层级资料管理模块，建立多层级资料管理体系，并设置对应的权

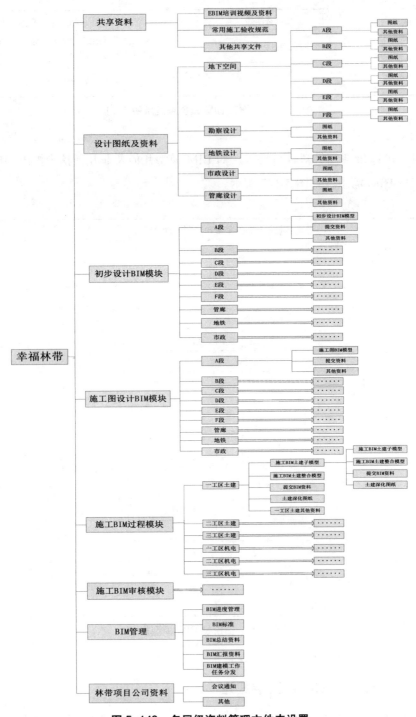

图 5-148 多层级资料管理文件夹设置

限以此解决资料传递和保存的问题，如图 5-148 所示。项目各类工程资料（图纸、文档、表单、图片、视频等）上传同步于云平台，集中存储，统一管理。存储于项目 BIM 平台服务器中，供项目部成员分权限进行共享应用。

基于 BIM 云平台，逐步解决工程协同工作问题。

1. 图纸资料的传递和保存的问题

由于项目的实际情况，设计图纸的变更多，图纸版本多，经常会导致设计 BIM 方与设计师之间的图纸版本不能同步，从而影响到模型的质量，而将设计图纸上传至平台，便可保证图纸版本与模型版本的一致性。另一方面，由于项目规模及项目难度，导致图纸版本更新频率高，而图纸往往不能及时下发至施工单位，就可能出现施工单位拿着旧版本图纸进行施工的风险。而若将更新的图纸均上传至 EBIM 平台并 @ 到相关人，平台上将会记录图纸的所有版本、上传时间和上传人。所有的图纸资料都是基于私有云信息化管理平台保存与传递，保证信息输入的唯一性。提升各参与方的数据获取能力，协同管理能力。避免施工单位出现施工错误，再者由于平台上包含上传时间和上传人，这样就会避免业主方与施工单位就图纸版本及下发时间等问题进行"扯皮"。

2. 模型资料的传递和保存的问题

一方面，设计 BIM 方将设计 BIM 模型移交至施工 BIM 方进行施工深化后，依旧会出现设计的变更从而导致 BIM 模型版本与施工 BIM 方模型版本不一致的问题，而双方将模型均上传至 EBIM 平台，可以保证模型版本的同步一致。另一方面，由于项目模型大，导致对电脑配置的要求较高。而 EBIM 平台可将模型进行轻量化处理，使各参与方可以在手机端、平板端、电脑端快速流畅地对模型进行查看。

3. 业主方会议纪要的传递和保存问题

业主方的会议纪要主要包含设计优化、设计协调、现场施工节点的把控、施工现场的问题解决等，可利用 EBIM 的表单功能，填写会议纪要的表单，将会议纪要整理上传至 EBIM 平台，可根据制式的表单功能提取关键词，设计方、施工方等参与方可以及时下载会议纪要，了解到会议上提出的问题并及时整改，保证了各方解决问题及工作效率。例如，若施工单位未按照要求的节点完成相关任务，业主方可根据会议纪要的相关精神向施工方下发工作联系函督促进行问题整改。

4. 各参与方日常工作资料的传递和保存问题

在"资料管理"模块下根据实际需要设置多层级文件夹及相应的权限，解决各参与方日常工作资料的传递问题。例如，业主方向施工方下发变更时，施工方往往会出现丢失变更单或者变更单管理混乱的问题，将变更单及时上传至 EBIM 平台，便可避免因变更而产生的种种争议。

5. BIM 管理过程中遇到的问题

例如，设计优化协调单往往是由 BIM 技术应用组发送至设计协调，虽然各部门之间会有各自相应的台账记录，但是由于种种原因，经常会出现记录不全或者不准确的情况，从而影响出图时间和建模进度等。而若将这些资料均及时上传至平台，就能够解决部门之间沟通不畅的问题。

图 5-149　A3 段冰球馆

图 5-150　B1 段篮羽馆

图 5-151　曲面找形

5.5.4　双曲屋面设计和施工 BIM 应用

幸福林带北侧设有体育运动场所，包含冰球馆、篮球馆、羽毛球馆等训练馆，设计采用了混凝土双曲种植屋面的形式，即满足了功能需求，同时也为林带增添了一份新意，如图 5-149、图 5-150 所示。针对空间异形结构 - 双曲混凝土种植屋面，平面为不规则双向曲面，且坡度随高度不断变化。在混凝土双曲屋面模架搭设过程中，采用 BIM 技术辅助设计和施工，进行结构曲面找型、三维模型结构定位、划分分隔网、优化设计方案，并且精确每根支撑杆件定位和高程。

1. 方案初步设计

方案初步设计阶段，通过模型的综合应用，完成双曲屋面的曲面找形、结构定位、净高分析，形成文件后提设计专业进行有限元分析，同时提施工单位进行施工优化，如图 5-151、图 5-152 所示。

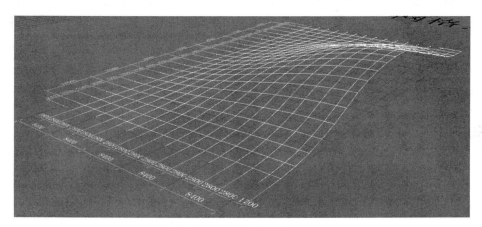

图 5-152　网格化处理

2. 施工优化

根据方案设计师的思想，双曲屋面为平滑线条的弧形梁板，造型优美，但在施工过程中，混凝土的平滑的弧线需要在模板支设过程中，将模板分为梁 0.6m × 梁宽、板 0.6m × 0.6m 的散块木模，切割与拼装工程量巨大。因此，我方与设计共同协调，将整体的弧线梁根据井字梁的交点改为"逢梁必折"的折线梁，直接将梁模板的长度从原有的 0.6m 提升至 1.1.8m，减少模板切割时间与组装拼接时间，减少模板损耗率，加快施工进度，缩短施工周期。

根据设计计算结果调整及施工优化结果，重构屋面模型，验证屋面是否满足原方案效果，如图 5-153 所示。

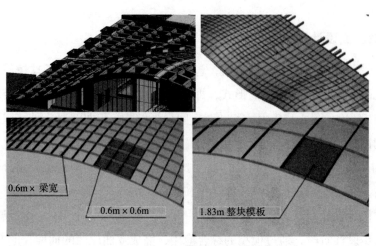

图 5-153 双曲屋面部分模型

图中标注：0.6m× 梁宽；0.6m×0.6m；1.83m 整块模板

3. 施工准备

模板方案编制与高程点提取。混凝土双曲屋面的施工难度主要为模板模架的搭设。因各主梁、次梁均为折线梁，有别于传统平梁平板的计算。南北向梁板上下行对称弧线位置的混凝土浇筑时为对向受力，可相互折减，对满堂架的侧压力较小，东西向弧线为西高东底，无对向受力，整个满堂架整体具有单向侧压力，易发生倾覆。故选用具有斜向拉接功能的盘扣式脚手架，并增加水平剪刀撑密度，提高满堂架的整体受力。同时使用 MIDAS 在梁板模型的基础上进行三维梁板模架一体化验算，按照计算结果与施工经验编制了《场馆高支模安全施工方案》。

通过模架安全专项计算，立杆的横纵向间距均不大于 900mm，步距不得大于1500mm，顶部自由端长度不大于 650mm，部分大体积梁底需回顶 1 ~ 2 根立杆。根据验算结果，进行模架排布。排布完毕后，将模架排布图导入 Revit，利用 Revit 中的地形功能，建立双曲屋面地形拟合模型，如图 5-154 所示。拾取各个立杆位置相对应的板顶标高后,下翻出立杆标高（如图 5-155 所示),形成模架立杆标高详图（如图 5-156所示），下发工程部辅助施工管理。

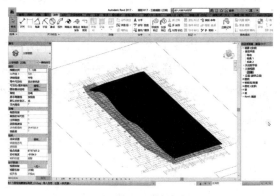

图 5-154 拟合模型

图 5-155　高程点提取

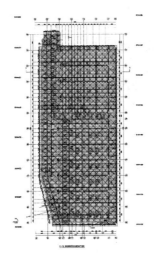

图 5-156　模架排布图

4. 现场施工阶段过程纠偏

根据模架排布图与模架立杆标高详图的尺寸定位，对现场进行精细化放线，劳务工人严格按照放线进行立杆位置确认。但在施工过程中，因盘扣架插口位置的误差累积，整体模架在单向搭设 32m 时已累积多出原定立杆放线位置 30cm。工程部及时反映现场实际情况，技术部与 BIM 小组对模架进行极坐标踩点，与原图纸模型位置核对后，按照踩点数据复原现场实际模架排布，计算误差，并重新以约 908mm、605mm 的立杆间距进行模架排布，重新按照新版模架排布图提取高程，指导现场施工。

二次立杆高程提取工作因施工进度需要，需在短时间内完成。而模架高程点由数量庞大，按照模架排布图，总约 12000 个高程点，手工提取工作耗时长，难以在立杆顶端标高校核前完成后续高程提取。因此，项目对 Revit 进行二次开发，制作插件，提前预设梁高板厚，将模架横杆拾取为轴网，利用轴网与地形的协同功能，一键生成交点处全部立杆，并利用明细表提取各个立杆高程（如图 5-157 所示），前后用时约 4h，远少于立杆高程手工提取工作时间，在立杆现场校核前完成提取工作，保证后期

307

模板铺设工作的开展。

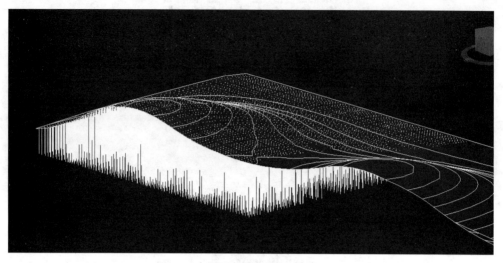

图 5-157　模架排布模型

5.5.5　土方精细化管控 BIM 应用

幸福林带项目南北高差 29m，土方开挖量为 1068.6 万 m^3，覆土回填量为 226.2 万 m^3，土方开挖量及外运量巨大。西安市治污减霾形势严峻，既要保证治污减霾，还要保证建设进度，因此土方作业、运输环保管理是本工程的管理重点。

基于本项目的特点及需求，BIM 团队致力于利用 BIM 技术在设计施工一体化过程中解决项目存在的重难点，具体流程如图 5-158 所示。

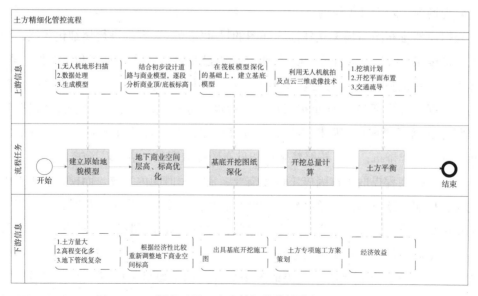

图 5-158　土方精细化管控流程

1. 建立原始地貌模型

利用 BIM+ 无人机＋三维激光扫描仪获得地表原始数据，将影像资料通过 ContextCapture Center 软件处理达到模型原材料数据，生成原始地貌模型，如图 5-159 所示。

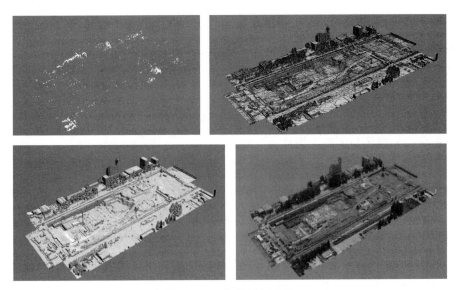

图 5-159　原始地貌模型

2. 优化地下商业空间层高、标高

通过对模型分析，设计师对市政道路与地下商业空间的层高、标高进行优化分析，节约土方开挖工程量。

3. 深化基底开挖图纸

对设计基底形状及连接部位深化后得到基底模型，出具基底开挖施工图，大大加快开挖进度，如图 5-160 所示。

图 5-160　基底开挖施工图

4. 计算开挖总量

设计标高和基底模型确定后，选取土方量计算区域，输入基底开挖标高参数，即可得到土方工程量。幸福林带项目土方开挖量为 1068.6 万 m³，覆土回填量为 226.2 万 m³。

5. 平衡土方

根据计算出的土方开挖与回填量，做好现场土方施工阶段平面布置，确定土方平衡方案。建立项目 BIM 模型生成土方开挖总量，综合地铁、管廊、商业、园林绿化模型生成土方回填量，利用 BIM 模拟，确定最优土方开挖方案，节约成本的同时，大大加快了进度。利用 BIM 技术建立三维平面布置图，还原现场平面布置，通过施工进度模拟各流水段之间工序安排，按照先施工段内，再施工平面，边施工边回填，最后选择周边堆场或林带内堆放的原则考虑土方平衡。

6. 出土交通疏导规划

利用 BIM 技术，建立道路及疏导线模型，辅助编制交通疏导方案，为项目土方外运时交通导改及现场封闭施工做准备。

利用 BIM 技术结合幸福林带项目特点，利用 BIM+ 无人机技术，打破传统人工网格法测量模式，大大提高了土方计算的效率及准确性。经对比分析传统 RTK 碎部点法与无人机航测法，在相同面积条件下（17186.36 ㎡），无人机航测计算的土方量比传统 RTK 碎部点法精确了 1.6%；时间上缩短了 3h。因此使用无人机大幅提高土方量算量精度、效率。采用"无人机航拍及点云三维成像技术"能够实现快捷精确的计算方法，并且能做到"实际与模型的精确对应"和"所见即所得"。对项目土方进行精细化管控，在初步设计阶段仅土方节约 50 万方土，节约造价约 5000 万元;在土方平衡过程中，节约成本 900 万元。

5.5.6 电缆深化 BIM 应用

西安幸福林带机电项目电气系统种类繁多、线路较长、空间紧张，同时电缆造价高，传统电缆敷设方式施工难度大，如何利用 BIM 技术进行电缆的精细化排布并快速完成电缆工程量的提取是本项目 BIM 机电应用的重难点。现阶段 BIM 软件对电缆支持力度较为薄弱，电缆建模难度大，目前使用最广泛的 Revit 软件没有电缆绘制功能，部分项目采用线管族替代电缆进行电缆模型的绘制，但绘制效率低。

项目通过在 BIM 电缆综合应用探索的基础上，二次开发 BIM 电缆建模及算量工具，利用该插件在 BIM 机电综合模型上完成电缆模型的建立，同时根据规范及具体施工要求进行电缆模型的综合优化，利用 NavisWroks 进行电缆敷设工序的模拟，进一步验证电缆综合排布的合理性，最后绘制电缆施工图，并利用 BIM 电缆建模及算量工具一键导出电缆工程量用于电缆采购。

具体实施步骤：

1. 设置视图样板

向厂家收集实际电缆外径信息，制定电缆样板，在 Revit 模型中添加过滤器，制定电缆视图样板，如图 5-161 所示。

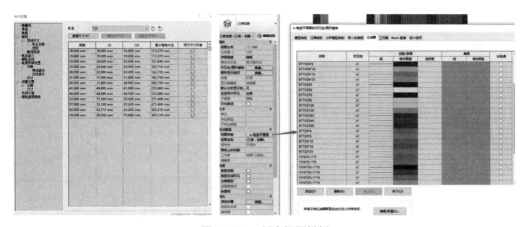

图 5-161　制定视图样板

2. 自动绘制电缆模型

根据配电系统图梳理电缆回路，绘制所需的构件族，利用 BIM 电缆建模工具，完成电缆模型的创建。该工具内置常见电缆规格型号，实际使用过程中，仅需鼠标点选电缆起终点的用电设备，例如开关柜和配电箱，并指定电缆型号，软件自动寻找最优桥架路径并完成电缆模型的绘制，如图 5-162 所示。

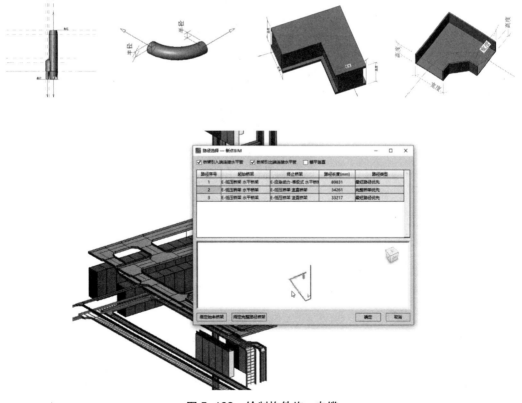

图 5-162　绘制构件族、电缆

3. 优化电缆及桥架模型

完成电缆模型的创建之后，根据桥架填充率、路径等要求，进一步优化电缆的综合排布。由于电缆生成软件不能智能识别电缆间距进行排布，故调整电缆间距以便核对桥架尺寸影响的此项工作效率。对此问题，项目二次开发的插件功能，一键解决了电缆排布间距问题，极大提高了工作效率，如图 5-163、图 5-164 所示。

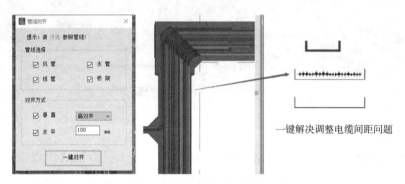

图 5-163　一键对齐插件

图 5-164　电缆综合排布模型

4. 模拟电缆敷设工序

完成电缆综合排布优化之后，利用 Navisworks 进行 4D 施工模拟，以实际施工角度，进一步优化电缆综合排布，确保每一个电缆都有足够的施工空间，且顺序合理。

5. 绘制电缆施工图纸

在电缆综合排布优化及敷设工序模拟之后，进行电缆敷设施工图的绘制，首先完成桥架平面图的绘制，以及各断面桥架内电缆剖面图的绘制，并标注各桥架电缆敷设图纸索引。利用自主开发的电缆标注插件，对每一趟桥架出具单独的电缆敷设施工图，如图 5-165 所示。

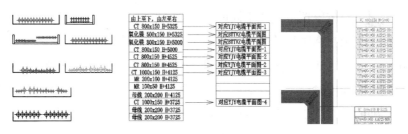

图 5-165　电缆敷设施工图

6. 生成电缆清册

利用 BIM 电缆建模及算量工具，自动完成电缆工程量的统计，直接生成预分支电缆清册，如图 5-166 所示。BIM 电缆建模及算量工具在电缆算量方面具有如下特点：与电缆生产厂家共同制定符合实际的电缆清册表格形式；针对预分支电缆进行专门的优化，可以直接完成预分支电缆清册的提取；可以根据设定完成施工预留量、企业定额损耗的自动计算。

首端低压柜编号	电缆回路	主电缆型号	末端配电柜编号	开关柜到第一个分支头长度	第一个分支头到末端长度	分支头间距	分支头总个数	分支电缆型号	单根分支电缆长度
B1BP09-03	B1BP09-N01	YJY4+16+1×16	BKT15、BKT16、BKT17、BKT18	46.3	13.17	4.2	4	YJY4+10+1×10	8.39
B1BP09-03	B1BP09-N02	YJY4+95+1×50	BPL10、BPL11、BPL12、BPL13、BPL15	33.88	17.28	4.2	5	YJY4+16+1×16	7.87
B1AP09-04	B1AP09-N01	YJY4+25+1×16	BKT10、BKT11、BKT12、BKT13、BKT14	30.19	17.27	4.2	5	YJY4+25+1×16	7.33
B1AP09-04	B1AP09-N02	YJY4+70+1×35	BPL15、BPL16、BPL17、BPL18	53.35	13.18	4.2	4	YJY4+10+1×10	7.29
B1BP09-04	B1BP09-N10	YJY4+50+1×25	BHM15、BHM16、BHM17、BHM18	46.74	13.17	4.2	4	YJY4+10+1×10	9.53
B1BP09-04	B1BP09-N02	YJY4+95+1×50	BLM09、BLM12	25.58	16.2	15.58	2	YJY4+35+1×16	4.05
B1AP09-05	B1AP09-N10	YJY4+25+1×16	BRD10、BRD13、BRD16	31.96	25.74	12.6	3	YJY4+10+1×10	11.56
B1AP09-08	B1AP09-N29	YJY4+35+1×16	BGD15、BGD16、BGD17、BGD18	55.51	13.17	4.2	4	YJY4+10+1×10	7.86
B1AP09-08	B1AP09-N28	YJY4+35+1×16	BGD10、BGD11、BGD12、BGD13、BGD1	33.41	17.57	4.2	5	YJY4+35+1×16	6.99
B1AP09-10	B1AP09-N37	YJY4+70+1×35	BHM10、BHM11、BHM12、BHM13、BHM	35.53	17.28	4.2	5	YJY4+10+1×10	7.7
B1AP09-10	B1AP09-N38	YJY4+95+1×50	BLM14、BPM17	52.75	13.14	12.6	2	YJY4+35+1×16	11.96
B1EP09-02	B1EP09-E03	YJY4+25+1×16	BRD10、BRD13、BRD16	29.3	25.74	12.6	3	YJY4+10+1×10	11.08
B1EP09-05	B1EP09-E21	YJY4+35+1×16	BGD10、BGD11、BGD12、BGD13、BGD1	38.22	17.57	4.2	5	YJY4+10+1×10	6.98
B1EP09-05	B1EP09-E22	YJY4+35+1×16	BGD15、BGD16、BGD17、BGD18	52.87	13.17	4.2	4	YJY4+10+1×10	7.29

图 5-166　电缆清册

本项目通过电缆的综合排布优化及电缆清册的自动统计，一方面通过工具直接完成电缆清册的自动生成，打破预分支电缆需厂家实测实量的工作模式。另一方面通过电缆综合排布优化节约了空间及桥架用量，根据电缆敷设施工图严格把控现场施工，确保了电缆敷设的可行性及美观性。

5.5.7　BIM 应用总结

幸福林带项目充分发挥 EPC 总承包项目 BIM 应用的层层控制和高效信息共享优势，前期"以问题为导向，以产生价值为目的"的进行全面的 BIM 策划，确定项目 BIM 应用的目标、系列标准和实施方案，项目过程采用 BIM 设计施工一体化的全新理念贯穿于项目全生命周期，辅以 BIM 私有云信息管理平台的轻量化办公和一体化信息管理，实现基于 BIM 的数字化、信息化的设计施工一体化应用和管理，大大提高了工作效率和建设质量。

　　幸福林带项目与传统项目模式不同的地方在于，传统模式在设计初期很少有施工接入，而幸福林带项目在策划阶段就引入施工，确保设计施工的数据融合，并通过多次会议讨论将施工阶段的问题前置，将施工阶段的隐患点前移，充分发挥设计优势，实现设计与施工的深度融合。在幸福林带项目中，消除了社会所谓的"BIM 技术仅仅只是展示软件"的错误认识，以丰富的工程经验和运维经验逆向控制设计和施工，确保设计施工的价值最大化。

　　通过幸福林带项目 BIM 技术的实际应用证明，BIM 技术的全生命周期应用和全过程项目管理服务确保了设计理念的超前性和合理性，建设模式的高效性，技术手段的先进性，并创造了极大的效益。

　　幸福林带项目的 EPC—BIM 设计施工一体化的应用实践，不仅是技术工具的变革，也是管理手段的提升，提升了原有的技术水平和运营模式，为实现企业的智慧管理，实现工程的智慧建造，树立了行业供给侧改革创新发展模式的典范，为建筑企业长远发展提供更持久的动力支持。

第6章 专业施工 BIM 应用案例

三星 CUB 管道设备安装工程，对管道设备安装工程的 BIM 应用关键点和应用技巧进行了比较详细的介绍，在管道构件预制加工进度管控和管道设备吊装施工模拟等方面，做到技术、物资、商务等部门深度对接，实现从 BIM 模型到施工现场、再到结算全过程的精准控制，对同类项目 BIM 应用具有较高参考价值。

江苏大剧院室内装饰施工工程 BIM 应用总体策划工作较为完整，在室内异形造型的深化和下料的 BIM 应用上有一定的创新性和探索性，项目详细探索和总结了各类软件在室内装饰中应用的优缺点，可供其他项目参考。

在幕墙工程 BIM 应用中，北京商务中心区（CBD）核心区 Z14 地块项目很好总结了符合项目自身特点的 BIM 团队组织架构和 BIM 应用流程，以及基于三维扫描成果进行模型调整和深化设计的技术路线和应用技巧，对 3D 打印和 VR 方案论证与模拟体验、Vico Office 线性计划进度管理经验总结也值得参考，有利于帮助同行少走弯路。

6.1 三星 CUB 管道设备安装工程

6.1.1 项目概况

三星 CUB 管道设备安装工程是三星（中国）半导体有限公司 12 英寸闪存芯片建设项目中的动力站工程（CUB 一般管道及风管工程），包含：冷却水系统、冷冻水系统管道及设备安装；空调水系统管道及设备安装；蒸汽系统管道及辅助设备安装；室内给水系统管道及设备安装；建筑中水系统管道及设备安装，室内、室外排水系统管道及卫生器具安装；室外雨水系统管道安装；送排风、防排烟、空调风系统管道及设备安装。综合管线图如图 6-1 所示，模型如图 6-2 所示。

工程特点：

（1）工程管线非常密集，现场有十余家施工单位，交叉作业面多，现场协调难度大。

（2）项目工期仅有 150d，而前一个月因为土建施工，现场没有工作面，后期施工压力剧增。

（3）项目图纸变更较为频繁，图纸频繁的变更导致管线的碰撞问题难以快速解决，材料提取难度大，图纸管理困难。

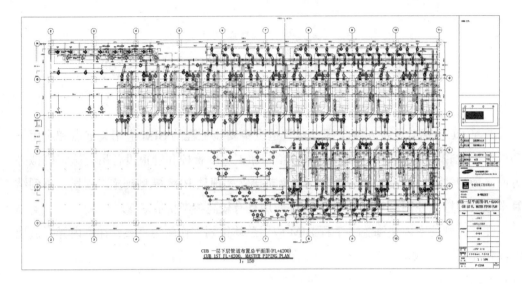

图 6-1　管线综合布置图

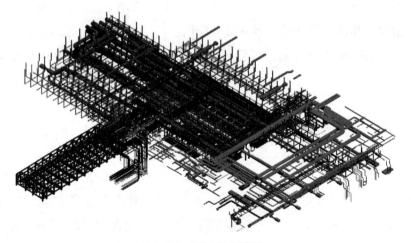

图 6-2　BIM 综合模型

6.1.2　BIM 应用策划

项目根据工程特点和要求进行 BIM 应用策划，主要的 BIM 应用点包括：管线综合布置、施工模拟、进度管理、成本管理和三维动态演示。通过 BIM 应用，实现基于模型的可视化信息交互，工程投资的精细化管理，提升建筑工程品质。

1. 管线综合布置

本项目共计管材 13600 延米，管道系统种类繁多，共计 40 余个系统；型材 1260t，型材种类繁多，吊装难度大；大型设备计百余台。在层高 12.6m 的空间内，共计五层管道贯穿其中，管线较为密集，交叉碰撞点多，基于 BIM 的管线综合应用意义重大。

技术员以业主下发的施工图以及设备商提供的设备尺寸图为基础，通过族的定制（如钢结构连接件、焊缝、挖眼三通、设备等）参考招投标文件建立精确的 BIM 模型。

为了更好地实现 BIM 技术的作用，项目部不仅要建立工程范围内的管道系统、风管系统、支架系统，还要建立在空间有交叉的其他专业模型，包括建筑结构模型，消防系统，强、弱电系统，其他管道系统，最大限度的模拟现场实际。

在综合模型建立后，进行碰撞检查，并将检查报告提交业主，开会确定各碰撞问题的解决方案，并及时将各解决方案应用到相应专业的模型中。经反复的碰撞检查，直至已发现的问题均被解决后，绘制各专业综合管线布置图，并向业主监理报批。项目管线综合布置管理流程如图 6-3 所示。

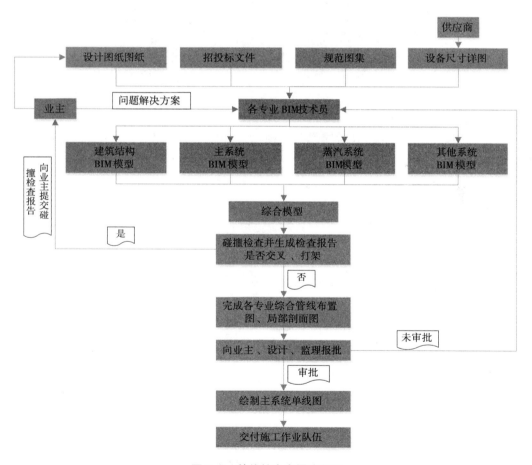

图 6-3　管线综合布置流程图

2. 施工模拟技术

本项目管道极为密集，13509m 管道在 7592 ㎡ 的空间内分五层排布，其中 4.2m 以下为设备层，五层管道分布在 4.2 ~ 12.6m 的标高上。最大宽度 2400mm 的风管以及弱电桥架穿插于一层、二层管道之间（如图 6-4 所示）。大管道数量繁多，吊装难度大，利用 BIM 技术，通过施工模拟，确定管线较为密集的区域多层管道的吊装顺序问题，解决复杂区域的管线安装难题。

图 6-4　管线综合模型

将复杂的管线模型拆分为局部三维模型，如图 6-5 ~ 图 6-7 所示，局部的三维 BIM 模型展示更清晰明了，更直观地确定管道及其相关钢结构吊装的顺序问题。

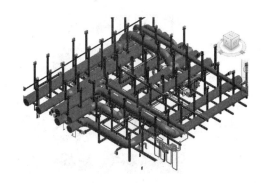

图 6-5　A 区局部三维模型

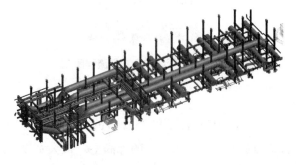

图 6-6　B 区局部三维模型

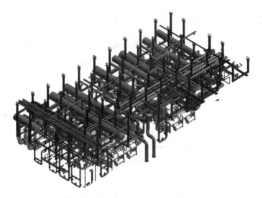

图 6-7   C 区局部三维模型

3. 进度管理

项目部根据业主要求的各区开工时间，将 BIM 模型分解为 A 区、B 区、C 区、阶梯段、地下室五个部分，如图 6-8、图 6-9 所示。

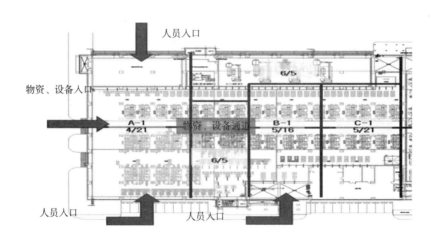

图 6-8   各区开工时间

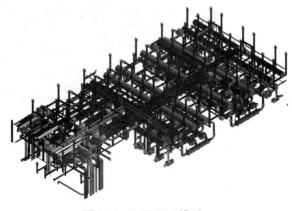

图 6-9   B 区 BIM 模型

根据分区 BIM 模型汇总出钢结构量、各系统的工程量及管道焊接量，根据分区施工工期并参考工期定额库以及工程经验，确定出所需总的机械设备和人工投入，并初步确认管道安装进度，如图 6-10 所示，将模型导入 Naviswork 进行 4D 模拟，如图 6-11 所示。

三星CUB管道进度计划
2013. 5. 2

区段	层数	管道名称	管道规格	管道数量	管道长度	主要设备	进度计划
B	3	NW	125A	50	管道焊口140m；H型钢立柱74根	叉车3台升降机6台焊机14台	H型钢进入预制场5.25；H型钢预制刷漆5.26-6.5；H型钢喷砂接铁、刷漆6.2-6.16；H型钢进入施工现场6.19-6.20
		NFW	150A	62			
		NW	200A	60			
		DR	200A	59			
	2	CW	400A	43	管道焊口1330m	吊车1台、叉车1台、升降机3台、焊机8台	管道等材料进场5.25；管道除锈刷漆5.26-6.6；管道预制6.9-6.23；H型钢立柱安装6.21-7.4；三层管道安装6.25-7.9；三层模拍安装6.25-7.9；保温7.8-7.14；二层管道安装6.26-7.16；二层模拍安装6.26-7.16；保温7.15-7.22；一层管道安装7.5-7.31；一层模拍安装7.5-7.31；保温7.23-7.31；设备入库8.1；设备模拍8.13-9.4
		CW	100A	39			
		NFW	100A	36			
		FBW	150A	41			
		CD	150A	28			
		BCW	200A	62			
		CW	250A	29			
		NWR	300A	254			
		A	350A	24			
		ST	300A	123			
		ST	400A	63			
		CWR	450A	43			
		HCHR-S	1200A	74			
		LCHR-S	1300A	107			
		CWR-S	1500A	95			
	1	HCHR	250A	180	管道焊口550m	吊车1台、叉车1台、升降机2台、焊机8台	气压试验9.5-9.20；水压试验、冲爽9.9-9.25；焊口、阀门保温9.15-9.28；管道安装结束9.29；验收9.29；试运行9.30
		HCHR	400A	51			
		LCHR	400A	25			
		CWE	500A	160			
		ST	300A	15			
		ST	600A	11			
		ST	700A	13			

图 6-10　施工进度计划初步方案

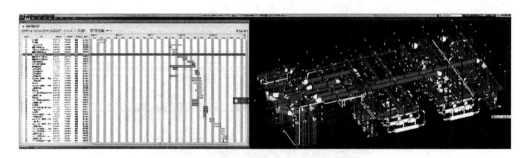

图 6-11　4D 施工模拟

利用预制流程（如图 6-12 所示）进行预制进度的控制。首先根据最终的管道吊装进度计划编制管道预制计划和钢结构预制计划，根据该计划编制管道及型钢材料进场计划，预制完场后的管道及钢结构成品进入现场进行吊装。

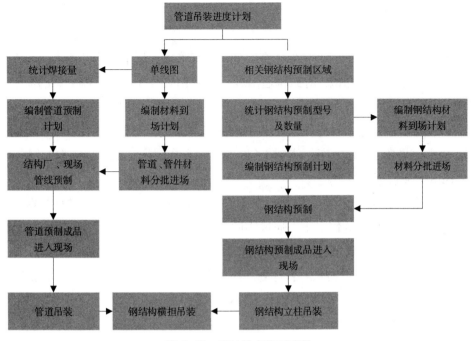

图 6-12　BIM 技术预制流程

4. 成本管理

在 BIM 模型中添加材料的清单价和采购价等参数，直观表现每种材料使用的盈利程度（如图 6-13 所示），在综合管线布置过程中，尽可能的选用利润更高的材料，从而降低成本。

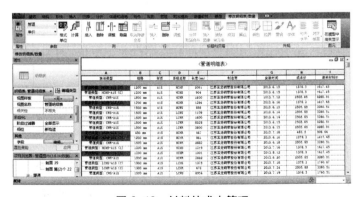

图 6-13　材料的成本管理

BIM 成本管理要求在 Revit 建模时，添加相应族的清单价格、实际采购价格、材料采购及使用时间等信息，并在 Revit 中内嵌相应公式，使模型具有 3D+ 时间维度 + 成本维度属性。在材料清单中可以实时汇总出特定材料在特定时间的成本，项目的各材料成本投入在时间跨度上完整地呈现，使技术员清晰地知道每个材料的利润，在管线综合时考虑到不同材料的利润差值，保证了资金在时间跨度上的合理利用。

5. 三维动态演示

项目业主为三星（中国）半导体有限公司，其管理人员全部为韩国人，而大部分翻译人员由于不懂专业知识，导致沟通困难，利用 BIM 模型进行三维动态的演示，将遇到问题的解决方案提前在三维模型中标记出来并记录相应的图元 ID，与韩方交流时，只需打开三维模型并输入相应图元 ID，遇到的问题以及解决方案便可以很直观地展现出来，极大地提高了工作效率，使 RFI（即工程联系单）更容易被业主理解并签字。

6.BIM 创新应用

本项目利用 BIM 技术及 BIM-ISO 图对预制及现场的材料、进度进行管理，做到了在现场工作面不具备的情况下，通过协调预制进度和现场安装进度，保证施工进度要求，最大限度降低材料损耗，提高预制准确率，降低工程成本。

通过 BIM-ISO 图对材料从材料计划的提出到使用结束进行动态管理。保证预制及现场材料供给，降低材料的库存率，杜绝材料的丢失及误用。

通过 BIM 施工进度 5D 模拟，提高现场吊装的机械化程度，保证吊装顺序的合理性，缩短吊装时间，降低人工成本。

基于 BIM 技术，项目部技术、物资、商务等部门做到深度对接，使项目部各部门协调联动。同时，使 BIM 技术通过 BIM-ISO 图与现场、BIM- 施工图与业主做到无缝地对接，使 BIM5D 模型 = 现场 = 结算。

6.1.3　BIM 技术在预留预埋的应用

1. 留洞图及预埋套管图的自动处理

在 BIM 模型管线综合布置好之后，利用鸿业 MEP for Revit 软件自动开洞功能标记出管道穿墙的洞口，并生成留洞图及预埋套管图报业主审批，如图 6-14、图 6-15 所示。

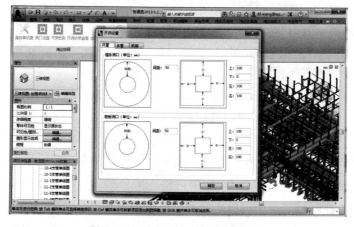

图 6-14　鸿业 MEP 软件开洞功能

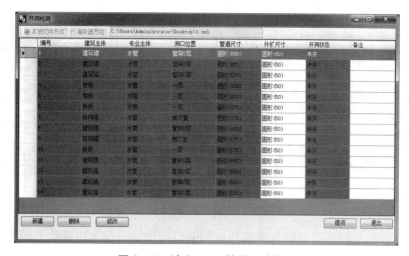

图 6-15　鸿业 MEP 软件开动检测

2. 钢结构连接件的预埋

　　BIM 模型管线综合布置完成之后，根据钢结构及土建的空间位置，复核预埋件的位置及数量，避免预埋件错放、漏放，如图 6-16 ~ 图 6-18 所示。

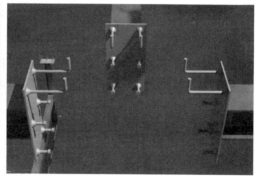

图 6-16　钢结构预埋件模型

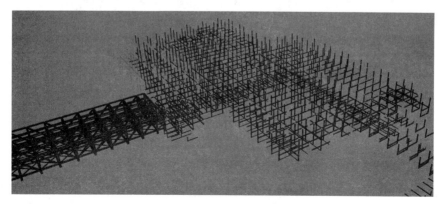

图 6-17　钢结构及预埋件模型

图 6-18　钢结构管道模型

该应用能够及时准确的确定建筑预留洞的空间位置，极大地避免了预埋套管的错放及漏放，相比于传统施工，节约了项目成本，保证了工程进度。

6.1.4　材料全生命周期动态管理

1. 材料自动统计技术

利用 BIM 材料统计功能可以快速准确的统计出所需的材料明细，减少了技术人员统计材料所需的时间，提高了工作效率。因三星项目工期紧，前期建模周期较长，难以满足材料采购周期的要求，所以，项目开工前期采用 BIM 技术与 CAD 提量相结合的方式，材料计划的提取以技术员根据图纸提取总材料计划为主，BIM 模型进行局部的复核，待到综合模型建立并经审批后，再利用 BIM 模型对之前的总材料计划进行复核，通过对综合模型的分解，提出相应的分材料计划，并经技术员复核后上报采购。在主系统的预制过程中，其材料计划以及材料到场计划以单线图为主，并需技术员进行复核。如图 6-19 所示。

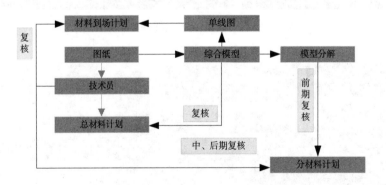

图 6-19　BIM 材料计划编制流程

图 6-20 ～图 6-24 分别为 BIM 材料计划的提取。在模型的建立过程中就在各图元参数中添加预制时间、吊装时间等，为以后的材料动态管理打好基础。

修改明细表/数量

〈结构柱明细表〉

	A	B	C	D	E	F	G
	名称	规格	数量（m	底部标高	顶部标高	预制时间	吊装时间
	热轧H型钢柱	P5-HM250X250	7305	管架一层	三层	2013.05.12	2013.05.25
	热轧H型钢柱	P5-HM250X250	7305	管架一层	三层	2013.05.13	2013.05.25
	热轧H型钢柱	P5-HM250X250	7305	管架一层	三层	2013.05.13	2013.05.25
	热轧H型钢柱	P5-HM250X250	7305	管架一层	三层	2013.05.13	2013.05.25
	热轧H型钢柱	P5-HM250X250	7305	管架一层	三层	2013.05.13	2013.05.26
	热轧H型钢柱	P5-HM250X250	7305	管架一层	三层	2013.05.14	2013.05.26
	热轧H型钢柱	P5-HM250X250	7305	管架一层	三层	2013.05.14	2013.05.26
	热轧H型钢柱	P5-HM250X250	7305	管架一层	三层	2013.05.14	2013.05.27
	热轧H型钢柱	P5-HM250X250	7305	管架一层	三层	2013.05.15	2013.05.27
	热轧H型钢柱	P5-HM250X250	7305	管架一层	三层	2013.05.15	2013.05.27
	热轧H型钢柱	P5-HM250X250	7305	管架一层	三层	2013.05.15	2013.05.27
	热轧H型钢柱	P5-HM250X250	7305	管架一层	三层	2013.05.16	2013.05.27
	热轧H型钢柱	P5-HM250X250	7305	管架一层	三层	2013.05.16	2013.05.28
	热轧H型钢柱	P5-HM250X250	7305	管架一层	三层	2013.05.16	2013.05.28
	热轧H型钢柱	P5-HM250X250	7305	管架一层	三层	2013.05.16	2013.05.28
	热轧H型钢柱	P5-HM250X250	7105	管架一层	三层	2013.05.16	2013.05.29
	热轧H型钢柱	P5-HM250X250	7105	管架一层	三层	2013.05.17	2013.05.29
	热轧H型钢柱	P5-HM250X250	7105	管架一层	三层	2013.05.17	2013.05.29

就绪

图 6-20 BIM 钢结构立柱材料统计

修改明细表/数量

结构连接明细表

	A	B	C
	名称	预埋时间	制作时间
	柱预埋件：U2-2	2013.04.20	2013.04.16
	柱预埋件：U2-2	2013.04.20	2013.04.16
	柱预埋件：U2-2	2013.04.20	2013.04.16
	柱预埋件：U2-2	2013.04.20	2013.04.16
	柱预埋件：U2-2	2013.04.20	2013.04.16
	柱预埋件：U2-2	2013.04.20	2013.04.16
	柱预埋件：U2-2	2013.04.20	2013.04.16
	柱预埋件：U2-2	2013.04.20	2013.04.16
	柱预埋件：U2-2	2013.04.20	2013.04.16
	柱预埋件：U2-2	2013.04.20	2013.04.16
	柱预埋件：U2-2	2013.04.20	2013.04.16
	柱预埋件：U2-2	2013.04.20	2013.04.16
	柱预埋件：U2-2	2013.04.20	2013.04.16
	柱预埋件：U2-2	2013.04.20	2013.04.16

就绪

图 6-21 BIM 钢结构预埋件材料统计

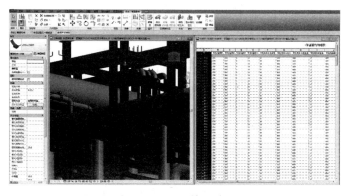

图 6-22 BIM 管托统计

图 6-23　BIM 焊缝统计

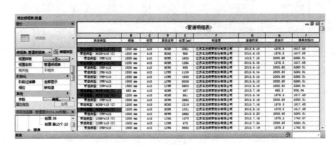

图 6-24　BIM 管道统计

本项目图纸变更次数多，共计发生变更 60 余次，每次图纸的变更都会使材料的数量等发生变化，紧迫的工期，严格的采购周期使材料计划的提取变得异常艰巨。利用 BIM 技术很好地解决了这一难题，每次图纸下发之后，只需在模型中就行相应的修改，这时任何对模型的改动，相关图纸、材料清单会自动跟新，免去了技术人员巨大的工作量，提高了工作效率。

2.BIM 对材料损耗的控制技术

综合管线布置图经业主、监理审批后，以最终审核通过的模型为基础，开始绘制主系统管线单线图，在绘制主系统管线单线图中，加入焊缝族，以表 6-1 为原则确定焊缝空间位置。

焊缝空间位置确定原则　　　　　　　　　　　　　　　　　　　　　表 6-1

序号	焊缝空间位置确定原则
1	环焊缝与支吊架间距 >100mm
2	环焊缝与挖眼三通（补强圈）间距 100mm
3	环焊缝所处位置方便焊接
4	相邻环焊缝间距 > 管径
5	减少单根管道的切割次数
6	减少管道的损耗
7	减少焊缝的数量
8	以江苏玉龙钢管股份公司所能提供的管道定尺为选用标准（即：6m，8m，9m，10m，12m）

焊缝的空间位置确定后，对每个规格的管道都进行定尺的编号，当管道被切割后，该管道编号后加切割段编号，中间用符号（.）分开，将焊缝及管道编号进行标注，并在途中附上材料明细，及根据进度计划确定的材料进场时间及预制、吊装时间，并出图，如图 6-25 所示。

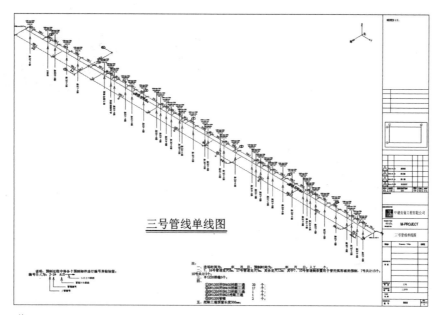

图 6-25　BIM 单线图—材料统计

技术人员根据单线图提供的材料明细及材料进场时间等，统计出相应的材料供应计划，材料人员根据材料计划向下发下料单并根据相应定尺进行管道生产。材料损耗控制流程（如图 6 26 所示）使主系统的材料损耗率降低到 1% 以下，极大地降低了成本，为以后的材料控制积累了丰富的经验。

材料全生命周期的动态管理要求：

（1）Revit 模型中的管道、管件、阀门组建及设备尺寸严格按照相关规范、标准及材料厂商提供的尺寸图进行参数的定制，并要求按照焊接规范及焊缝空间位置确定原则准确合理的添加焊缝族。

（2）模型中的各族添加详细的材料进场时间、预制时间、吊装时间等参数。

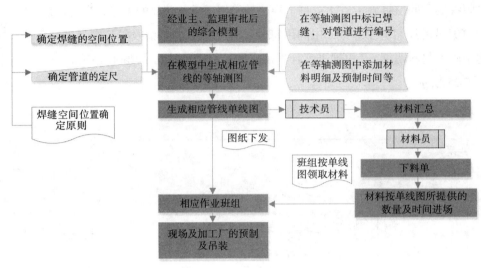

图 6-26　材料损耗控制流程

（3）能够根据现场的进度要求汇总相关区域的分材料计划。

材料全生命周期的动态管理要求 BIM 技术人员：

（1）掌握 Revit 建模，相关族及族参数的定制、添加。

（2）掌握材料损耗控制流程、及管道预制流程。

材料全生命周期的动态管理极大地降低了材料的损耗，相较于传统施工，为项目节约费用占管材及型材总费用的 6.047%，与进度计划相协调的材料进场计划保证了管道预制及管道安装的进度要求。

6.1.5　BIM 技术在工厂化预制中的应用

1.BIM 技术在预制中应用的目标

工程在开工前一个月均为土建作业，现场不具备施工条件，而工期仅为五个月，管线密集，焊接工程量巨大，总焊接长度近万米，高峰期现场作业单位十余家，交叉作业多，故为了降低现场的焊接量，并解决现场条件不具备的情况下保证工期，项目决定利用 BIM 技术进行管道及钢结构的预制加工控制，控制的目标如表 6-2 所示。做到管道预制与钢结构预制相协调，管道预制、钢结构预制与现场吊装相协调。

BIM 对管道及钢结构预制控制目标表　　　　　　　　　　　　　表 6-2

序号	BIM 技术管道及钢结构预制控制目标
1	使管道预制率达到主系统焊接量的 90%
2	钢结构全部在加工厂预制
3	返修率降低到 1% 以下
4	协调预制进度与现场安装进度

2. 管道预制

以业主下发的施工图以及设备商提供的设备尺寸图为基础，通过族的定制（如钢结构连接件族、焊缝族、挖眼三通族、设备族等）参考投标清单建立精确的模型。通过 BIM 模型检查出原设计图纸的问题，修改后绘制施工图，报业主、设计院审批确认后，绘制 ISO 图并交付施工班组进行管道预制加工，从而在没有现场施工面的情况下加快施工进度，减少高空作业工作量，提高管道安装质量。

在 ISO 图的绘制中，根据钢结构位置及单根管道不超过 12m 为原则，确定出环焊缝位置，并在每张 ISO 图中注明焊接定位尺寸、焊缝尺寸、材料清单、焊接总量及材料到场时间，计划完成时间等。

同时将相应管线 ISO 图以工作联系单的形式下发施工队，一张单线图对应一个施工班组，施工班组根据图纸上的清单领取材料，进行管道的预制吊装。保证了管线的预制进度和现场的安装进度相同步。

3. 钢结构预制

首先，技术员根据管道工程 BIM 优化模型以及钢结构图纸，通过族的定制（如钢结构连接件族、预埋件族）建立钢结构 BIM 模型，并根据管道 BIM 模型对钢结构 BIM 模型进行优化，查漏补缺；然后，绘制钢结构平面图，报业主、设计院审核确认后，在平面图中根据管道 ISO 图对每种钢结构型号进行编号；最后，绘制钢结构预制大样图，同钢结构平面图一起下发钢结构厂进行钢结构的预制。在预制过程中，技术员以进度计划为依据确认管道吊装区域，根据管道 ISO 图及钢结构平面图确定相应钢结构型号与数量，向钢结构厂下发相应下料单，保证预制的进度与现场管道吊装进度相协调。

利用该技术较传统施工（6% ~ 10%），预制返修率降低到 0.35% 以下，为项目节约成本 6.25%。同时返修率的降低也保证了项目进度。

6.1.6　焊接的控制与质量追溯技术

在项目中创新性地加入了焊缝族，族类型包括氩弧焊、氩电联焊等在项目中需要使用的焊接类型，其参数包含管道壁厚、外径、焊接坡口类型、焊口长度、焊工人员及其焊工证号、焊接时间、验收人员等，并将焊缝族属性定义为法兰类，添加到相应布管系统配置中。在绘制过程中，遇到接口会自动加入焊缝族，并每定尺添加焊缝族，可以准确地统计出主系统的焊接总量，每个焊缝的焊接量，在工程验收过程中，每一个焊缝都可以追溯到焊工的相应信息、焊接时间、验收人员等（如图 6-27、表 6-3 所示）。

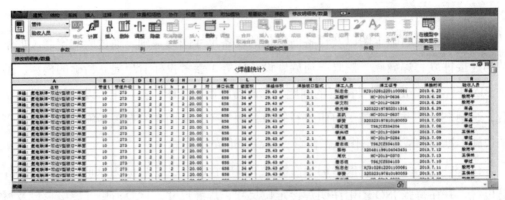

图 6-27　焊接追溯

焊缝统计与追溯 表 6-3

	名称	氩电联焊	氩电联焊	氩电联焊	氩电联焊	氩电联焊
焊缝统计	管道 ζ	6	6	6	6	6
	管道外径	273	273	273	273	273
	b	2	2	2	2	2
	c	2	2	2	2	2
	c1	2	2	2	2	2
	h	2	2	2	2	2
	p	2	2	2	2	2
	β	20.00°	20.00°	20.00°	20.00°	20.00°
	对焊面数	2	2	2	2	2
	焊口长度 mm	858	858	858	858	858
	截面积 mm²	34	34	34	34	34
	焊缝体积 mm³	29.43	29.43	29.43	29.43	29.43
	坡口型式	2.1	2.1	2.1	2.1	2.1
	焊工人员	张某某	王某某	李某某	杨某某	王某
	焊工证号	HJ3102812 201100081	HC-2013-0636	HC-2012-0639	320322197802011316	HC-2012-0637
	焊接时间	2013.6.25	2013.6.28	2013.6.28	2013.6.29	2013.7.05
	验收人员	车某	殷某某	殷某某	车某	李某

注：I 型坡口为 1，单边 V 型坡口为 2.1，双边坡口型式为 2.2，X 型坡口型式为 3。

　　焊接的控制与质量追溯技术对模型的深度及精度要求同材料全生命周期的动态管理。需要指出的是，焊接的控制与质量追溯技术对焊缝族在模型中添加的合理性与准确性有着极高的要求，必须严格按照表 6-3 并配合 BIM 技术在工厂化预制技术、BIM-ISO 单线图添加。在焊接控制与质量追溯技术应用中，要求项目技术员做好相关焊接技术交底，并实施监控作业队伍现场预制情况。保证作业队伍严格按照 BIM-ISO 图纸进行管道及钢结构预制。

焊接控制与质量追溯技术使焊接作业人员、焊接时间、验收人员、验收时间等参数在模型中准确地反映。焊接作业人员的责任明晰，并可对每一次焊接追溯到相关技术人员、作业工人。确保了焊接的质量。

6.1.7　BIM 应用总结

BIM 技术在本项目中的应用，显著地降低了材料损耗率和预制返修率，有效地节约了工期，确保了大管道吊装的合理高效的进行，最大限度地节约了施工成本，加快了施工进度。

通过 BIM 技术在项目的应用，充分的证明了 BIM 技术的优越性及其可复制性，获得了丰富的 BIM 技术应用经验，取得了良好的社会效益。

本项目通过应用 BIM 技术节约各类管道共计 1500m，节约各类型材 38.8t。通过降低材料损耗共计降低管材成本 106.6 万元，占总费用的 5.09%；共计降低型材成本 20.12 万元，占总费用的 0.957%。

在总计 6000 余米主系统管道（DN200 ~ DN1500）预制过程中，管件 1132 个，挖眼三通 255 个，焊接 3461 次，总焊接长度 6002m，返修 12 次，返修率 0.35%。在总计 1260t 钢结构中，26 种型号的立柱 589 个，48 中型号的横担 1083 个，11 个型号的预埋件 1285 个，返修 27 个，返修率 0.16%。通过降低预制返修率共计降低成本 6.25%：其中人工费 1.19%，辅材费 0.22%，机械费 0.72%，主材费 4.12%，共计节约综合工日 1266 个（按返修率 6% 计算）。

6.2　江苏大剧院室内装饰施工工程

6.2.1　项目概况

江苏大剧院位于南京奥体中心西侧，是一个集演艺、会议、展示、娱乐等功能为一体的大型文化综合体，功能齐全、视听条件优良、技术先进、设备完善，能满足歌剧、舞剧、话剧、戏曲、交响乐、曲艺和大型综艺演出的功能需要。江苏大剧院用地面积 196633m²，总建筑面积 271386m²，建筑高度 47.3m，如图 6-28 所示。

江苏大剧院音乐厅的室内装饰装修工程，主要由三个区域组成：观众厅（观众席和舞台区，是音乐厅的核心区域，主要举办大型音乐会，如图 6-29 所示）、前厅（主要包含门厅及公共走道，是人员流通的枢纽，如图 6-30 所示）、辅助用房（主要由公共卫生间、化妆间、会议室等功能性用房组成，主要承担商务、办公使用功能）。

图 6-28　大剧院外观效果图

图 6-29　音乐厅观众厅效果图

图 6-30　音乐厅前厅效果图

6.2.2　BIM 应用策划

项目工期紧，深化设计任务重，涉及专业多，协调配合工作量大，质量标准高，特别是观众厅、前厅等区域工艺造型复杂，空间曲面定位施工难度大，放线精度要求高，不同材质之间交界面处理难。按传统的施工管理方法，难以满足深化设计、施工部署、工期保障、技术支撑、质量控制等要求。

针对上述情况，项目决定全面采用 BIM 技术辅助项目实施。首先，拿到总包的土建模型，然后基于现场的激光三维扫描，校核土建模型之后开展装饰 BIM 应用。BIM 应用围绕复杂曲面造型从效果展示和确认、模型建立、现场数据获取、模型对比与修改、饰面排板提料、工厂数控加工、现场放线、材料管理、工程量统计等形成完整闭环，并结合三维扫描、3D 打印、虚拟现实等技术进行创新应用和尝试。

针对本项目 BIM 技术特点以及应用要求，组建项目 BIM 团队，包括一名综合协调管理能力优秀的 BIM 经理和若干具备施工、深化设计和信息化等工作经验的 BIM 工程师，围绕"四个中心"有序开展本项目的 BIM 工作，组织架构图如图 6-31 所示。

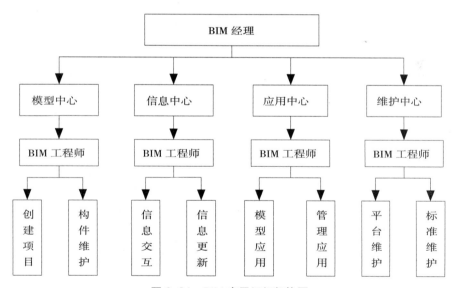

图 6-31　BIM 应用组织架构图

BIM 团队中深化设计师 7 人，项目工长 2 人，共计 9 人。根据空间复杂程度及工作量大小，编制建模工作进度计划，如图 6-32 所示。3 人负责观众厅，前厅的建模工作，3 人负责 1 ~ 6 层辅助用房的建模工作，4 人负责项目实施的现场管理应用。

本项目 BIM 应用包括从识图阶段的熟悉图纸和图纸会审到建模准备阶段的三维扫描、建模阶段的模型搭建、施工阶段的应用及竣工阶段的整合提交等各个阶段的不同的应用点。实施流程图如图 6-33 所示。

江苏大剧院音乐厅精装绘制任务计划								
整个项目模型建立进度需考虑：1. 土建模型完整性。2. 钢结构模型完整性。3. 深化设计图纸提供及时								
002 号						版本日期：2015.10.19		
楼层	功能区域	构件类型	任务要求	负责人	计划完成时间	计划天数	实际完成时间	审核
1F	观众厅	墙面、地坪	地坪、墙体面板及相应基层骨架和附属构件	杨衍清、戴晓玲	2015.10.17-2015.10.18	2d		
1F	VIP化妆间	整体	墙体、地坪、天花面板及相应基层骨架和附属构件	邱楷君	2015.10.17-2015.10.19	3d		
2F	声闸	整体	墙体、地坪、天花面板及相应基层骨架和附属构件	郭志坚	2015.10.20-2015.10.23	4d		
2F	前厅	墙面	墙体、地坪、天花面板及相应基层骨架和附属构件	冯雷、唐莎莎	2015.10.17-2015.10.23	7d		
4F	办公室	整体	墙体、地坪、天花面板及相应基层骨架和附属构件	林皓平、戴晓玲	2015.10.17-2015.10.20	3d		
4F	卫生间	整体	墙体、地坪、天花面板及相应基层骨架和附属构件	林皓平、杨衍清	2015.10.19-2015.10.20	3d		
1F	声闸、走道	墙面	基层骨架和附属构件	戴晓玲、邱楷君	2015.10.21	1d		
		天花	基层骨架和附属构件	杨衍清、林皓平	2015.10.21	1d		
		地坪	基层骨架和附属构件	戴晓玲、林皓平	2015.10.22-2015.10.23	2d		
		墙面（看台围墙）、栏杆	墙饰面及相应基层骨架和附属构件	杨衍清	2015.10.22-2015.10.26	4d		

图 6-32　BIM 应用任务计划

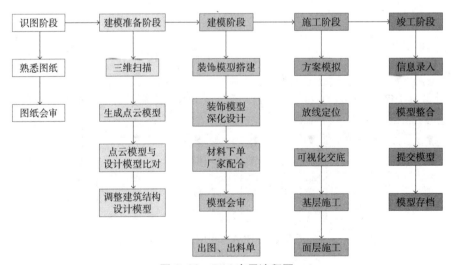

图 6-33　BIM 应用流程图

　　BIM 系统是一个庞大的操作运行系统，需要各方协同参与，由于参与的人员多且复杂，项目建立了一定的应用保障制度来保证体系的正常运行，包括：建立技术顾问团队指导实施；建立 BIM 运行检查机制定期检查 BIM 技术执行的真实情况、过程控制情况和变更修改情况；建立 BIM 运行例会制度，每日进行工作总结及明日工作计划，提出困难、协调处理。

6.2.3　室内装饰三维激光扫描应用

传统测量放线多采用激光投线仪加卷尺的模式开展，精度误差较大，特别是异形材料下单的精度要求更高，而且测量结果只能体现在二维图纸的标注上，很不直观，且不能直接指导异形材料的下单。有些情况下，还需要利用木工板等材料在现场做 1:1 大样，来验证下单尺寸和测量数据是否匹配，不利于工期的控制，技术层面隐患较大，一旦尺寸出错，导致成本增加。

本项目使用天宝 TX5 三维激光扫描仪对土建结构快速扫描，将扫描完的点云数据导入 Realworks 软件进行拼接处理，将点云模型和 BIM 模型比对分析，找出现场结构与模型出入较大的区域，进行专项方案调整，调整模型或者整改现场，保证土建模型与现场的一致性，以作为准确的精装修模型建立的依据。基于 BIM 技术的三维扫描实施方法流程图如图 6-34 所示，项目所用三维激光扫描仪器如图 6-35 所示。

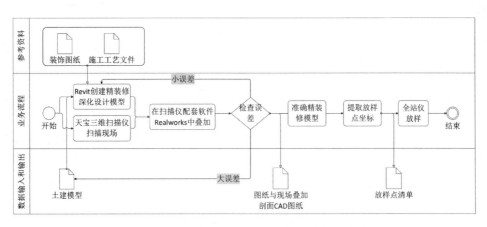

图 6-34　基于 BIM 技术的三维扫描实施方法流程图

图 6-35　项目应用的三维扫描仪

扫描前应将扫描仪器、配套软件、辅助材料、图纸资料、操作人员安排好，对现场条件进行检查，确保扫描工作正常进行。检查扫描仪电量是否充足，使用是否正常；检查三脚架锁扣是否可以正常固定及解锁；检查标靶球是否有破损；扫描人员是否熟悉图纸，是否清楚需扫描区域，重点扫描区域在哪里，扫描路线是否已规划好，现场阻碍视线的杂物是否已清理，能否避开现场施工的影响，现场是否已接好供电与照明设备，满足照明要求。

三维扫描主要流程包括：选择站点、粘贴标靶纸（如图 6-36 所示）、放置标靶球（如图 6-37 所示）、放置扫描仪（如图 6-38 所示）、设置数据扫描参数（如图 6-39 所示）、实施扫描（如图 6-40 所示）。

图 6-36　标靶纸粘贴

图 6-37　标靶球放置

图 6-38　三维扫描仪放置调平

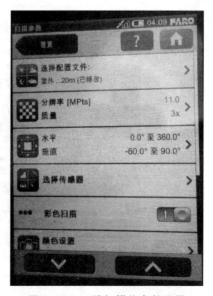

图 6-39　三维扫描仪参数设置

图 6-40　现场三维扫描

　　根据每一个房间的大小设置不同数目的测量站，但是都要确保至少有一个连接站的几个标靶球之间的空间关系是固定的，从而可以将新扫描的点云数据在软件中顺利自动识别，连接到一起，按照规划扫描路线逐步扫描，并且通过连接站记录不同测量站。

　　在数据处理时，利用软件自动配准工具进行数据配准，生成整个扫描区域的、按照实际空间关系连接在一起的点云文件。Realworks 软件支持 20 亿点的数据处理能力，提供数据分割工具进行冗余数据处理，将不需要的数据快速删除，使得整体数据迅速变小，提高后绪工作的运行效率，如图 6-41、图 6-42 所示。

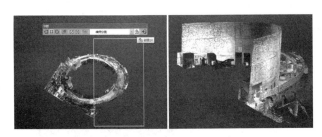

图 6-41　点云模型拼合分割

图 6-42　浏览处理三维激光扫描点云文件

模型调整时，在 BIM 模型中找到之前的土建主轴线和基准点，获取模型中的三维坐标，将之前记录的标靶纸的相对坐标换算为模型中的相对坐标，在点云文件中找到最初标靶纸上的中心点，分别输入它们在模型中的相对坐标，移动到对应位置，如图 6-43 所示。

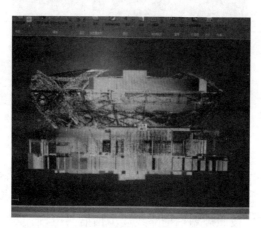

图 6-43　土建模型与现场点云对比分析

除了利用三维扫描生成的点云文件进行土建模型的对比与调整外，还可进行其他应用：

1. 碰撞检查

土建施工误差导致现场尺寸不满足装饰施工要求，提前协调解决，拆改土建结构或者调整装饰设计方案，如图 6-44 所示。

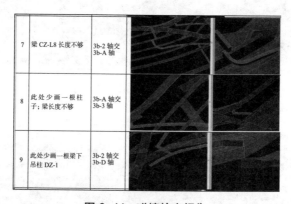

7	梁 CZ-L8 长度不够	3b-2 轴交 3b-A 轴	
8	此处少画一根柱子；梁长度不够	3b-A 轴交 3b-3 轴	
9	此处少画一根梁下吊柱 DZ-1	3b-2 轴交 3b-D 轴	

图 6-44　碰撞检查报告

2. 异形测量放线

将三维扫描的数据与土建模型全部调整到总包提供的绝对坐标系统中，使用智能全站仪进行打点时，通过标靶纸的自动识别确定当前坐标，进而将模型中的已标记点在现场精准确定，确保大面积曲面控制线的连续性、流畅性。

3. 基层质量检查

基层施工完成后再做一次三维扫描，获取基层的施工误差数据，在面层下单时指导调整面层或者更改基层，避免因安装时才发现问题而延误工期，提升工程质量。

4. 现场数据测量

三维扫描的点云用配套 Realworks 软件进行全方位浏览，记录带有颜色信息的点云，还原施工前中后的现场情况，并测量现场数据，包括长宽高、面积、体积、角度等，将现场尺寸数据作为进场成本核算的依据，如图 6-45 所示。

图 6-45　现场数据测量

5. 施工协调

将现场问题在点云中进行批注，将批注信息共享，或者直接截图发送至外部单位，提高沟通效率，如图 6-46 所示。

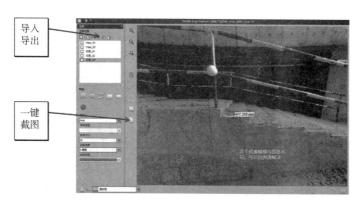

图 6-46　现场信息标注共享

本项目在进场后对利用天宝 TX5 三维激光扫描仪对土建结构做了快速扫描，270 站的数据，一共花费 5d，比常规测量手段的效率提高了十倍以上。而且该扫描仪还具有较高的灵活性和耐久性，其一块电池的工作时间为 4h 左右，基本可以满足半天的连续扫描工作，所以多准备一块电池就可以实现充电扫描交替循环，提高机器利用率，避免人机怠工情况。

将扫描完的点云数据导入 Realworks 软件进行拼接处理，为了提高拼接精度，最好使用标靶拼接的方式，如果标靶被破坏或者空间较小，可以直接使用基于点云的无标靶拼接的方式，不需要手动提取标靶球或者标靶纸，拼接计算量较大，但是硬件配置比较好的话，拼接速度还是非常快的，而且误差可控。

将点云模型拼接完成后去除干扰数据的三维扫描点云数据导出成 E57 等格式就可以导入 Revit 软件中进行点云文件 rcp 索引的建立，但是文件路径中不能有中文字符，否则会索引失败，报 101 错误，需要注意。将 rcp 格式的点云索引链接入 Revit 就可以进行比对分析，找出现场结构与模型出入较大的区域，进行专项方案调整，调整模型或者整改现场，保证模型与现场的一致性。

三维扫描技术应用，有效减少了现场放线的人工费用，提升了放线的效率和准确性，有效规避了后期因为人工测量失误造成的返工损失。三维扫描有着常规测量手段不可比拟的精度和速度，但是仪器的价格昂贵，是否有必要应用需要结合项目需求深入研究。在高大异形空间中推荐应用，常规项目中不是非常建议使用。

6.2.4　室内装饰成果可视化展示

本项目综合应用 Naviswoks（漫游）、3Dmax（Revit 模型格式转换）、Fuzor（漫游展示）、Lumion（渲染和动画展示）、UE4（场景漫游）以及 3D 打印等软件和技术，实现了室内装饰 BIM 成果的可视化展示、交底及方案验证。

项目主要采用 Navisworks 软件进行模型集成和浏览，将模型和时间参数导入 Navisworks 软件，重点在碰撞检查和进度模拟方面进行应用，如图 6-47 所示。

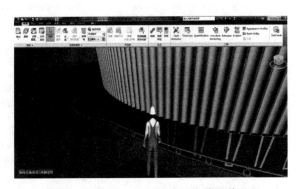

图 6-47　Navisworks 软件制作的漫游展示

在模型的浏览方面，为了更好地展示装饰效果，本项目采用 3Dmax 将 Revit 软件建立的模型进行优化，然后将模型导入 UE4 游戏引擎，通过编程和真实材质制作，实现虚拟现实场景浏览，还可借助 VR 眼镜等硬件设备实现沉浸式漫游，如图 6-48 所示。

图 6-48　UE4 游戏引擎制作虚拟现实场景

利用虚拟现实技术完成漫游展示，业主可以任意变换自己在房间中的位置，去观察设计的效果，完全按照自己的构思去构建装饰"虚拟"空间，直到满意为止，如图 6-49、图 6-50 所示。

图 6-49　UE4 游戏引擎制作虚拟现实场景

图 6-50　利用 VR 眼镜浏览虚拟现实场景文件

另外，还可以将部分节点模型和样板模型文件导入 Cura 软件进行切片处理，并利用 3D 打印机将 BIM 模型转变成实体模型进行浏览，更直观感受构件的效果，如图 6-51 所示。

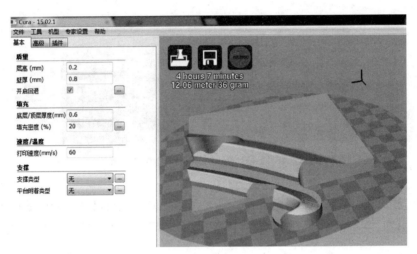

图 6-51　Cura 软件处理 3D 打印吊顶异形 GRG 板块

通过以上软件技术的应用，在如下几个方面取得了一定的效益。深化设计方面：在与业主进行深化设计方案确认中，从图文到立体，从抽象到直观，从相互独立到协调共享，从被动到主动，提升业主主观感知力，加快方案确认进度。信息传递方面：改变了与业主、设计、总包、专业分包等的交互和沟通方式，提升了信息传递的准确性，加快了信息传递的速度，项目内部的信息共享也更加准确便捷。通过对本项目主要使用的几款软件的对比，如图 6-52 所示。

江苏大剧院虚拟现实软件使用情况对比				
	使用强度	使用情况	优势	劣势
Navisworks	★★★★★	1. 对外汇报	与 Revit 结合成熟，各专业应用范围广	装饰展示效果略差，无移动端
		2. 漫游展示		
		3. 碰撞检测		
		4. 各专业整合		
Fuzor	★★★☆	1. 对外汇报	强大的移动端，管理与展示便捷	与其他专业无链接度，展示效果一般
		2. 漫游展示		
		3. 移动端展示		
UE4	★★★☆	1. 对外汇报	交互性强，可像游戏一样置身其中，编程后可移动端漫游展示	专业性较强，自学率低
		2. 漫游展示		
Lumion	★☆	1. 漫游展示	即时渲染，展示与动画效果强大	软件使用精细度差
		2. 导出动画		

图 6-52　大剧院项目虚拟现实软件情况对比

6.2.5 模型深化设计和碰撞检查

本项目工艺造型复杂，传统的二维图纸表达的信息量有限，尤其在异形及复杂节点方面，表现形式力不从心，不能完全满足施工需求。而三维模型具有一致性与完整性，模型更新的同时，由于参数化存在，任何一处修改，均可同步与平面、立面、剖面、节点各个视图及明细表上，真正实现了同步设计与模型的高度统一，大幅提高了工作效率。

本项目基于三维模型，直观高效地检测出碰撞位置。在装饰模型的基础之上，附加土建，机电等各专业模型，形成综合模型，进行碰撞检查，发现装饰装修面层及构件与其他专业的碰撞点，通过调整装饰装修节点设计、修改装饰面标高尺寸等，配合相关专业的二次优化，达到功能和装饰造型双优的施工效果，如图 6-53 所示。

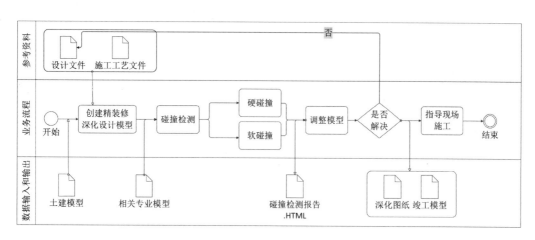

图 6-53 基于 BIM 技术的碰撞检查流程图

建模过程中，发现前厅楼梯图纸与现场冲突、尺寸不合理的问题，及时反复校对图纸、现场实际，最终拆除部分土建，还原真实效果，如图 6-54、图 6-55 所示。

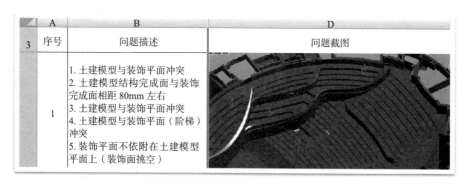

图 6-54 观众厅拦河坝图纸校核记录

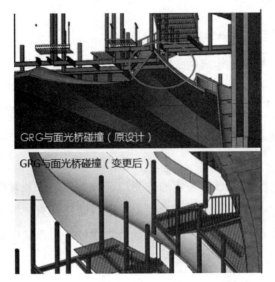

图 6-55　观众厅天花 GRG 与土建面光桥碰撞与变更

　　传统的施工方案模拟，多为在现场进行工序样板施工，在确定质量标准的同时，对施工方案的可行性和合理性进行验证，为大面积施工开展奠定基础。工序样板的施工虽然对明确质量标准的作用和意义较大，但对施工方案的模拟和验证的价值不大，且存在一定浪费时间和成本的隐患。利用三维模型的模拟，可缩短方案验证的时间，并且可以减少节约样板成本。

　　通过 Naviswoks 软件集成装饰工程三维模型进行碰撞检查，解决各种冲突之后，制定进度计划和施工方案，结合模型进行分析以及优化，提前发现问题、解决问题，直至获得最佳的施工方案，制作视频动画对复杂部位或工艺的展示，以视觉化的工具显示并完善各分项工程的参数、工艺要求、质量安全及安全防护设施的设置，指导现场实际施工，协调各专业工序，减少施工作业面干扰，减少人、机待料现象，防止各种危险，保障施工的顺利进行，如图 6-56 所示。

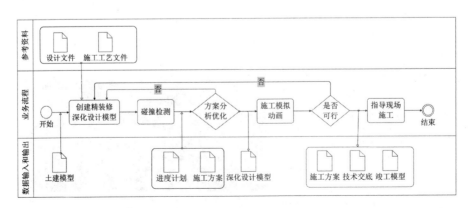

图 6-56　基于 BIM 技术的施工方案模拟应用流程图

项目在钢结构抱箍方案模拟中，通过 BIM 进行抱箍方案的模拟，发现原钢结构抱箍方案存在三维空间的抱箍点定位困难，最终抱箍点位可移动的调整范围控制在 300mm 范围自由调整，解决定位难题，如图 6-57 所示。

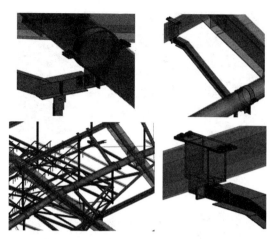

图 6-57　钢结构抱箍方案模拟与优化

通过本项目的应用，对常见装饰做法及构造的模型建立有了更深刻的认识和更开阔的建模思路。碰撞检查需要操作人员有丰富的施工经验，全面考虑施工的碰撞规则与模型的碰撞规则的区别，最好是由 BIM 工程师和技术负责人共同完成。

6.2.6　材料下单和加工

项目在用现场尺寸数据复核好的模型中直接进行排板，导出明细表，经过简单调整之后提交厂家进行生产加工，尤其是在异形材料的下单中，BIM 技术的应用可提高预制构件加工精度，有利于降低施工成本，提高工作效率，保证工程质量和施工安全，如图 6-58 所示。

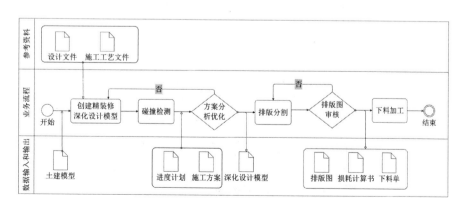

图 6-58　基于 BIM 技术的材料下单应用流程图

　　对观众厅吊顶，在三维扫描完成后，在调整完还原现场实际尺寸的土建模型的基础上进行三维建模，并进行分块排板，将相关模型数据交付厂家加工，并指导现场的放线工作，如图 6-59 ~ 图 6-62 所示。

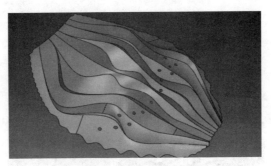

图 6-59　建立三维模型

图 6-60　板块分格

图 6-61　模具加工

图 6-62　现场定位安装

项目根据调整好的土建模型和装饰深化图纸进行装饰建模，在模型中进行排版分割，将各部分编号、尺寸及安装部位等信息交给厂家进行生产，如图 6-63 所示。

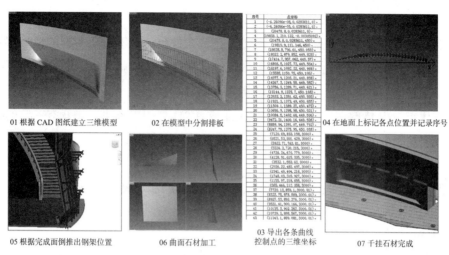

01 根据 CAD 图纸建立三维模型　02 在模型中分割排板　04 在地面上标记各点位置并记录序号

05 根据完成面倒推出钢架位置　06 曲面石材加工　03 导出各条曲线控制点的三维坐标　07 干挂石材完成

图 6-63　异形石材材料下单

异形材料的加工与安装是本项目能否顺利完成的重中之重，所以材料的下单需要基于共同的模型，这也是模型能够切实落地的地方。但是需要提前考虑模型建立好之后如何导出加工需要的数据，既要方便快捷，又需要准确无误。

6.2.7　BIM 应用总结

装饰装修工程是建筑工程中一项重要而又复杂的分项工程，然而传统的二维设计中不可避免的出现很多设计疏忽，大量的碰撞冲突会造成返工。另外，多专业通过二维图纸沟通协调效率低下，管理和分享信息困难，导致管理水平落后。通过 BIM 技术进行模型整合后，可提前发现图纸中存在的错、漏、碰、缺等问题，问题分析后可优化图纸深化设计和施工方案，不仅提高了施工质量，确保了施工工期，还节约了大量施工成本，创造了可观的经济效益。

本项目在辅助深化设计及施工管理方面取得一定成果，有助于减少返工，节约成本，提升工程质量和控制工期。但是方案的模拟想要顺利完成并落地实施，需要从较高的模型精细度、明确的施工措施和准确的现场尺寸三方面来着手。经济效益主要体现在风险防控和隐患消除方面。如：施工进度和方案的模拟，科学合理地完成工地现场的平面布置，有效减少因二次搬运等造成的材料损失。项目观众厅钢结构转换层与 GRG 天花碰撞、前厅天花转换层钢结构与原结构连接方案优化、混凝土施工误差、砌块墙施工误差、前厅石材饰面与风管碰撞、前厅墙面 GRG 与结构碰撞六项，共节省成本约 228 万元。

在建模技术方面，需要注意的是不同的建模软件有最适合的领域，最好选择专业的软件来做专业的事，比如异形建模的工作就尽量使用 Rhino、CATIA 这些软件来完成，然后导入 Revit 中应用。这样可以更加充分发挥每个软件的优点，提高项目整体的 BIM 应用效率。

在深化设计方面，要注意避免过度建模花费大量精力，不需要所有的模型都做得那么细，可以挑选部分有代表性的区域做细，普遍性的区域就可以只控制好主要部分即可。特别是模型的集成与浏览是非常重要的 BIM 应用点之一，可以充分发挥其三维可视化的优点，但是不一定都需要使用 UE4 或者 3D 打印来解决，毕竟有一定的技术门槛，需要花费额外的精力，需要首先评估其应用价值再来权衡。

6.3 北京商务中心区（CBD）核心区 Z14 地块项目幕墙工程

6.3.1 项目概况

北京商务中心区（CBD）核心区 Z14 地块商业金融项目地处北京市 CBD 核心区东北角，建筑高度 238m，地上 45 层，地下 6 层，地上建筑面积 22 万 m^2，总建筑面积 31.6 万 m^2。项目是北京 CBD 地区唯一的超高层双子楼，是集甲级办公、品牌商业、高端酒店及服务配套于一体的超高层双子塔大型城市综合体，建成后作为"世界华商中心"及正大集团总部，将成为集甲级办公、品牌商业、高端酒店及服务配套于一体的超高层双子塔大型城市综合体，如图 6-64 所示。

图 6-64 项目外观效果图

幕墙工程面积合计 10.5 万 m²，其中南北塔楼幕墙面积分别为 4.5 万 m²，裙楼幕墙面积 1.5 万 m²。幕墙系统主要分为七种类型：带大装饰翼及 LED 灯带单元式幕墙、点式玻璃雨棚、明框玻璃幕墙、铝板幕墙、铝包钢玻璃幕墙、全玻幕墙、带玻璃肋点式玻璃幕墙等。其中带大装饰翼及 LED 灯带墙型数量最多，达到全部幕墙面积的 90% 以上。塔楼标准层四角及裙楼衔接角为圆弧单元板块，幕墙圆弧单元板块面积约 2.5 万㎡，单元板块外立面为不锈钢装饰线条，装饰翼总长度 5.9 万 m。

6.3.2 BIM 应用策划

项目面临的重难点主要有以下几点：项目红线内可用场地为零，施工制约因素多，需合理平面布置；幕墙超高，体量大，工期紧，项目工期紧张，专业交叉作业多，合理有效地调配工作面是促进幕墙顺利实施的关键；幕墙体量大，类型多，施工工艺复杂。
BIM 应用需求：

1. 合理平面布置

工程场地狭小，红线内可用场地为零，地处北京市 CBD 核心区，施工制约因素多，材料组织的成败将直接影响到项目的成本、进度、质量目标能否完成。利用三维模型直观进行场地布置模拟，结合现场施工进度计划，合理组织材料进场时间及存储场地，做到随用随进，避免场地的占用及高效周转。

2. 专业交叉作业多

幕墙施工竖向划分三个区段：主体施工至 19 层，进行幕墙 7 ~ 15 层安装；主体施工至 35 层，进行幕墙 16 ~ 31 层安装；主体施工至顶层，进行幕墙 32 层以上安装。基于 BIM 模型制作项目整体进度计划及施工模拟动画，基于 Vico Office 分解施工任务，优化进度计划，并同步衍生出资源、劳动力等匹配计划。

3. 幕墙类型和数量多、设计和现场实施需重点把控

工程将使用约 10 万 m² 玻璃、1500t 型材等大量物资，而且幕墙系统种类多，幕墙系统与通风系统、照明系统、消防系统的集成设计复杂。基于 BIM 的参数化设计、可视化展示、并基于二维码进行幕墙板块等物料的实时追踪。

BIM 应用目标：

1. 通过 BIM 技术的使用，解决项目在复杂节点的深化设计问题；

2. 通过参数化设计快速提取材料的规格参数进行材料下单及统计，提升项目管理的效率，降低材料的损耗；

3. 基于 BIM 模型解决在施工安装时的空间定位问题；

4. 通过 BIM 技术进行 4D 进度模拟，优化项目的施工组织安排，缩短工期。

针对项目的各项重难点和各项应用需求，BIM 团队全面采用 BIM 技术辅助项目实施，首先是拿到总包的土建模型，然后基于现场的激光三维扫描，校核土建模型之后

开展幕墙 BIM 应用。主要围绕幕墙深化设计和现场管控，实现从效果展示和确认、模型建立、三维扫描获取现场数据、模型对比与修改、下料与装配、现场智能放样定位、材料管理、工程量统计等完整闭环的应用。以及结合 3D 打印、虚拟现实等技术进行创新应用的尝试。

项目 BIM 应用包括从识图阶段的熟悉图纸和图纸会审到建模准备阶段的三维扫描、建模阶段的模型搭建、施工阶段的应用及竣工阶段的整合提交等各个阶段的不同的应用点。实施流程图如图 6-65 所示。

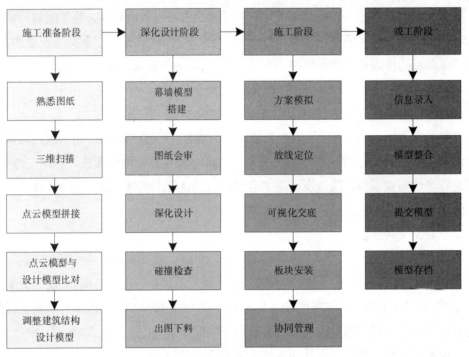

图 6-65　BIM 应用流程图

6.3.3　基于三维激光扫描的深化设计

项目在深化设计前开展三维激光扫描工作，校核前期施工误差，作为深化设计基准。然后通过 Rhino 模型到 Revit 模型的逐步深化，辅以 Dynamo 等参数化手段，快速进行深化设计和下单。

项目配置天宝 SX10 三维激光仪作为现场点云采集仪器，配置 Realworks 软件用于点云模型拼接及切片对比。其他辅助软件包括：Rhino 主要应用在项目方案模型搭建方面；Revit 主要应用在项目大面积建模、深化及应用方面；Dynamo 主要应用在幕墙信息批量添加和模型构件方面。

项目幕墙 BIM 应用贯穿施工全阶段。项目在深化设计前开展三维激光扫描工作，校核前期施工误差，作为深化设计基准，如图 6-66、图 6-67 所示。

图 6-66 已完实体扫描

图 6-67 数据拼接处理

将点云模型拼接完成后去除干扰数据的三维扫描点云数据，导出成 E57 等格式，导入 Revit 软件中进行点云文件 rcp 索引的建立。然后将 rcp 格式的点云索引链接入 Revit 做的施工图幕墙模型进行比对分析，进行图纸会审与洽商，找出现场结构与模型出入较大的区域，进行专项方案调整，调整模型或者整改现场，保证模型与现场的一致性。项目累计核对图纸问题 200 余条，如图 6-68 所示。

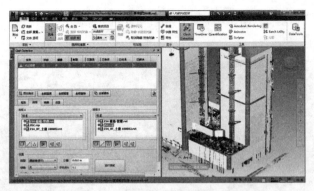

图 6-68 校核施工偏差和结构碰撞

BIM 模型是应用 BIM 的基础，团队应用 Rhino 软件搭建 LOD100 级方案设计模型（如图 6-69 所示），然后使用 sat 格式导入 Revit 中创建体量模型。应用 Revit 软件搭建 LOD200 级网格划分模型，并进一步完成 LOD350 级深化设计模型，流程如图 6-70 所示。

图 6-69 Rhino 方案设计模型

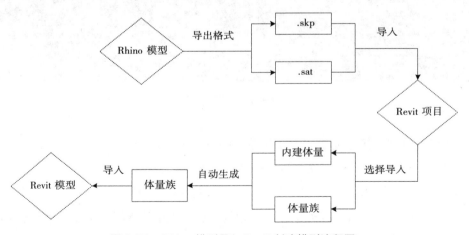

图 6-70 Rhino 模型导入 Revit 创建模型流程图

在深化设计阶段，不断提高完善模型构件精细度，并且确保模型信息在不同阶段之间的有序流动，充分发挥 BIM 技术的可视化效果及协同效应，如图 6-71 所示。

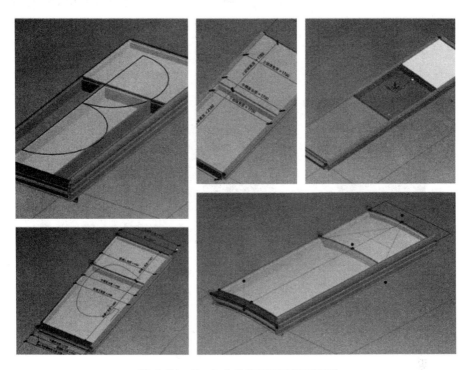

图 6-71　Revit 中的精细幕墙嵌板模型

在模型的浏览方面，通过 Revit Live 实时将深化设计成果虚拟现实转化，业主、总包、幕墙单位通过 VR 设备实时查看幕墙选型，辅助深化设计方案决策，如图 6-72 所示。

图 6-72　Revit Live 查看幕墙选型

幕墙深化设计中，重点关注幕墙埋件系统、泛光照明系统、板块连接节点系统、防水构造等的设计工作。其中单元板块的有组织排水非常重要，单元板块的排水系统采用 3 道封闭，横梁及立柱均外腔、中腔及内腔构造，三道防水线，将进入单元板块的雨水排至幕墙外立面。在防水构造的三维模型确定之后直接标注导出 CAD，完成各个角度排水示意图的绘制。有不清晰的地方可以随时查看三维模型并完善，如图 6-73、图 6-74 所示。

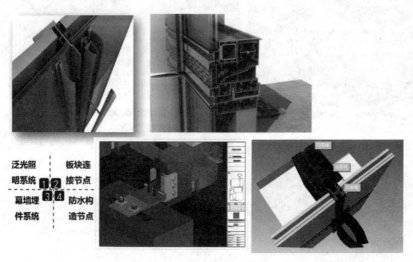

图 6-73　重要节点模型

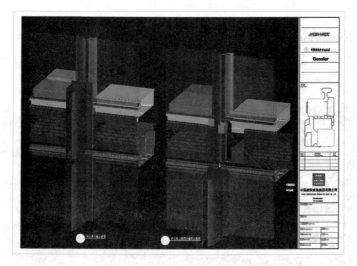

图 6-74　模型导出 CAD 图纸

方案图纸中每个单元板都有独立的编号和参数配置，通过 Dynamo 软件可以将其分区域快速导入 Revit 模型中（如图 6-75 所示），因数据量庞大，用该方式比常规手动输入数据的方式在速度上提高了 10 倍以上。

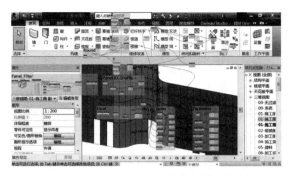

图 6-75 Dynamo 参数化管理模型信息

利用 Dynamo 参数化设计，通过可视化节点编程实现数据高效管理，比传统信息录入方式速度提高 10 倍，并可准确确定单元板型材铣槽钻孔位置，指导加工图纸的导出与下单，如图 6-76 所示。

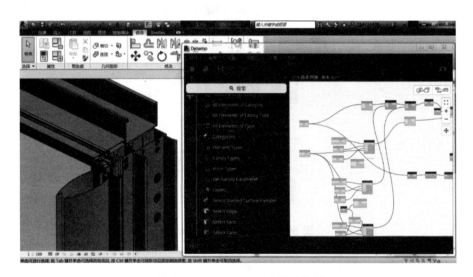

图 6-76 Dynamo 确定开孔位置

项目使用的 SX10 全站扫描仪可以同时采集三维扫描点云、全景影像和高精度全站仪测量数据，虽然相比传统扫描仪来说，扫描速度不算快，每秒 26600 个点，但是在保证精度不降低的情况下，测程可达 600m，非常适合超高层幕墙的三维扫描工作。

6.3.4　方案模拟与展示

项目通过 Naviswoks 制作各类型模拟动画、通过 3D 打印制作实体模型、通过 UE4 开发 VR 场景和单元板装配模拟程序等手段实现施工方案的模拟与展示。项目配置 Over Load Pro 3D 打印机打印三维模型构件，便于交底及方案验证。工业光敏树脂选择性固化（SLA）打印机使用的是联泰科技的 RSPro 450，按需租赁使用。其他辅助软件包括：Cura 用于桌面打印机的模型打印；Materialise Magics 用于光敏树脂打印机的模型打印；UE4 用于开发 VR 场景；Navisworks 应用在碰撞检查和工艺模拟方面；BIM 360 GLUE 移动端模型轻量化应用。

传统的施工方案模拟，多为在现场进行工序样板施工，在确定质量标准的同时，对施工方案的可行性和合理性进行验证，为大面积施工开展奠定基础。工序样板的施工虽然对明确质量标准的作用和意义较大，但对施工方案的模拟和验证的价值不大，且存在一定浪费时间和成本的隐患。利用三维模型的模拟，可缩短方案验证的时间，并且可以减少节约样板成本。

项目对重难点部分进行可视化模拟与分析，将施工工序模型化、动漫化，动态演示每道工序的施工方法、控制要点、检验标准，直观展示重要样板的工序步骤，进行直观形象的交底，提高技术交底的质量，如图 6-77 ~ 图 6-79 所示。

图 6-77　标准单元系统爆炸图

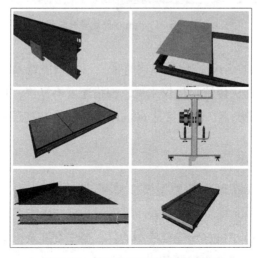

图 6-78　单元体组装工艺模拟拼图

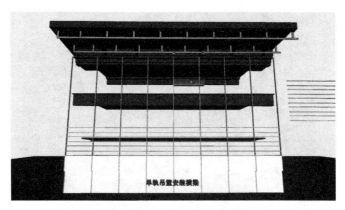

图 6-79　轨道吊篮安装方案的模拟动画

项目将部分节点模型和样板模型文件分别用桌面 3D 打印机和工业 3D 打印机进行了节点模型制作，将 BIM 模型转变成实体模型进行查看，利用实体模型辅助对工人的施工交底。将 BIM 与 3D 打印技术相结合，便可通过打印实体构件模型，从而更加直观、快速地表达设计方案与复杂造型，丰富和优化表达方式，如图 6-80 ~ 图 6-82 所示。

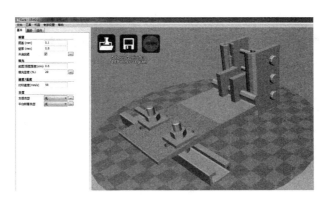

图 6-80　3D 打印预埋件操作界面

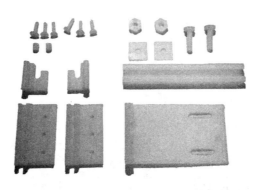

图 6-81　3D 打印幕墙系统节点埋件节点

图 6-82　3D 打印幕墙整体和节点模型

　　为了更好地展示装饰效果，项目不仅将 Revit 模型导入 RevitLive 中进行虚拟现实展示，还采用 3Dmax 将 Revit 软件建立的一些大样模型进行优化，然后将模型导入 UE4 游戏引擎，通过编程和真实材质制作，实现虚拟现实场景浏览，并借助 VR 眼镜等硬件设备实现沉浸式漫游，如图 6-83、图 6-84 所示。

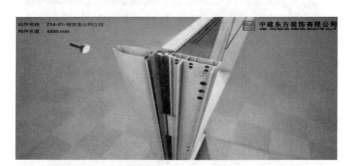

图 6-83　UE4 游戏引擎制作单元板装配模拟程序

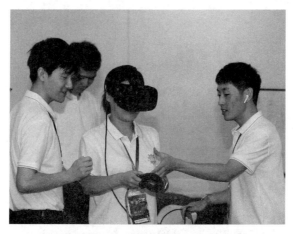

图 6-84　利用 VR 眼镜浏览虚拟现实场景文件

6.3.5　施工进度管理

项目基于 Vico Office 软件，开展施工进度线性计划管理。直接在 BIM 模型的构件上赋予施工工效参数，自动生成符合企业实际的进度计划，同步衍生出资源、劳动力等匹配计划，根据实际工效预测未来进度走势，对工序安排和资源配置进行调整，如图 6-85、图 6-86 所示。

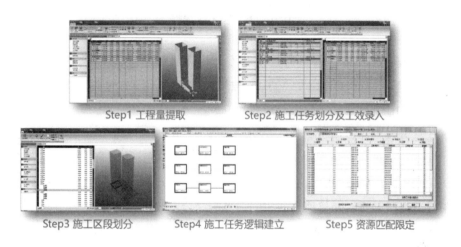

图 6-85　Vico Office 使用步骤

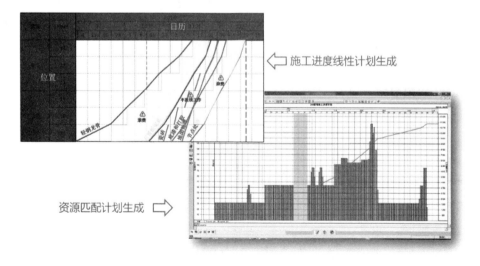

图 6-86　Vico Office 生成线性计划及资源计划

计划执行过程中，现场管理人员将每天实际工作量录入，平台依据各项作业实际工效预测未来进度走势，对工序安排和资源配置进行调整，实现计划的有效管控，也为部门的过程进度调整提供了数据基础，如图 6-87 所示。

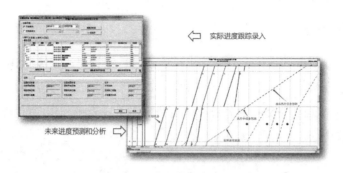

图 6-87　进度录入及预测

项目基于 Vico Office 平台进行二次开发，将项目实施过程中形成的各项数据进行输出。通过基于 Vico Office 的 VOWS 数据接口，利用 JSON 格式轻量化数据与 DataTable 和 XML 进行数据转化，形成二次开发程序。

通过二次开发程序，项目管理人员可访问 Vico Office 平台数据库，将各项目在实施过程中每天记录的生产情况进行输出，并处理形成各项目的综合工效，综合工效通过 XML 格式返回至 Vico Office 平台，形成企业综合工效库。企业在以后项目实施时，可访问工效数据库，检索同类项目的相同任务的综合工效，为进度编排的决策做依据。

基于施工工效的进度管理在项目应用中取得了良好效果。工程整体计划工期 346 日历天，较同体量幕墙工程计划工期缩短约 17%。根据实施过程中的跟踪，最大进度偏差为滞后 5.5 天，较行业同体量工程普遍进度偏差减少 60% 以上。工程实施过程中，与总包单位和其他分部单位配合密切、穿插有序，未出现明显的工序和工作面冲突。

6.3.6　BIM 应用总结

在工程实施过程中，项目对各 BIM 应用点进行了对比分析如表 6-4 所示。

BIM 常规应用点推荐情况表　　　　　　　　　　　　　　　表 6-4

序号	应用点	推荐程度	注意事项
1	三维激光扫描	★★★★☆	超高层幕墙的三维扫描需要测距比较长，而且精度要求比较高，如果用常规的扫描仪需要考虑多楼层之间的点云拼接
2	专业建模	★★★★★	模型精细度和拆分要结合硬件配置来确定，高精度模型要和低精度模型结合使用，否则可能会影响应用的便利性
3	图纸校对及会审	★★★★☆	图纸会审前提前制作粗略的三维模型，尤其是发现有问题的区域
4	辅助深化设计	★★★★★	辅助深化设计要优先找项目的重难点部位来做深做细
5	模型综合协调	★★★★★	模型发现的问题要及时反馈到施工管理部门进行跟踪修改，避免信息不对称

续表

序号	应用点	推荐程度	注意事项
6	方案模拟	★★★★★	方案的模拟想要顺利完成并落地实施，需要从较高的模型精细度、明确的施工措施和准确的现场尺寸三方面来着手
7	工程量统计	★★★★☆	使用共享参数来提取幕墙长度、体积、重量等工程量很方便。尤其是结合 Dynamo 的应用，更加增强了信息管理的功能，值得大力推广
8	基于二维码的材料管理	★★★☆☆	单元板适合二维码管理，但是如果是常规幕墙就需要衡量使用的流程和价值
9	施工场地精细部署	★★★☆☆	场布管理在现场可用场地狭小的情况下使用价值较大，如果较为充裕灵活，使用 CAD 即可满足
10	全站扫描仪的放样应用	★★★☆☆	智能放线机器人在部分复杂区域需要现场和模型紧密结合的大量放样工作中确实效率很高，但是其价格昂贵，不利于大面积推广，大部分应用场景建议使用常规测量手段结合普通全站仪来完成
11	施工进度管理	★★★★☆	线性计划的应用本身非常好，主要问题在于现场变化之后能不能及时反馈到模型和计划中
12	模型轻量化浏览	★★★☆☆	现场情况复杂的话，在现场使用移动端浏览模型，指导施工价值较大，如果较为简单，基本不需要在现场浏览，办公室使用就足够了。毕竟现场使用的话数据传输不便且安全风险较高
13	质量安全管理	★★★☆☆	基于平台的质量安全管理最重要的不是问题的记录，而在于问题的整改，一定要融入管理流程中，形成闭环
14	协同平台管理	★★★☆☆	不同单位的信息使用可能会存在重复上传的情况，比如总包建立了一个平台，分包可能还需要自己的
15	方案模拟（结合3D打印）	★★★★☆	现场的部分复杂节点可以用这种方式制作实体模型，然后验证方案可行性，前期可以通过花费少量费用租赁专业服务的方式开展
16	方案展示（结合虚拟现实）	★★★★☆	使用难度较大，但是对于装饰企业较推荐，需综合考虑学习成本和用途

项目幕墙面积大，单元板数量多，而且有很多曲面玻璃和型材的建模，所以在一开始技术方案的选择时，确定了基于 Revit 使用自适应幕墙嵌板和填充图案的方法来建模，但是这两种方法均比较占用计算资源，对硬件需求很高。近期 ArchiCAD 发布了新版本，在幕墙 BIM 方面有了很大的提升，而且加强了和 Grasshopper 的联动功能。现阶段做的很多幕墙项目都是以 Rhino+Grasshopper 为主的方式来进行。

参考文献

[1] 建筑信息模型应用统一标准（GB/T 51212-2016）

[2] 建筑信息模型施工应用标准（GB/T 51235-2017）

[3] 建筑工程设计 BIM 应用指南（第二版）. 北京：中国建筑工业出版社，2017

[4] 建筑工程施工 BIM 应用指南（第二版）. 北京：中国建筑工业出版社，2017

[5] BIM 软件与相关设备 . 北京：中国建筑工业出版社，2017

[6] 中美英 BIM 标准与技术政策。北京：中国建筑工业出版社，2019

[7] IPD:Performance,Expectations, and Future Use-A Report on Outcomes of a University Minnesota Survey，University of Minnesota，2015

[8] Integrated Project Delivery:A Guide，AIA California Council，2007